개는 어떻게 말하는가

# 개는 어떻게 말하는가

스탠리 코렌 교수의 동물행동학으로 읽는 반려견 언어의 이해

**스탠리 코렌** 지음 | **박영철** 옮김 | **최재천** 추천

보누스

# 개의 행동과 심리에 관한 친절한 연구서

영원한 인간의 벗인 개의 행동과 심리에 관한 연구는 다윈과 로렌츠 등 대표적인 생물학자들에 의해 꾸준히 이어져왔습니다. 그러나 개를 기르는 많은 사람들은 이런 오랜 연구의 전통을 무시한 채 홀로 단시간에 개에 관한 모든 걸 터득하려 합니다. 알고 나면 지극히 간단한 일을 가지고 몇 달씩 고생하는 경우가 허다하지요. 결코 현명한 방법이 아니라고 생각합니다.

근래 몇 년간 우리나라에는 개를 기르는 사람들이 폭발적으로 늘고 있습니다. 그렇다고 해서 개들의 복지도 함께 증가하고 있는지는 따져볼 일입니다. 너무나 많은 사람들이 개의 행동과 심리를 이해하지 못한 채 본의 아니게 그들을 미워하고 학대하고 있습니다. 좁은 아파트에서 주인과 개가 서로 대화의 길을 발견하지 못한 채 애증의 시간을 보내고 있습니다.

이 책은 개의 행동을 본격적으로 연구한 학자가 오랜 연구 결과를 정말 알기 쉽게 쓴 책입니다. 개를 기르겠다고 마음먹은 사람은 적어도 이 정도의 지식은 갖추고 시작해야 할 것입니다. 저도 얼마

전부터 검은 등과 갈색 배를 지닌 예쁜 닥스훈트 한 마리를 기르고 있습니다. 진작 이 책을 읽었더라면 훨씬 더 수월하게 기를 수 있었을 텐데 하는 아쉬움을 느낍니다.

'모르는 게 약'인 시절은 지났습니다. 당연히 아는 것이 힘이지요. 그리고 제가 늘 떠들고 다니는 말이지만, 알아야 사랑도 할 수 있습니다. 이 책을 읽고 개를 기르면 당신의 개가 행복해지는 것은 물론, 당신의 행복도 그만큼 커질 것입니다. 부디 이 책을 읽고 당신의 개를 더 잘 이해할 수 있기를, 드디어 대화도 시작해보시길 권합니다.

최재천
이화여자대학교 석좌교수

# 개의 커뮤니케이션
# 능력과 언어

인간은 능변能辯으로 말할 수 있지만, 그 내용은 대부분 허구이기 쉽고, 그래서 늘 공허하다. 동물은 한정된 것밖에 말하지 못하지만, 그 내용은 모두 진실되고 유용하다. 큰 허구보다 작지만 진실된 편이 낫다.

- 레오나르도 다 빈치 〈일기장〉(1500년경)

전설에 따르면, 고대 이스라엘의 지혜로운 솔로몬 왕은 자신의 인장과 신의 이름을 새긴 은반지를 갖고 있었다. 왕은 그 반지의 힘으로 모든 동물들의 말을 알아듣고 동물과 대화할 수 있었다. 그런데 그가 죽고 나자 그 반지는 '문이 여러 겹인 신전'에 숨겨졌다고 한다. 젊은 시절 나는 개들과 이야기할 수 있는 그런 반지가 있다면 얼마나 좋을까 하고 바란 적이 있다.

그저 전설에 지나지 않는 이야기지만, 나는 지혜로운 솔로몬 왕이라면 설사 마법의 반지가 없었더라도 틀림없이 동물과 이야기할 수 있었을 것이라 생각한다. 왜냐하면 보통 사람들조차도 그 방법을 배울 수 있으니까. 솔로몬 왕이 가지고 있던 반지의 '마법'이란 동물들과 '대화'할 수 있는 것이고, 그것은 '문이 여러 겹인 신전', 즉 과학 속에 숨겨져 있다. 그럼 어떻게 동물과의 대화가 가능할까? 이는 다른 나라의 언어를 배울 때와 비슷하다. 개와 대화하려면 우선 그들이 주고받는 언어의 어휘를 알아야 한다. 그리고 그들 간의 언어 문법도 배워야 한다.

이 책은 개의 커뮤니케이션에 대해 쓴 것이다. 개들이 어떤 식으로 대화하고, 인간이 보내는 신호를 어떻게 이해하고 있는지, 개들이 말하는 내용을 인간의 언어로는 어떻게 번역할 수 있는지…. 그것을 알고 나면 개들이 무엇을 느끼고 생각하고 있는지, 또 무엇을 하려고 하는지를 지금보다 훨씬 다양하고 자세히 알게 될 것이다. 또한 개들에게 우리의 의사를 전달해 바라는 바를 행동하게 하는 것도 훨씬 쉬워진다.

그렇다고 개와 사회적인 이슈나 최신 할리우드 영화에 대해 이야기할 수 있다는 것은 아니다. 다만 개 언어를 알면 인간과 개 사이에 생길 만한 오해의 소지를 줄일 수 있다는 얘기다.

앞으로 소개할 개 언어 학습을 통해 여러분은 우리 주변의 지극히 평범한 개들이 얼마나 현명한지를 깨닫게 될 것이다. 그리고 인류가 최초의 반려자로서 개를 선택해 기르고 훈련한 그 오랜 역사 속에서 개 언어 능력에 인간이 얼마나 많은 영향을 미쳤는지도 알 수 있을 것이다.

몇몇 학자들 중에는 개의 커뮤니케이션 능력을 말할 때 '언어'라는 단어를 사용하는 것에 이의를 제기하는 사람도 분명히 있을 것이다. 오랜 세월 언어 능력은 인간 특유의 것으로만 여겨져 왔으니까. 그러나 인간과 개의 대화 방식에는 많은 공통점이 있다. 심리학자인 나는 쥐나 원숭이로부터 얻은 자료를 바탕으로 인간의 학습 능력을 유추하는 데 반론을 제기하지 않는다. 그것은 대부분의 연구자들도 마찬가지일 것이다. 따라서 인간의 학습 능력이 다른 동물들과 전혀 다르다고 생각하는 것은 어리석은 생각이다.

그럼에도 불구하고 '언어'와 '커뮤니케이션 능력'에 관한 문제를 논할 때 종種 사이에 공통된 능력이 있다는 점을 무시하고, 인간의 언어와 동물의 커뮤니케이션 능력은 완전히 별개라고 주장하는 동물행동학자들이 많다는 데 놀라지 않을 수 없다. 언어가 인간 특유의 것인지 아닌지는 오랜 역사를 배경으로 한 흥미진진한 문제이며, 이는 개 언어를 이해하고 그 대화법을 배우는 과정에서 더욱 분명해질 것이다.

내 원고를 훑어보고 상세하게 지적해준 아내 조안과 유익한 조언을 해준 딸 카렌에게 고맙다는 말을 전하고 싶다. 또한 개 언어의 미묘한 점을 가르쳐준 나의 개들 위즈, 오딘, 댄서에게도 감사한다.

● 온화한 표정

긴장이 이완되어 꽤 만족한 상태를 나타내는 신호이다. 개의 신변
에 불안이나 위협을 느끼게 하는 것이 전혀 없을 때의 표정이다.

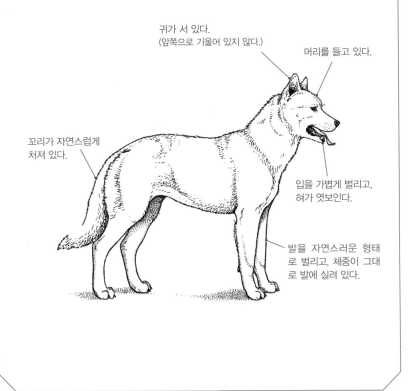

귀가 서 있다.
(앞쪽으로 기울어 있지 않다.)

머리를 들고 있다.

꼬리가 자연스럽게
처져 있다.

입을 가볍게 벌리고,
혀가 엿보인다.

발을 자연스러운 형태
로 벌리고, 체중이 그대
로 발에 실려 있다.

# 그림으로 알아보는 개의 여러 가지 표정 2

● 뭔가에 흥미가 끌리는 표정

뭔가 흥미를 끄는 것이 나타나 개가 그것에 주목하고 경계 상태
에 들어갔음을 나타내는 신호이다.

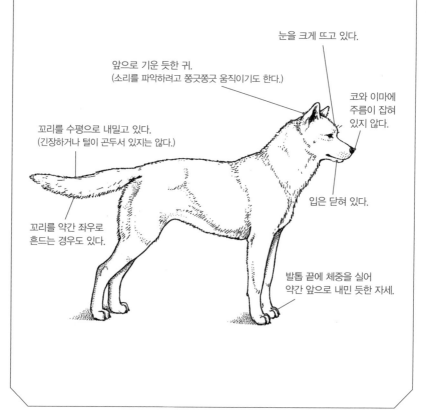

눈을 크게 뜨고 있다.

앞으로 기운 듯한 귀.
(소리를 파악하려고 쫑긋쫑긋 움직이기도 한다.)

코와 이마에
주름이 잡혀
있지 않다.

꼬리를 수평으로 내밀고 있다.
(긴장하거나 털이 곤두서 있지는 않다.)

입은 닫혀 있다.

꼬리를 약간 좌우로
흔드는 경우도 있다.

발톱 끝에 체중을 실어
약간 앞으로 내민 듯한 자세.

● **우위인 개가 보이는 공격의 표정(공격적인 위협)**

지배성이 강한 개가 자신의 사회적인 순위가 높음을 나타내고,

도전 받으면 공격에 나서겠다는 신호이다.

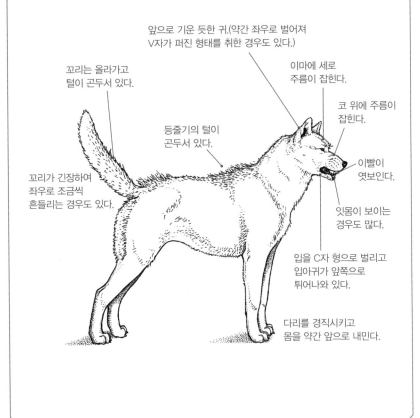

앞으로 기운 듯한 귀.(약간 좌우로 벌어져
V자가 퍼진 형태를 취한 경우도 있다.)

꼬리는 올라가고
털이 곤두서 있다.

이마에 세로
주름이 잡힌다.

코 위에 주름이
잡힌다.

등줄기의 털이
곤두서 있다.

이빨이
엿보인다.

꼬리가 긴장하여
좌우로 조금씩
흔들리는 경우도 있다.

잇몸이 보이는
경우도 많다.

입을 C자 형으로 벌리고
입아귀가 앞쪽으로
튀어나와 있다.

다리를 경직시키고
몸을 약간 앞으로 내민다.

# 그림으로 알아보는 개의 여러 가지 표정 4

● **겁먹은 개가 보이는 공격의 표정**(방어적인 위협)

여차하면 공격에 나서겠다는 신호이다. 이러한 신호는 자신을 위

협하는 특정 상대에게 행해진다.

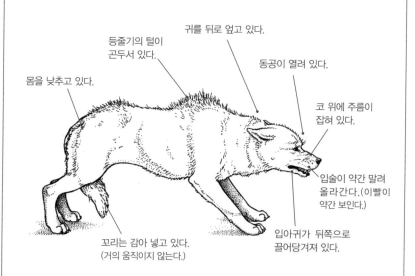

귀를 뒤로 엎고 있다.

등줄기의 털이
곤두서 있다.

동공이 열려 있다.

몸을 낮추고 있다.

코 위에 주름이
잡혀 있다.

입술이 약간 말려
올라간다.(이빨이
약간 보인다.)

꼬리는 감아 넣고 있다.
(거의 움직이지 않는다.)

입아귀가 뒤쪽으로
끌어당겨져 있다.

16

● **긴장과 불안을 나타내는 표정**

긴장한 개의 신호이다. 긴장의 원인은 신변의 상황에 있고, 신호가 특정 개체를 향한 것은 아니다.

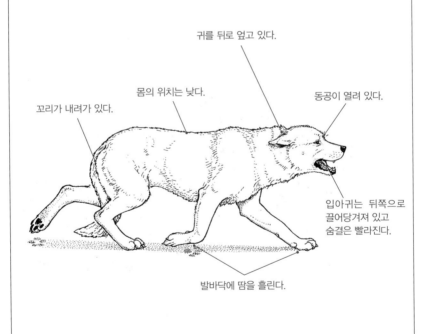

귀를 뒤로 얹고 있다.

몸의 위치는 낮다.

동공이 열려 있다.

꼬리가 내려가 있다.

입아귀는 뒤쪽으로 끌어당겨져 있고 숨결은 빨라진다.

발바닥에 땀을 흘린다.

# 그림으로 알아보는 개의 여러 가지 표정 6

● **공포와 복종을 나타내는 표정(적극적인 복종)**

겁먹고 있어 복종을 나타내려는 개의 신호이다. 순위가 높은 상대의 기분을 누그러뜨리고, 그 이상의 위협이나 도전을 피하기 위한 신호이다.

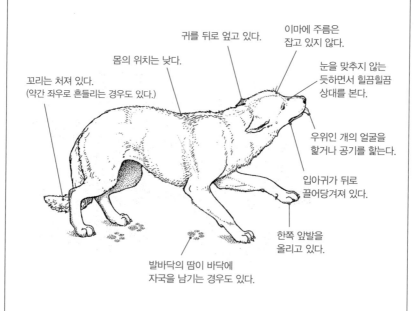

귀를 뒤로 엎고 있다.

이마에 주름은 잡고 있지 않다.

몸의 위치는 낮다.

눈을 맞추지 않는 듯하면서 힐끔힐끔 상대를 본다.

꼬리는 처져 있다. (약간 좌우로 흔들리는 경우도 있다.)

우위인 개의 얼굴을 핥거나 공기를 핥는다.

입아귀가 뒤로 끌어당겨져 있다.

한쪽 앞발을 올리고 있다.

발바닥의 땀이 바닥에 자국을 남기는 경우도 있다.

# 그림으로 알아보는 개의 여러 가지 표정 7

● **극도의 공포와 완전한 복종을 나타내는 표정(무저항의 복종)**

완전한 복종과 항복을 나타내는 신호이다. 개는 자신이 열위라는
사실을 나타내고, 우위인 상대에게 굴복하고 화해를 청해 공격을
중지하도록 호소하고 있다.

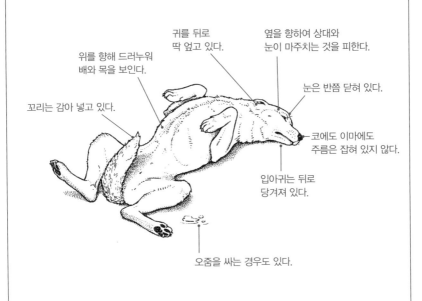

귀를 뒤로
딱 얹고 있다.

옆을 향하여 상대와
눈이 마주치는 것을 피한다.

위를 향해 드러누워
배와 목을 보인다.

눈은 반쯤 닫혀 있다.

꼬리는 감아 넣고 있다.

코에도 이마에도
주름은 잡혀 있지 않다.

입아귀는 뒤로
당겨져 있다.

오줌을 싸는 경우도 있다.

● **놀고 싶을 때의 표정**

놀이로 유인할 때의 기본적인 신호이다. 흥분해서 짖거나, 공격 흉내를 내고는 뒤로 휙 비켜서는 동작을 수반하는 경우가 많다. 지금 하는 공격이 진심은 아니라고 전하기도 한다.

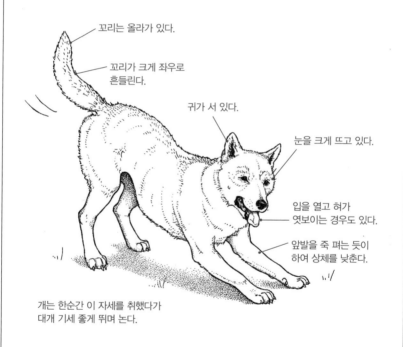

꼬리는 올라가 있다.

꼬리가 크게 좌우로 흔들린다.

귀가 서 있다.

눈을 크게 뜨고 있다.

입을 열고 혀가 엿보이는 경우도 있다.

앞발을 죽 펴는 듯이 하여 상체를 낮춘다.

개는 한순간 이 자세를 취했다가 대개 기세 좋게 뛰며 논다.

# 1장

# 당신의 개가 말을 하고 있다

주인에게 충성심을 발휘하는 개의 얘기는 세계명작과 영화 그리고 시 속에서도 쉽게 만날 수 있다. 그만큼 가축이 아닌 가족의 개념이 크다. 시인 노먼 해리스는 개의 충성심을 이렇게 노래하기도 했다. "저를 부드럽게 대해주세요. 더 이상 감사한 것은 없습니다. 자주 말을 걸어주세요. 당신의 발소리가 기다림에 지친 제 귀에 들려오는 순간, 꼬리가 절로 흔들립니다."

누구나 한 번쯤은 영화 〈닥터 두리틀〉의 주인공 두리틀 박사가 되고 싶다거나 동물과 대화할 수 있는 능력을 가져다주는 '솔로몬 왕의 반지'를 갖고 싶다는 생각을 한 적이 있을 것이다. 나도 그럴 수만 있다면 나의 사랑스런 애견 스키피(비글Beagle)와 자유롭게 이야기할 수 있을 텐데…라는 생각을 하곤 했다.

어렸을 적 나는 저녁 무렵이면 스키피와 함께 거실에 있는 대형 라디오 앞에 진을 치고 앉아 있었다. 의자 다리에 등을 기댄 채 바닥에 눌러앉아 라디오 연속극 〈달려라 래시〉가 시작되기를 기다리고 있었던 것이다. 테마 음악이 흐르고(영국 민요 '그린 슬리브즈'였던 것 같다), 그의 목소리가 들려온다. 그가 짖어대는 소리가 점점 가까워져 온다….

우리에게 너무나 낯익은 스타 개인 벤지나 베토벤, 그리고 텔레비전을 통해 익숙한 에디, 위시본, 리들리스트 호보…. 하지만 뭐니 뭐니 해도 스타 개의 대명사는 '래시'가 아닐까. 1940년대 에릭 나이트의 고전소설 《래시 컴 홈Rassie Come Home》의 주인공이기도 했던 이 개는 인간의 친구이자 충실한 반려자였다.

이 작품은 1943년 동명의 영화로 제작되어 아카데미상 후보에까지 올랐다. 명견 래시와 소년 조의 눈물겨운 사랑 이야기를 보며 많은 사람들은 감동의 눈물을 줄줄 쏟아냈다. 리즈 테일러, 지미 스튜어트 등과 열연하기도 했던 래시는 할리우드에 있는 '명예의 전당 거리'에 손(발)자국을 남기기도 했다.

영국을 무대로 한 이 영화의 줄거리는 대강 이렇다. 래시의 가난한 주인 일가는 돈 때문에 몹시 아끼는 콜리를 부호(그 딸 역은 소녀 시절의 엘리자베스 테일러였다)에게 팔아넘기지 않으면 안 되었다. 래시는 러들링 저택의 냉혹한 개 관리인의 눈을 피해 자신의 어린 주인(로디 맥도월이 연기)이 있는 집을 찾아 스코틀랜드에서부터 영국까지 아득히 먼 길을 여행한다. 여기서 래시 역을 맡은 개는 사랑스러운 암캐가 아니라 펄이라는 이름의 수캐였다. 수컷 콜리를 선택한 이유는 암컷보다 몸집이 크고 겁을 내지 않기 때문이었다.

영화 〈래시〉는 개의 사고와 행동에 관한 사람들의 견해에 지대한 영향을 미쳤다. 그것은 영화가 속속 만들어진 탓이기도 했다. 이 영화의 주인공 래시의 인기는 제임스 스튜어트, 헬렌 슬레이터, 나이젤 브루스, 엘자 란체스터, 프레드릭 포레스트, 미키 루니와 같은 당시 할리우드의 쟁쟁한 스타들까지도 따돌릴 정도였다. 그리고 1954년부터 1991년에 걸쳐 텔레비전 연속극으로 끊임없이 만들어졌고, 무대 설정과 배역도 여섯 차례나 바뀌었다. 그 프로그램들은 오늘날까지도 텔레비전에서 재방영되고 있다.

하지만 래시가 출연한 것 중 가장 이례적인 것은 라디오 연속극이었을 것이다. 이것은 1947년부터 1950년까지 계속되었고, 나는 래시의 어린 팬 중 한 사람이었다. 지금이라면 라디오 프로그램 제작자가 래시에게 인간의 목소리를 부여해 그가 무엇을 생각하고 무엇을 말하고 싶은지 청취자가 알 수 있게 했을지도 모르겠다. 래시의 태어난 고향을 연상케 하는 스코틀랜드풍의 부드러운 목소리로 말이다. 그러나 그 옛날의 라디오 프로그램 속 래시는 그저 짖기만 할 뿐이었다.(재미있는 건 연속극에서 래시가 실제 짖는 듯한 '낑낑거리거나' '헐떡거리거나', 위협하듯 '으르렁거리는' 소리를 전부 성우가 맡았다고 한다.) 그런데도 래시의 가족은 물론 다른 등장인물들 모두 그가 말하는 것을 완벽하게 알아차렸다.

가령 이런 식이다.

래시가 들판으로 달려와 미친 듯이 짖으면서 낑낑댄다.

소년이 "왜 그래? 래시!" 하고 묻는다. 그러면 래시가 큰 소리로 짖어댄다.

"엄마에게 무슨 일이 생겼어?" 소년이 그 목소리의 의미를 알아차린다. 래시는 낑낑거리며 짖어댄다.

"이런, 엄마가 다쳤구나! 그 기계는 절대 혼자 사용하지 말라고 아빠가 그랬는데. 래시, 넌 윌리엄 박사님을 모셔와. 저 아래 존슨 씨네 댁으로 들어가시는 걸 조금 전에 봤거든. 난 엄마를 구하러 갈게."

소년은 집을 향해 들판을 가로질러 달리고, 래시는 윌리엄 박사에게 구조를 구하기 위해 질주한다. 의사도 물론 래시가 짖는 소리와 끙끙거리는 것만으로도 그 의미를 알아챈다. 그는 곧 소년의 집으로 달려간다. 때로 래시의 짖는 소리는 괴한의 침입을 알려주기도 하고, 숨어 있는 물건이나 도난당한 물건이 어디 있는지도 알려주며, 누가 거짓말 혹은 진실을 말하고 있는지 주인에게 귀띔해주기도 한다. 래시의 짖는 소리가 세계 공용어라도 되는 걸까.

어린 나는 연속극 속 래시의 가족과 그 이웃들이 정말이지 부러웠다. 그들은 모두 개 언어를 알아듣는 것은 물론 개에게 자신의 언어를 정확히 전달하는 방법 또한 잘 알고 있었으니까. 나는 스키피의 길고 매끈한 귀를 만지작거리면서 어째서 나에게는 그런 재능이 없는지 한탄했다.

그렇다고 해서 스키피가 말하려는 것을 내가 전혀 못 알아듣는 건 아니었다. 그가 꼬리를 흔들 때는 '기뻐하고 있구나', 꼬리를 양쪽 다리 사이로 감아 넣었을 때는 '비참한 기분이구나', 짖을 때는 '누군가 오고 있나' '뭔가 먹고 싶은가' '놀고 싶은가' '흥분해 있구나'…, 또 그가 비글 특유의 요들송을 부르는 듯이 짖을 때는 '즐겁게 뭔가를 쫓아가고 있구나' 하는 정도는 알아들을 수 있었다.

하지만 어학에 재능이 없는 쪽은 스키피가 아니라 바로 나였다. 그는 때때로 믿을 수 없을 만큼 획기적인 방법으로 자기가 바라는 바를 전달했다. 어느 날 그는 코로 부엌에 있는 자신의 물그릇을 내 발밑에 밀어 넣는다. 그런 식으로 자기가 목이 마르고 그릇이 비어 있다는 것을 내게 알렸던 것이다. 그러나 대개의 경우 나는 그가 말하는 것을 알아듣지 못했고, 의사소통이 되지 않는 걸 몹시 슬퍼했다.

그런데 오랜 세월에 걸쳐 연구 조사를 거듭한 결과, 나는 이제 개들의 언어를 알아듣기 시작했다. 심리학자로서 개의 커뮤니케이션 능력을 이해하는 일이 인간과 개의 관계를 얼마만큼 변화시킬 수 있는가도 실감하게 되었다.

인간의 세계에서 언어는 동료나 사회에 대한 개인의 적응 정도를 결정짓는 훌륭한 도구다. 장애아와 그 가족과의 관계를 조사한 연구 결과에 따르면, 아무리 심한 장애가 있는 아이라도 그 아이에게 실제적인 언어 이해 능력만 있으면 가족 간의 질긴 애정의 끈이 생긴다고 한다. 그러나 가벼운 장애라 하더라도 언어 능력이 결여되어 있는 경우에는 인간관계나 사회 적응이 매우 어렵고, 가족은 심한 좌절감을 느끼며, 아이에 대한 애정도 희박했다. 이주자나 망명자가 새로운 사회에 잘 적응하기 위한 최대의 관건은 그 나라의 언어를 배우는 속도와 숙달 정도에 있듯이, 개 언어에 대한 인간의 이해도에 따라 개가 얼마나 가족에 적응했는지 그 적응도를 측정할 수 있는 것이다.

## 오해하기 쉬운 개 언어 1 : 이빨을 드러낸다

개의 기분을 잘못 읽으면 주인은 여간 곤혹스러운 게 아니다. 하지만 개는 인간의 곤혹스러움 이상으로 위험이 뒤따를지도 모른다. 피니간의 경우가 그랬다. 피니간은 멜라니라는 여성이 경영하는 개 사육장에서 길러진 아름다운 아이리시 세터Irish Setter였다. 멜라니는 매우 신중한 사육사로서 온화하며 명랑하고 참을성 강한 개를 많이 길러냈다.

그러던 어느 날, 멜라니는 피니간을 사간 사람으로부터 한 통의 전화를 받고 나에게 연락했다.

"내가 공격적인 개를 한 번도 다뤄본 적이 없어서요. 부탁인데, 피니간이 올 때 도와주지 않을래요? 나 혼자서는 제압할 수 없을지도 몰라서요."

피니간의 새 주인은 피니간의 기질이 너무 거칠다고 고충을 토로했다고 한다. 방문객이나 다른 개들에게 덤벼들고 시도 때도 없이 이빨을 드러낸다는 것이다. 이 문제를 처리하기 위해 새 주인은 조련사를 불렀는데, 그 역시 피니간의 공격적인 행동을 그만두게 하지 못하고 결국 개를 안락사 시킬 것을 권했다고 한다. 그렇다고 피니간을 안락사 시킬 수는 없는 노릇이라 새 주인은 고심 끝에 멜라니에게 연락을 했던 것이다.

나는 멜라니가 기른 개가 공격적인 행동을 보인다는 게 믿기지 않았지만, 그녀가 너무나 불안해하기에 피니간을 데려오기로 했다. 나는 집에서 나설 때 일반적으로 공격적인 개들을 다룰 만한 장비들, 가령 튼튼한 가죽끈, 장착이 간단한 목줄, 머리에 씌울 굴레, 재갈, 그리고 커다란 모포 등을 준비했다. 개가 날뛸 때 그 모포로 뒤집어씌운 다음 움직이지 못하게 하기 위해서였다. 두터운 가죽 장갑도 잊지 않았다.

피니간을 태운 트럭이 도착했을 때, 나는 황갈색의 플라스틱제 운반용 개집을 노려보았다. 성난 '으르렁거림'도 흥분된 소리도 아닌 그저 '낑낑거리는' 소리가 안에서 들려왔다. 그래도 방심하지 않고 개집 문을 천천히 열었다. 빨간 털의 피니간은 자신이 예전에 살던 곳임을 확인하고는 기쁜 듯이 달려 나와 주위를 둘러봤다. 그리고 밖에서 웃으며 맞는 나에게 호응이라도 하듯 피니간은 커다란 입 속의 이빨을 모조리 드러내며 짖어댔다. 그런데 멜라니는 웃고 있는 나를 보고 갑자기 놀란 표정을 짓는 게 아닌가. 멜라니는 개가 갑자기 마흔 두 개의 하얗고 긴 이빨을 보이자 공격의 표현으로 받아들였던 것이다. 그러나 개가 이빨을 보일 때는 여러 가지 심리적인 상황이 있기 마련이다. 이때의 피니간은 실은 복종을 표현하고, 상대의 기분을 누그러뜨리려고 미소를 띠고 있었던 것이다. 그 표정이 의미하는 것은 "꺼져. 안 그러면 물어뜯어버릴 거야"가 아니라 "안심해. 협박하는 게 아냐. 여기서는 네가 대장이라는 거 알아"였다.

피니간은 어린 세터의 활기찬 모습으로 인간과 다른 개들에게 덤벼들었고, 그것은 단지 인사였을 뿐이다. 그러면서도 그는 이 행위가 위협으로 받아들여지지 않도록 복종의 의미를 띤 찡그린 표정을 지었다. 가족이나 조련사에게 공격성을 교정 받으면 받을수록 그는 복종적이 되었다. 그리고 복종적이 되면 될수록 그의 '웃음'(짖는 소리)은 커졌다. 물론 웃음이 커질수록 그의 이빨은 더욱 더 드러났다.

하지만 피니간의 새 주인은 개가 필사적으로 말하려고 했던 것을 미처 알아차리지 못했던 것이다. 만약 그들이 조련사의 권유에 따랐다면, 이 잘생긴 빨간 피니간은 다 자라지도 못하고 묘에 묻히고 말았을 것이다. 현재 피니간은 다른 가족과 행복하게 잘 살고 있다. 멜라니가 전하는 말에 의하면, 그는 지금도 잘 웃고 잘 덤비는데, 다행히 이번 주인은 그 의미를 제대로 받아들여 그를 안심시키고 사랑해주고 있다고 한다.

## 오해하기 쉬운 개 언어 2 : 주인 얼굴을 향해 방뇨한다

불행하게도 이와 같이 개가 보내는 신호가 인간에게 잘 전달되지 못하는 경우가 아주 많고, 그것이 심각한 문제나 나쁜 감정으로 연결되는 경우도 흔하다. 언젠가 엘리노어라는 여성이 나에게 위델이라는 이름을 가진 금발의 아메리칸 코커 스패니얼American Cocker Spaniel에 대해 상담한 적이 있다. 그녀는 이렇게 말했다.

"남편이 지금 폭발 직전이에요. 위델은 단순히 길들여지기를 거부하는 개 같아요. 지금은 앙심을 품고 집 안 여기저기에다 오줌을 누고 다닌답니다. 남편은 이 문제가 당장 해결되지 않으면 위델을 없애버리겠다고 해요."

개가 집 안을 더럽히지 않는 데 익숙해지기까지 주인은 종종 스트레스를 받는다. 그러나 2~3주 정도면 문제가 해결된다. 다만 개에게 규칙적으로 먹을 것과 물을 주고, 배설을 위해 개를 밖에 데리고 나가야 할 시간만 제대로 신경을 써준 경우에만 그렇다. 그런데 생후

7개월이 되어가는 위델은 아직도 배설 훈련이 잘 안 되어 있었다. 이를 의아하게 여긴 나는 엘리노어에게 지금까지 어떤 식으로 배설 훈련을 가르쳐 왔는지 물었다.

"남편은 집 안이 깔끔하게 정리되어 있는 것을 좋아해요. 그래서 우리는 집 안이 깨끗해야 한다는 것을 위델에게 빨리 깨닫게 하려고 애썼어요. 나는 강아지 기르는 법에 대한 책을 읽고, 거기에 씌어 있는 대로 밖에서 배설하도록 시켰어요. 하지만 가끔씩 실패했고, 그럴 때마다 남편은 내가 위델의 응석을 너무 받아주기 때문에 그런 거라며 자신이 버릇을 들이겠다고 했어요. 그러곤 집 안에서 위델의 오줌을 발견하기만 하면, 위델을 억지로 끌고 가 오줌에다 위델의 코를 힘껏 문질러댔어요. 심지어 호통을 치고 엉덩이를 걷어차 밖으로 내보냈지요. 그런데 신기하게도 최근 남편이 출장 때문에 4주 정도 집을 비운 동안 위델은 언제 그랬냐는 듯 정말 말썽 한 번 없이 잘 지냈어요. 그저 한두 번쯤 실수했을 뿐이죠. 그때도 나는 크게 소란을 떨지 않고 뒷처리를 한 다음 위델을 정원으로 내보냈어요. 하지만 2, 3일 전 남편이 돌아오자마자 모든 것이 원점으로 돌아가버렸어요. 개가 어떻게 했는지 아세요? 남편이 집에 들어오는 순간, 남편이 보는 앞에서 바닥에 오줌을 갈긴 거예요. 남편은 크게 화를 냈고, 나는 그 순간 그가 위델을 집어던지는 줄 알았어요. 위델이 남편에게 분풀이를 하고 있다고밖에는 생각되지 않았거든요. 남편이 방으로 들어올 때마다 위델은 웅크리고 앉아 일부러 그가 보는 앞에서 오줌을 쌌어요. 그런데 어제는 정말이지 최악의 상황이 발생하고야 말았지요. 남편이 들어오는 것을 보고 위델이 배를 보이면서 벌렁 드러눕더라구요. 흔히 개들이 배를 쓰다듬어 달라고 할 때처럼요. 그래서 남편이 개에게 몸을 굽혔는데, 갑자기 위델이 그의 얼굴에다 오줌을 날리지 뭐예요! 오늘 상담하러 온 것도 바로 그 사건 때문이에요."

나는 그녀의 말을 듣고 나자 위델이 가엾게 느껴졌다. 개는 의사 전달을 하는 데 인간과 같은 신호를 사용하지 못한다. 이 경우도 위델은 자기만의 표현 방식으로 계속 감정을 전달하고 있었는데, 안타깝게도 그 표현은 매번 오해를 받았고, 결국 말썽을 일으켰던 것이다. 문제는 배설 버릇과는 무관했다. 나는 엘리노어의 이야기를 통해 위델이 이미 배변 습관을 완벽하게 터득하고 있음을 알 수 있었다. 문제는 엘리노어의 남편인 스티븐에게 있었다. 위델이 집 안에서 방뇨했을 때 그는 거칠게 그것을 교정하려고 했다. 그 때문에 위델은 그를 몹시 두려워하고 있었다. 개는 상대와의 관계 속에서 커다란 공포를 체험하면 자신을 가능한 위협을 주지 않는 작은 존재로 보이려고 애쓴다. 웅크리거나 배를 보이고 드러눕는 것도 그런 표현 중 하나이다.

엘리노어는 위델이 남편의 얼굴을 향해 오줌을 싼 행위를 분풀이라고 생각했지만, 그것은 분풀이가 아니다. 너무나 두려워서 복종적인 자세를 취한 개가 오줌을 싼 것에 지나지 않는다. 방뇨는 '지배적인 개'에게 '강아지'(약한 존재)를 연상시키기 위한 행위이다. 어린 강아지의 오줌과 똥은 누군가 치워주어야 하고, 어미개는 강아지를 드러눕게 하여 그 배설물을 처리해준다. 위델이 필사적으로 호소하려고 했던 진심은 바로 이것이다.

"나는 당신이 두려워요. 하지만 보세요. 나는 당신한테 저항할 수 없는 무력한 강아지 같은 약한 존재일 뿐이에요."

내가 위델이 표현하고자 했던 바를 엘리노어에게 알려주자, 그 제야 그녀는 자신이 해야 할 일을 아는 눈치였다. 앞으로 그녀의 역할은 위델에게 자신감을 갖게 하는 것이다. 하지만 그보다 더 중요한 것은 개가 두려워하지 않도록 그녀의 남편이 좀 더 상냥하게 대해주어야 할 것이다.

## 오해하기 쉬운 개 언어 3 :
## 자꾸 기댄다

이 외에도 개의 일반적인 표현 방식 중 사람들이 오해하기 쉬운 것들이 많다. 한번은 조세핀이라는 여성이 나에게 전화로 조언을 구한 적이 있었다.

"블루토가 나에게만 너무 응석을 부려서 곤란할 정도예요. 나는 성가시고 남편은 화를 내고 있답니다. 남편은 블루토가 나 외의 다른 가족들에게도 살갑게 대하길 원했거든요."

블루토는 크고 검은 로트바일러Rottweiler였다. 블루토라는 이름 은 만화《포파이 더 세일러맨》에서 항상 싸우기만 하는 나쁘고 험악한 캐릭터에서 따온 것이었다. 나는 조세핀의 남편 빈센트가 그 이름을 붙였다는 말을 듣고, 그 남자의 성격이나 개에 대한 기대를 알 만했다. 틀림없이 빈센트는 블루토를 꽤 혹독하고 거친 방법으로 훈련 시켰을 것이다. 그리고 개는 그에게 복종했지만, 분명히 저항도 했을 것이다. 조세핀의 말에 의하면, 블루토는 그녀의 말에는 전혀 복종하지 않지만 집요하게 매달려 애정 표현을 한다는 것이다.

내가 그 집을 찾아갔을 때 빈센트는 부재중이었고, 조세핀이 나를 거실로 안내했다. 그녀는 긴 소파에 반듯하게 앉았고, 발밑에는 문제의 블루토가 웅크리고 있었다. 블루토는 체중이 무려 55킬로그램 정도로 덩치가 컸고, 반면 조세핀은 45킬로그램 정도의 가냘픈 몸매를 지녔다.

그녀와 내가 한참 이야기꽃을 피우고 있던 중 블루토는 자신의 앞발을 그녀의 무릎 위에 올렸다. 조세핀은 그의 머리를 쓰다듬어주었다. 잠시 후 블루토가 소파 위로 뛰어 올라왔다. 조세핀은 그의 거대한 몸이 들어갈 수 있도록 작은 몸을 비켜서 틈을 내줬다. 블루토는 나를 힐끗 쳐다본 다음 그녀의 얼굴을 물끄러미 바라보았다. 블루토가 그녀의 눈을 똑바로 주시하자, 조세핀은 손을 뻗어 그의 뺨 근처를 가볍게 어루만져줬다. 이어 블루토는 작은 체구의 그녀에게 기댔다. 그녀는 개가 무거워서인지 상체를 숙이더니 약간 옆으로 비켜 앉았다. 그러자 블루토도 자리를 고쳐 앉아 또다시 그녀에게 기댔다. 그녀가 또다시 몸을 비켜 앉자, 개도 바싹 다가갔다. 이야기하는 동안 이 같은 행동은 몇 번이나 되풀이되었고, 드디어 조세핀은 소파의 한쪽 끝까지 옮겨가 있었다. 이제 더 이상 비킬 수 없게 된 그녀는 화가 난 듯 일어나 개를 손가락으로 가리키며 말했다.

"이것 보세요. 아시겠지요? 블루토는 이런 식으로 항상 앞발을 이용해 내 주의를 끄는 거예요. 그러고는 내 눈을 끊임없이 응시하고, 나한테 기대서 자기가 나를 얼마나 사랑하고 있는지 전하려고 해요. 남편이 없을 때 나는 소파에서 밀려나 텔레비전도 볼 수 없다니까요. 이렇게 커다란 개가 응석만 부리고 있기 때문에 남편은 불쾌해서 참을 수가 없다는 거예요. 블루토가 좀 더 확실히 자립할 수 있도록 훈련시킬 수는 없을까요?"

이 경우 역시 개가 보내는 감정 표현을 사람이 잘못 읽은 예 중의 하나이다. 조세핀과 그녀의 남편이 생각하고 있듯이 블루토는 "난 당신이 좋아요. 당신이 필요해요. 나는 당신의 애정에만 의지하고 있어요"라고 말하고 있는 것이 아니다. 블루토는 "내가 당신보다 위야. 무리의 리더(남편)가 없을 때는 내가 그 역할을 한다. 당신은 나를 따르고 내가 원하는 대로 움직여"라고 말하고 있었던 것이다.

이처럼 개가 자신의 우위를 나타내려는 신호에는 여러 가지가 있다. 개가 앞발을 사람의 무릎에 얹는 것은 사람에 대한 지배의 표현일 경우가 많다. 그것은 이리가 자신의 우위성을 전달할 때 앞발이나 머리를 다른 이리의 어깨에 얹는 것과 같다. 블루토가 조세핀의 눈을 똑바로 응시하는 것 또한 지배와 위협을 나타내는 원시 그대로의 행동으로, 상대방에게 복종의 반응을 끌어내기 위한 것이다. 그리고 조세핀은 그의 얼굴 옆을 어루만짐으로써 그 지배를 받아들였다. 즉, 힘이 약한 이리가 힘이 센 리더에게 얼굴을 핥는 행위와 같았던 것이다. 블루토가 자꾸 기댔던 것도 조세핀의 몸이 밀리게 하기 위해서였다. 무리의 리더는 세력 범위 내에서 자신이 원하는 장소를 점령하고 거기서 누울 수 있다. 열위의 멤버는 장소를 비켜주고 그 지배를 받아들인다. 바꾸어 말하면 블루토는 모든 행위를 통해 "우리 사이에서 보스는 나다"라고 말하고 있었고, 조세핀은 모든 행동을 통해 "네, 나는 당신의 지배를 받아들이겠습니다"라고 전하고 있었던 것이다.

일단 이와 같은 개의 표현 방식을 정확히 읽고 나면 문제는 의외로 간단히 해결된다. 그 후 조세핀은 블루토를 복종 훈련소에 데리고 가 명령에 따르는 법을 배우게 했다. 체력적으로 그녀가 개를 지배할 수 없기 때문에 훈련에서는 개가 순응할 수 있도록 교육시켰다. 그리고 집에서 블루토에게 주는 식사는 반드시 그녀가 담당하여 반드시 "앉아" 또는 "기다려" 등의 간단한 명령에 따르게 한 다음 먹게 했다. 이것은 야생의 세계에서 무리의 리더가 맨 처음 먹고 나면 나머지 먹이를 순위에 따라 분배하는 것과 같다. 조세핀은 식사나 비스킷 같은 간식을 줄 때도 블루토에게 자신의 명령을 따르게 했다.

즉, 그녀는 개 언어를 사용하여 "나는 너만큼 크지도 강하지도 않지만, 너보다 상위이다"라고 전했던 것이다.


## 사람이 양손을 올리는 행위가 오해를 부른다

사람들은 개 언어를 알아듣는 법을 배워야 할 뿐만 아니라 마음만 먹으면 얼마든지 개들과 대화할 수 있다는 사실도 알아야 한다. 그 흥미진진한 예가 마이클 폭스Michael Fox 박사로부터 들은 일화이다. 박사는 개와 야생 개과동물의 행동에 관한 연구의 일인자로 알려져 있는데, 당시 폭스 박사는 세인트루이스에 있는 워싱턴대학 심리학과 교수였다. 박사는 이리, 여우, 그리고 코요테 등 야생 개과동물의 행동 패턴과 집개의 행동 패턴을 비교 연구하고 있었다. 이 연구를 통해 모든 개과동물에게는 공통된 보편적 행동이 있다는 것이 밝혀졌는데, 그것이 사실이라면 우리는 야생 이리의 행동에서 귀여운 애완견이 보이는 행동의 의미를 파악할 수 있다.

내가 폭스 박사와 처음 대면한 것은 박사의 강연 후였다. 나는 자기소개를 한 다음, 박사가 제작에 관여한 텔레비전 다큐멘터리 〈울프맨The Wolf Man〉에 대해 이야기를 꺼냈다. 박사는 뜻밖에도 호의적으로 응했고, 우리의 대화는 계속됐다.

"아, 그래요. 나는 그 경험으로 이리와 대화하고 내 몸을 위험에서 지킬 수 있게 되었지요. 하지만 처음에는 위험을 피할 수 있을 만큼 이리의 언어를 충분히 알고 있지 못했어요."

영국 억양이 섞인 그의 상냥한 목소리에는 유쾌한 여운이 느껴졌다.

"우리는 조사 구역에 이리를 몇 마리 더 넣어서 그 행동을 촬영하려고 했어요. 인사하는 패턴이나 힘의 서열 문제를 해결하는 방법 등을 필름에 담고 싶었거든요. 그래서 가장 나이가 많은 수컷과 그 배우자(둘 다 네 살 정도)가 조사 구역의 끝 쪽에서 무리 속으로 들어가게 했어요. 암컷은 가끔 발정해서 수컷에게 코를 비벼대며 복종의 신호를 보내고 있었지요. 하지만 수컷은 낯선 이리들에게 둘러싸인

데다 암컷이 발정기에 있었기 때문에 꽤 긴장해 있었던 것 같아요.

우리는 숲속에 숨어 있었는데, 그 한 쌍이 다른 이리로부터 떨어져 우리가 숨어 있던 관목숲 쪽으로 다가왔어요. 두 마리가 눈앞을 지나갈 때 좋은 장면을 찍을 수 있겠다고 생각한 나는 그 뒤를 쫓았어요. 그런데 두 마리가 갑자기 방향을 바꾸더니 나를 노려보는 거예요. 모습을 들켜버린 거지요. 자신들의 뒤를 바짝 쫓아와서 눈을 응시하고 있는 사람이 있다? 대개의 경우 그런 행동은 위협을 의미하기 때문에 나는 당장 멈춰 섰어요. 그것으로 문제를 피할 수 있다고 생각했던 거지요. 그런데 내가 여전히 눈을 크게 뜨고 두 마리를 계속 주시하고 있었던가 봐요. 그게 그만 그들에게 도전으로 받아들여졌던 거죠. 수컷이 즉시 공격해 왔어요.

하지만 나는 양손에 카메라 가죽끈이 감겨 있었기 때문에 생각처럼 움직일 수가 없었어요. 그래서 손을 들어 동료에게 도움을 청했지요. 나중에 생각하니 그것이 또 실수였어요. 양손을 올린 것이 또다시 위협으로 받아들여졌던 거지요. 동물들이 자신을 크게 보이려고 할 때 뒷다리를 드는 행동과 닮아 있었기 때문이에요. 내가 동료에게 '도와달라' 외치는 고함소리도 그들에게는 '으르렁거리는' 위협의 소리로 들렸을 거예요. 결국 수컷이 덤벼들어 내 한쪽 손과 팔, 등을 물기 시작했고 암컷도 협력해서 내 양다리를 공격했어요. 그때서야 나는 간신히 그들에게 공격할 의사가 없다는 사실을 전달할 방법이 떠올랐어요. 동작을 멈추고 나 자신을 가능한 한 작게 보이려고 그 자리에서 웅크렸어요. 무력하게 겁먹은 새끼 이리처럼 낑낑대면서 말이죠. 두 마리는 금방 공격을 멈췄지만, 수컷은 여전히 내 눈을 노려보며 이빨을 드러낸 채 으르렁거리고 있었어요. 한동안 긴장감은 계속되었고, 잠시 수컷이 긴장을 푼 틈을 타 나는 이때다 싶어 살짝 뒷걸음질을 쳤지요. 그러던 중 구조대가 도착해 수컷을 끌어냈어요.

다행히도 나는 꽤 두꺼운 옷을 입고 있었던 터라 이리에게 물리긴 했어도 큰 상처는 없었답니다. 하지만 이리가 몸으로 덤벼들어 큰 타격을 입은 데다가 휘둘림을 당한 탓에 통증과 타박상이 심했지요."

야생 개과동물에 관한 한 세계 일인자로 불리는 그가 우습게도 개과동물에게 완전히 틀린 신호를 보내 공격을 유인해버린 꼴이었다. 그래도 다행히 그에게는 개 언어에 대한 소양이 있어, 모든 것이 오해이며 자신에게는 도전할 마음 같은 건 없으니 더 이상 위협을 할 필요가 없다는 것을 전할 수가 있었다. 그 덕에 그는 큰 부상은 모면할 수 있었다.

이렇듯 사람이 개와 행복하게 살 수 있는지 없는지는 사람이 개 언어를 익히는 능력에 달려 있다. 개 언어를 알고 있으면 개가 전하려는 바를 올바르게 알 수 있음과 동시에 개들이 이해할 수 있는 정확한 신호를 보내는 것도 가능하다. 개는 사람의 많은 언어를 배워내는 능력이 있다. 개가 사람과 마음이 통하기 쉬운 것도 바로 그 때문일 것이다. 그럼 지금부터 개와 대화하는 법을 이야기하기에 앞서 개 언어 자체에 대해 조금쯤 알아두고 넘어가자.

# 진화와 동물의 언어

인간이 단어를 갖게 된 것은 개와의 관계 덕분일지도 모른다. 사냥감을 쫓는 데 개를 이용하게 된 사람들은 미미한 냄새까지 구분하는 기능은 필요 없게 되었다. 따라서 사람은 보다 유연하게 움직이는 얼굴로 진화되고, 그럼으로써 다양하고 복잡한 소리를 낼 수 있게 되었다. 바꾸어 말하면, 역사가 시작되기 전부터 우리를 대신하여 냄새를 맡는 역할을 해준 개가 있었기 때문에 사람이 단어를 말할 수 있게 되었다는 것이다.

개 언어를 어떻게 읽고 해석할 것인가에 대해 말하기 전에, 우선 근본적으로 중요한 의문에 답을 찾을 필요가 있다. 그것은 바로 '사람 이외에 독자적인 언어를 가진 동물이 존재하는가' 하는 것이다. 동물이 서로 의사 전달을 한다는 점에는 어떤 과학자도 이론異論을 제기하지 않을 것이다. 문제는 우리가 '언어'라고 정의하는 것에 있다. 언어학자도 동물이 의사 전달의 한 수단으로 '소리'를 사용한다는 점은 인정한다. 다만 그들은 동물에게는 '단어'라고 부르는 언어의 기본 요소조차 없다고 주장한다. 그들의 분석에 의하면 동물에게는 사물에 '공' '나무' 등 이름을 붙이는 능력이나 '사랑' '진실' 등의 추상 개념을 표현할 능력이 없다는 것이다.

매사추세츠 공과대학의 저명한 언어학자 촘스키는 "언어를 배우는 것은 사람뿐이다. 왜냐하면 학습에 필요한 뇌의 구조를 사람만이 갖고 있기 때문"이라고 주장한다. 사람은 굉장한 속도로 어휘를 배워나간다. 평균적으로 2세에서 17세 사이 새로운 단어를 90분에 하나씩 습득하며 어휘를 늘려나간다. 동시에 복잡한 문법이나 구문도 익힌다. 게다가 놀랄 만한 것은, 정규 학교 교육이나 지도를 받지 않아도 그 모든 것을 배울 수 있다는 사실이다. 촘스키에 의하면, 이 뛰어난 능력은 모든 사람의 뇌에 언어 처리기관이 있기 때문이라고 한다. 그 청사진에는 촘스키가 말하는 '보편적 문법'의 기본적인 구조도 포함되어 있다. 실제로 아이는 선천적으로 언어를 어떻게 조합하는지 그 방법을 알고 있다. 덕분에 아이는 놀랄 만한 속도로 언어를 배울 수가 있는 것이다.

언어는 확실히 사람의 생존에 중요한 역할을 한다. 우리는 언어를 통해 주변 환경과 관련해 중요한 정보를 서로 교환할 수 있다. 그리고 과거에 일어난 일이나 미래에 대한 예측까지도 가능하다. 언어는 아기 돌보기, 혼인 관계 맺기, 개인 대 개인 또는 개인 대 집단의 분쟁을 처리함으로써 충돌을 피하는 경우에도 유용하다. 이렇듯 어떤 동물에게나 언어를 가진다는 것은 적으로 둘러싸인 세상에서 살아남기 위한 강력한 수단을 손에 쥐었음을 의미한다.

그럼 사람은 처음부터 동물과 확연히 구별되는 뛰어난 언어 능력을 가졌던 것일까? 다음 동물의 진화 과정을 통해 그 궁금증을 풀어보자.

어떤 동물이 진화의 과정을 겪는 경우, 거의 예외 없이 처음엔 그 모습이 매우 단순한 형태를 띠기 마련이다. 하늘을 멋지게 날아다니는 조류의 비행 능력도 처음엔 굉장히 단순한 형태로부터 파생된 것이었다. 태고 시대에 공중을 미끄러지듯 이동하는 동물(가령 익수룡)이 있었다. 날개를 가진 그들이 처음 할 수 있었던 건 그저 몸을 지탱하면서 공중에 뜨는 정도에 지나지 않았다. 하지만 이들은 진화 과정에서 어떤 장소에서나 마음대로 날아오르고 고도를 바꿀 수 있는 능력이 더해진 것이다.

이렇듯 현재 사람이나 동물에게 실제로 유용하고 중요한 능력의 대부분은 몇십억 년이라는 긴 진화의 과정을 거쳤다. 진화는 여러 종種이 왕래하는 거대한 고속도로와 같은 것이다. 따라서 방향 전환에 시간이 꽤 걸린다. 그도 그럴 것이 급격하게 방향을 바꾸면, 고속으로 달리던 차는 도로에서 추락해버리기 때문이다. 생물학적으로 보면 이 고속도로의 흐름은 끊임없이 변화해 나가고 있으며, 유전학적으로는 진화의 과정을 거치는 많은 종들은 서로 유사한 공통점을 가지고 있다고 할 수 있다.

최근 한 생화학연구에 따르면, 사람은 유전학적으로 우리가 평소 생각하는 것만큼 특별한 존재가 아니라는 것이다. DNA 분석을 통해서 사람과 침팬지의 유전자가 적어도 98퍼센트가 같다는 사실이 밝혀졌다. 그만큼 유사성이 높기 때문에 이종교배로 혼혈종을 만들어내는 것도 불가능하지 않음을 지적하는 학자도 있다. 개와 같이 겉모양이 사람과 전혀 다른 동물조차도 유전학적으로는 사람과 매우 가깝다고 한다. 포유류인 개와 사람의 DNA 배열 코드는 90퍼센트 이상 일치하고 있다.

이렇듯 우리가 동물과 유전학적으로 가깝다고 한다면 언어 능력에서만 비약적인 진화를 했다고 보기에는 조금 무리가 있다. 분명 언어 능력의 초기 단계는 다른 동물(예를 들면, 개)의 커뮤니케이션 유형과 같은 형태를 띠었음이 틀림없다. 이런 이론을 바탕으로 보자면 '인간의 언어'보다 훨씬 단순하긴 해도 '개의 언어'가 분명히 존재한다고 추측해볼 수 있을 것이다.

그런데도 왜 촘스키 파의 학자들은 언어 능력 면에서 사람만이 특별하다고 주장하는 것일까. 혹시 그들은 사람을 특별한 존재로 생각하고 싶었던 철학자나 초기 자연학자들의 오랜 전통을 이어받고 있는 것은 아닐까.


## 동물의 신호가 언어일까?

동물에게 언어가 있느냐 없느냐는 언어를 어떻게 정의하느냐에 따라 바뀔 수 있다. 모든 의사소통 방식이나 신호를 '언어'라고 한다면 지구상의 모든 생물은 언어를 가졌다고 할 수 있다. 귀뚜라미나 여치는 뒷다리를 비벼서 자신의 거처를 알려주거나 암컷을 유인한다. 개똥벌레는 빛을 내서 이와 동일한 메시지를 전한다.

이러한 학설을 바탕으로 노벨상을 수상한 바 있는 동물행동학자 칼 폰 프리쉬Kahl von Frisch는 꿀벌의 언어는 무리의 존속을 유지하기 위해 진화, 발전되었다고 했다. 정찰벌은 꽃이 있는 곳을 발견하면 무리에게 그 위치를 알린다. 그것은 마치 춤을 추는 것과 유사한 동작으로 8자를 그리듯 둥지의 벽이나 바닥 위를 빙글빙글 도는 것이다. 이때 움직이는 패턴이나 속도, 그리고 그 방향을 통해 정찰벌은 먹이가 있는 방향과 그 양을 전한다. 그들은 움직임의 방식으로 먹이가 있는 장소가 몇 킬로미터 떨어져 있다는 식으로 거리까지도 정확히 알려준다.

대부분의 과학자들은 꿀벌의 이러한 놀라운 행동을 통해 꿀벌에게 복잡한 의사 전달 방식이 있다는 사실은 인정하지만, 이것은 본래 의미에서의 '언어'가 아니라 '신호 시스템'이라고 말한다. 언어라고 부르기에는 전달하는 내용이 너무 한정되어 있고, 그 구성 또한 너무 단순하기 때문이다. 여기서 꿀벌의 언어라고 하는 것은 대개의 경우 '먹이가 어디 있지?' 또는 '새 집을 만들 장소는?' 정도밖에 없다. 꿀벌이 '오늘 기분은 어때?' '네가 좋아' '일이 지루해' '나도 커져서 여왕이 되고 싶어'라는 식으로 말한다고는 도저히 생각할 수 없기 때문이다.

이와 유사한 주장으로 가장 유명한 것은 아마도 데카르트의 설일 것이다. 그는 동물에게는 사람과 같은 의식이나 참된 지성, 고도의 정신 기능은 없다고 생각했다. 사람 이외의 동물은 털이 난 매우 정교한 기계에 지나지 않으며, 스위치를 넣으면 그것에 반응하고 움직이는 기계와 같이 환경의 자극에 반응하고 있을 뿐이라는 것이다. 당시 많은 이들은 이 같은 데카르트의 설을 지지했다. 동물에게 사람과 유사한 사고 능력이 있다고 인정하면 동시에 그들에게도 영혼이 있음을 인정해야 하기 때문이다. 그리고 동물에게 영혼이 있다고 하면, 동물을 다루는 방법에 많은 윤리적인 문제가 발생할 것은 불을 보듯 뻔하다. 과연 동물을 식용하는 것이 옳은지, 사람을 위해 강제로 일을 시키는 것은 합당한지 등… 발생할 많은 문제에 구애받고 싶지 않았을 것이다.

하지만 그 시대 모든 이들이 사람만이 특별한 의식 구조를 가진 특별한 존재라고 생각했던 것은 아니다. 그리스의 철학자 아리스토텔레스, 신학자 성 토마스 아퀴나스, 그리고 진화생물학자인 찰스 다윈 등은 사람과 동물의 차이는 질(기능에 따른 실제적 성질)이 아니라 양(자신을 표현하는 정신 기능의 정도)에 있다는 결론에 도달했다. 이 학설에 의하면, 진화를 이루지 못한 종들은 사람만큼 복잡한 것은 아닐지라도 대부분 크고 작은 언어 구조를 가졌다고 말할 수 있다.

## 개와 인간의 구어 발달과의 관계

그렇다면 언어를 구성하기에 필요한 최소 요건은 무엇일까? 사람의 언어에는 다른 생물의 언어에는 없는 몇 가지 특징이 있다. 언어와 혼동하기 쉬운 '구어'가 그 한 예이다. 사람이 언어를 통해 생각을 표현할 때 가장 일반적인 형식이 구어이다. 이때 구어를 발성하려면 후두의 존재가 꼭 필요하다. 목구멍에 손가락을 대고 소리를 내보면 공기가 후두를 통과할 때의 진동이 느껴진다. 후두는 공기를 폐로 보내는 기관의 일부로서 포유류나 파충류 등 육상의 동물들에게 발견할 수 있다.

사람의 경우는 직립 자세를 취하기 때문에 기도가 90도로 구부러져 있다. 그 때문에 후두부가 길고, 소리를 내기 위한 부속 기관도 갖추어지게 되었다. 예를 들면, 공명강共鳴腔은 사람에게는 두 개 있지만 개에게는 하나밖에 없다. 게다가 개의 짧고 평평한 혀에 비해 사람의 혀는 입 속으로 길고 두텁게 자리하고 있다. 이처럼 개에게는 사람과 같이 발성용 기관이 충분히 갖추어져 있지 않기 때문에 '에' '이' '유' 등 구어에 필요한 소리를 마음대로 내는 것이 불가능하다.

　단어를 발음하는 데 있어 진화상 사람이 개보다 유리했던 점이 또 한 가지 있다. 사람은 직립하여 걷기 때문에 양손으로 자유롭게 사물을 다루고, 손에 든 무기를 사용하여 사냥을 하거나 자신을 보호할 수 있다. 따라서 사람에게는 사냥이나 자신을 보호하기 위해 강한 이빨로 무장된 튀어나온 주둥이가 필요 없었다. 그래서 사람의 입과 코는 점점 더 짧아지고, 입술은 여러 가지 소리를 낼 수 있도록 유연해진 것이다.

　진화상 이러한 점들을 고려하면, 사람의 구어 발달에 개가 힘을 실어준 것은 아닐까 하는 매력적인 추론도 도출할 수 있다. 신석기 시대 이후부터 사람은 개와 긴밀한 관계를 가졌다는 것은 누구나 알고 있는 사실이다. 그 오랜 시간 동안 사람이 진화를 거듭할 수 있었던 것은 개와의 협력 관계를 통한 수렵이 가능했기 때문이 아닐까? 개의 예민한 후각 기능을 빌리면 사냥감 찾기는 훨씬 쉬웠을 테니까.

　여기에서부터 중요한 추론을 할 수 있다. 사냥감을 쫓는 데 개를 이용하게 된 사람들은 미미한 냄새까지 구분하는 기능은 필요 없게 되었다. 따라서 사람은 보다 유연하게 움직이는 얼굴로 진화되고, 그럼으로써 다양하고 복잡한 소리를 낼 수 있게 되었다는 것이다. 바꾸어 말하면, 역사가 시작되기 전부터 우리를 대신하여 냄새를 맡는 역할을 해준 개가 있었기 때문에 사람이 단어를 말할 수 있게 되었다는 것이다.

일단 이렇게 의미를 가진 소리를 낼 수 있게 되자 구어가 발달하게 되었고, 단어의 많은 이점들, 즉 단어에 의해 집단을 조직하고, 지식이나 정보를 교환하는 등 생존에 유리한 수많은 것들이 가능해졌다는 것이다. 그럼 정말로 이 설이 맞다면, 인간이 단어를 갖게 된 것은 개들과의 관계 덕분일지도 모른다.

개들에게 구어는 없다. 그러나 언어가 없다고 단정할 수는 없다. 듣지 못하는 장애인은 언어로서 소리가 아닌 손 신호를 사용한다. 마찬가지로 개는 얼굴을 유연하게 움직이지 못하고 후두를 자유자재로 컨트롤하지 못해 단어가 아닌 다른 커뮤니케이션 수단을 사용하고 있는 것이 아닐까. 그리고 그 커뮤니케이션 방법은 언어라고 말할 수 있을 만큼 풍부하고 복잡한 것일지도 모른다.

3장

# 개는 당신의 말을 듣고 있다

꼬리를 흔드는 방식이나 입가, 눈 위의 작은 움직임… 개의 크고 작은 행동
에 대해 메모해보자. 그러면 당신의 말 하나하나가 개의 반응을 유발하는
중요한 키워드가 되고 있음을 알 수 있을 것이다.

‘언어’는 크게 두 가지 능력으로 구분된다. 하나는 가장 기본적인 능력으로서 언어를 ‘이해하는’ 능력이고, 두 번째는 좀 더 복잡한 능력으로서 언어를 ‘사용하는’ 능력이다. 하지만 언어를 이해해도 사용하지는 못하는 경우가 있다. 천성적으로 귀가 들리지 않거나, 사고로 소리를 내지 못하게 된 경우가 그에 해당한다. 이런 사람들은 자신이 귀로 듣는 단어는 이해할 수 있어도 생각대로 단어를 말하지 못한다. 이 두 가지 능력을 우리는 각각 ‘수용언어 능력’과 ‘생산언어 능력’이라 부른다.

　언어 능력의 초기 단계에는 우선 ‘수용언어’가 발달했다. 사람의 갓난아기는 생후 13개월 무렵이면 평균 100개에 가까운 단어를 이해한다. 그러나 ‘생산언어’는 그때까지 거의 없다. 생후 13개월의 갓난아기가 내는 의미 있는 단어는 대개 한두 가지로, 아무리 똑똑한 아기라 해도 소리로 낼 수 있는 단어는 대여섯 가지 정도이다. 분명히 아기의 경우 단어를 ‘말하는 것’보다 ‘이해하는 능력’이 먼저 발달함을 알 수 있다.

나의 실제 경험에 비추어 봐서도 단어를 '수용하는 편'이 '사용하는 것'보다 쉽다는 사실은 꽤 근거가 있는 것 같다. 나는 영어, 러시아어, 독일어, 스페인어, 프랑스어, 이탈리아어로 된 영화를 자막 없이 볼 수 있으며, 상대방의 이야기도 꽤 잘 이해하는 편이다. 그러나 말을 하라고 하면 영어는 유창하지만 스페인어는 그럭저럭, 독일어는 초급 정도, 프랑스어는 간신히 통할 정도, 러시아어와 이탈리아어는 두세 살 아이처럼 서투른 말밖에 하지 못한다. 사람의 갓난아기와 마찬가지로 나의 언어 능력은 '수용언어' 쪽이 '생산언어'보다 몇 배나 뛰어난 것이다.

마찬가지로 개에게도 '수용언어'를 익히는 데 필요한 소리를 식별하는 능력이 분명히 있다. 개는 사람이 내는 단어의 미묘한 뉘앙스까지 알아차린다. 동물행동학자인 빅터 새리스Victor Sarris가 그 예를 든 바 있다. 자신의 이름이 마음에 들었던 그는 자신이 기르던 세 마리의 개에게도 자신과 비슷한 이름을 붙였다. 파리스, 하리스, 아리스. 세 마리의 개는 자신의 이름에 정확히 반응했고, 주인의 색다른 명명법에도 불만을 갖지 않았다. 이처럼 사람의 구어에 정확하게 반응하는 것은 개가 단어를 이해하고 있다는 증거이다.

개는 사람의 지시에 따르거나 혹은 사람의 단어에 반응하여 현명하게 행동하는 것도 가능하다. 개를 한 번이라도 키워본 사람이라면 때때로 개가 사람이 말하는 다양한 표현의 단어에 반응한다는 것을 알고 있을 것이다. 그 예로 필자가 기르고 있는 세 마리 개가 이해하고 있는 단어의 미니 사전을 소개해보고자 한다. 이것은 평균적인 개의 수용언어 능력을 가늠하는 데 참고할 따름일 뿐 결코 그들이 배울 수 있는 단어의 상한선을 나타내는 것은 아니다.

## 개가 듣고 이해하는 필수 단어 리스트

필자의 개들이 이해하는 단어 중에는 개인의 삶의 방식이나 개들과의 관계를 반영한 매우 특수하고 사적인 단어나 표현도 섞여 있다. 또 세 마리 모두 다음 단어들에 같은 반응을 보이는 것은 아니다. 개의 나이와 훈련 수준에 따라서도 차이가 있다. 또한 이 리스트에 수록한 것은 필자가 개에게서 특정한 반응을 끌어내기 위해 사용하는 단어들로, 개가 이해했다 해도 정해진 반응을 요구하지 않는 단어는 생략했다. 각각의 단어에 개가 이해했을 때 취하는 행동도 함께 기록했다.

**저리 가** : 개는 뭔가를 휘젓거나 뭔가에 열중하고 있다가도 그곳으로부터 떨어진다.

**뒤로** : 차 안에서만 사용한다. 이 말에 개는 앞좌석에서 뒷좌석으로 옮겨간다.

**나쁜 녀석** : 화가 났음을 나타내는 말. 이 말을 들으면 대개 개는 미안한 듯 움츠리고, 때로는 방을 나간다.

**가까이** : 산책할 때 사용한다. 이 말에 개는 뒤처져 따라오다가도 내게 바짝 따라붙는다.

**빨리** : 배설 습관을 들일 때 사용한다. 이 단어를 들으면 개는 나를 기쁘게 해주려고 그저 한쪽 다리를 올리는 흉내만 낼지라도 배설 장소를 찾기 시작한다.

**옆으로** : 이것은 다목적 명령으로, 제멋대로 뛰어다니던 개가 이 말에 내 왼쪽 다리 옆으로 돌아온다.

**목줄 빼자** : 유용한 단어로, 이 말을 들으면 내가 목줄을 벗기기 쉽도록 개는 목을 낮춰준다.

**목줄 걸자** : 앞의 단어와 반대되는 말. 이 말에 개는 목을 들고, 코를 위로 쳐들어 내가 목줄을 걸기 쉽도록 해준다.

**이리 와** : 개를 부를 때의 기본적인 단어.

**서재** : 어딘가로 가게 하기 위한 수많은 명령 중 하나. 이 경우, 개는 서재로 가서 나를 기다린다.

**놀고 싶어?** : 이 말을 들으면 개는 즐거운 일이 시작되리라 기대하고 빙글빙글 돌거나 짖으며 놀이를 유도하는 인사를 한다.

**엎드려** : 개는 그 자리에서 당장 바닥에 엎드린다.

**뱉어** : 이것은 유해한 것까지도 입에 물고 싶어 하는 어린 강아지의 안전을 지키기 위해 가르친다. 이 말을 들으면 개는 입에 물고 있는 것이 무엇이든 간에 뱉어낸다.

**실례** : 개가 내가 갈 길을 가로막고 있을 때 사용하면 편리한 말. 이 말을 들으면 개는 일어서서 길을 비켜준다.

**찾아** : 이것도 복종 훈련에 사용되는 명령. 몇 가지 물건 중 나의 냄새가 나는 것을 찾아낸다.

**앞으로**: "이리 와"보다 좀 더 엄격한 명령. "이리 와" 했을 때는 내 옆으로 올 뿐이지만, "앞으로"라는 말을 들으면 옆을 돌아와서 다음 명령이 떨어질 때까지 내 앞에 반듯이 앉아 있다.

**손 줘**: 이 말을 들으면 개는 한쪽 앞발을 올린다. 발톱을 자르거나 마른 타월로 씻거나 할 때 유용하다.

**돌아가**: 이 명령은 방향을 지시하는 손 신호와 함께 한다. 이 명령을 들으면 개는 멈추라는 말을 들을 때까지 지시 받은 방향으로 계속 간다.

**잘했어**: 칭찬할 때의 단어로, 개는 대개 기쁜 듯이 꼬리를 흔든다. 나의 개는 세 마리 모두 수컷이기 때문에 "굿 보이"라고 말하기도 한다.

**바짝 붙어**: 일상적인 명령으로, 개는 충실하게 내 왼쪽에서 걷는다.

**안겨**: 좀 이상한 명령인데, 내가 좋아하는 말이다. 이 말을 들으면 개는 내 무릎에 뛰어 올라와 내가 몸을 웅크리지 않고도 쓰다듬을 수 있게 한다.

**안으로**: 개는 열려 있는 문이나 창문을 넘어 내가 손으로 가리키는 방향으로 간다.

**점프**: 장애물을 뛰어넘게 할 때 사용한다.

**집**: 이 말에 따라 개는 자기 집으로 들어간다.

**리드 걸자**: 이것도 개와 살아나가는 데 필요한 단어. 이 단어를 들으면 개는 목을 들고, 목줄의 걸쇠에 리드를 걸기 좋게 한다. "리드 벗자"도 같은 반응을 보인다.

**가자**: "바짝 붙어"의 약식 명령. 개는 단정히 내 옆을 걷고, 내가 멈춰서도 앉지는 않는다. 개가 내 앞뒤를 떨어지지 않고 걸어서 좋다.

**쫓아가**: 놀 때 사용하는 단어로, 개는 내가 던진 것을 자유롭게 쫓아간다.

**안 돼**: 이 말을 들으면 개는 항상 크고 날카로운 소리를 지른다. 목적은 개에게 모든 동작을 멈추고 가만히 움직이지 않게 하기 위한 것이다. 이 명령은 개에게 말썽을 일으키지 않게 하는 데 아주 유용하다. 개가 겁먹은 아이나 위험한 장소에 다가갈 때도 "안 돼!"라고 소리쳐서 접근하지 못하게 한다. 개가 발을 멈추면 곧바로 "옆으로"의 명령으로 개를 불러들이고, 더 이상 아무 짓도 못하도록 양손으로 개를 누른다.

**입 벌려**: 개의 이빨을 닦을 때 사용한다.

**놀이 시간**: 훈련이나 명령받은 일이 끝났음을 의미하는 해산의 단어이다. 이 단어를 들으면, 개는 그때까지 취하고 있던 자세를 풀고 칭찬받으려고 다가온다. 또는 약간 춤추는 듯한 동작을 하거나 방을 얼쩡거리기도 하고, 가까이 있는 사람이나 다른 개에게 인사를 하기도 한다.

**조용히**: 개는 짖기를 멈춘다. 적어도 잠시 동안은.

**천천히**: 개는 보조를 늦추어 리드가 팽팽해지지 않게 한다.

**굴러**: 개에게 약간의 묘기를 가르쳐 아이들이나 손자들을 기쁘게 해주는 것도 좋을 것이다. 이 말을 들으면 개는 위를 향해 드러누워 배를 내놓는다.

**수색해**: 공식 수색 훈련에 사용되는 단어로, 누군가의 냄새가 묻은 물건을 냄새 맡게 한 다음 그 명령을 내려 냄새의 뒤를 좇아 찾아내게 한다.

**진정**: 장소를 가리키는 손 신호를 동반하는 경우가 많다. 개는 지시 받은 장소에서 움직이지 않고 있다. 앉고 엎드리고 서는 등의 자세를 취하고, 가끔 움직이긴 해도 활발하게는 움직이지 않는다.

**높이 앉아**: 이것 역시 흔히 하는 익살스러운 묘기 중 하나이다. 이 말을 들으면 개는 허리는 떨구고 앞다리만 올린 채 전통적인 한 발로 뛰기 자세를 취한다.

**끌어안아**: 이것은 개들이 강아지였을 때 가르쳤던 단어이다. 안고 있을 때 "끌어안아" 하고 말하면 강아지는 머리를 내 어깨에 얹은 채 꼼짝도 하지 않고 있다.

**짖어**: 간단한 재롱의 하나로, 개는 대답을 하듯 한 번만 짖는다.

**가만히 있어**: 이것은 "멈춰"의 변형 또는 보강으로 사용된다. 브러시로 털을 빗질할 때나 엉킨 털을 없앨 때 등 개가 별로 좋아하지 않는 그루밍(털 손질)을 할 때 주로 사용한다. 이 말을 들으면 개는 털이 잡아당겨져 아프거나 불쾌해도 움직이지 않고 자리를 지킨다.

**돌아**: 개는 내 뒤를 돌아 왼쪽 다리 옆으로 와서 앉는다.

**가져와**: 개에게 어떤 물건을 갖고 오게 할 때 사용하는 말이다.

**눈 씻을 시간**: 이 말을 들으면 개는 내 왼손에 머리를 얹고 눈 주위에 붙은 눈곱을 닦게 한다.

**타월 시간**: 개는 방(대개는 부엌) 중앙에 가서 비 오는 날의 산책으로

젖은 몸을 닦게 한다.

**위로**: 대개는 손 신호를 수반한다. 손의 신호(뭔가를 때리거나 지시하는 것)에 따라 개는 그 위로 뛰어 올라간다.

**기다려**: "멈춰"보다 훨씬 느슨한 명령이다. 이 말을 들으면 개는 지금 하던 일을 잠시 멈추고 그 자리에서 나로부터 눈을 떼지 않고 다음 지시를 기다린다.

**나를 봐**: 주의를 끌기 위한 단어 중 하나. 다음 명령이 내려지기를 기다리며 개는 나에게서 눈을 떼지 않고 있다.

**공 어딨지?**: 뭔가를 찾기 위한 말. 그 물건이 가까이 있거나 입에 물수 있을 만한 크기라면 개는 그것을 물고 나에게 갖고 온다. 그렇지 않을 경우는 그 물건 근처까지 가서 짖는다.

**배고파?**: "식사시간" 하고 말할 때도 있다. 개는 부엌까지 달려가 자신의 밥그릇이 놓인 장소로 가서 식사를 기다린다.

**산책하러 갈까?**: 개는 현관문까지 가서 기다린다.

단어의 리스트는 이것이 전부가 아니다. 여기에 제시된 단어는 평소 흔히 사용하는 것들로, 훈련된 이외의 반응을 끌어내는 단어는 포함하지 않았다. 가령 내가 아내와 대화하던 중에 '목욕'이라는 단어를 사용하면 개에 따라 반응이 달라진다. 이전에 기르던 케언테리어Cairnterrier인 플린트는 그 말을 들으면 숨을 장소부터 찾는다. 카발리에 킹 찰스 스패니얼Cavalier King Charles Spaniel은 목욕탕 앞까지 가서 피할 수 없는 운명을 기다린다. 한편 플랫코티드 레트리버Flat-Coated

Retriever는 귀를 쫑긋 세우고 그 단어가 자신과 상관이 있는지 없는지 상황을 지켜본다.

개들은 내가 정식으로 가르치지 않은 단어까지도 반응한다. 예를 들면, '훈련'이라는 단어를 들으면 개들은 기쁜 듯이 현관 근처를 얼쩡거리고, 훈련용 도구들이 얹혀 있는 선반을 바라본다. 최근에는 '작업실'이라는 단어를 개들이 알아듣고 있다는 것을 알았는데, 그 단어를 들었을 때의 반응은 장소나 개에 따라 저마다 다르다. 농장에 있을 때 내가 아내에게 "작업실에 갔다 올게"라고 말하면, 개들은 내 서재로 이동하기 시작한다. 내가 집필하는 동안 가까이에서 드러누워 있기 위해서이다. 그러나 마을에 있을 때 내가 "작업실에 간다"고 말하면 집의 서재에서 집필할 경우도 있지만 대학으로 갈 경우도 있다. 그러면 스패니얼은 농장에 있을 때와 같은 반응을 보이고, 내 책상의 다리 옆에 웅크린다. 레트리버인 오딘은 내 서류 가방을 찾아내 그 옆에 서 있다. 오딘은 내가 집의 서재로 갈 때나 외출할 때나 우선 서류 가방부터 챙긴다는 사실을 알고 있는 것이다.

"이제 자볼까"도 개들에게 통하는 습관적인 단어이다. 이 말을 들으면 오딘은 계단을 올라가 우리의 침실로 향하고, 침대에 있는 자기의 쿠션에 엎드린다. 개들이 습관적으로 반응하는 일상어는 이외에도 많이 있지만, 애석하게도 그들이 정확히 알아들었다는 증거가 될 만한 행동을 아직 확인하지는 못했다.

## 개에게도 이름이 중요하다

우리가 개에게 이름을 붙이는 것도 그들이 사람의 삶 속에서 중요한 위치를 차지하고 있다는 증거이다. 개에게 특정한 이름을 부여한다는 것은 그 개를 특별한 존재로 인정한다는 의미이다. 이때 흥미로운 것은 개가 자신의 이름에 반응한다는 점이다. 하지만 야생에서 살고 있는 동물들은 이름을 필요로 하지 않는다. 이들은 무리 속에서 자신의 지위를 알고, 이름이 없어도 서로 관계를 가질 수 있기 때문이다. 이렇듯 개가 '이름'이라는 수용언어를 배우는 것은 사람과 함께 살 때에 한해서이다.

사람들에게 이름은 아주 특별한 의미를 갖고 있다. 성서에 의하면, 신이 아담에게 준 최초의 일은 살아 있는 것들에 저마다 이름을 붙이는 일이었다. 어떤 문화권에서는 이름에 그 사람의 본질이 함축되어 있다고 생각하여 이름을 부르기만 해도 마법과 같은 작용이 미친다고 믿고 있다. 가령 아기가 태어나면 탄생과 함께 '진짜 이름'이 붙여지는데, 이 이름은 결코 사람들의 입에 오르내리지 않는다. 나쁜 마력의 작용을 피하기 위해 그 '진짜 이름'을 알고 있는 것은 본인과 이름을 붙인 부친뿐이다. 대신 아이에게는 또 다른 이름(애칭)이 붙여지게 된다.

동물의 경우, 이름이 붙여지는 것은 특별한 생물뿐이다. 농부는 닭이나 식용 소에게 이름을 붙이지 않는다. 이름을 붙인다는 것은 개인적인 감정을 담아 상대를 독자적인 존재로 인정하는 행위이다. 개를 독자적인 존재라고 인정하지 않는 사람은 부를 때도 일반명사를 사용한다. 예를 들면 "개가 배가 고픈 것 같다. 먹을 걸 줘라" 같은 경우인데, 이와 같은 경우 말하는 사람에게서 개에 대한 애정은 느껴지지 않는다. 자신의 아이에게 "이 아이가 배가 고프니 먹을 걸 줘"라고 말하지 않듯이 애정이 있으면 그 대상의 이름을 불러주기 마련이다. 래시, 사라, 조지가 배가 고프다고 말하는 식이다.

한편 에스키모는 자신들의 개에 대해 좀 더 복잡한 생각을 갖고 있다. 그들은 이름을 붙여주지 않는 한 개에게는 영혼이 깃들지 않는다고 생각한다. 개에게 특별한 이름을 붙일 때는 실재하는 사람의 이름, 혹은 죽은 친족의 이름을 사용하는 경우가 많다. 다만 이 귀중한 이름이 붙여지는 것은 몇 마리에만 한정된다. 이 행운의 개들은 집 안에서 길러지고, 좋은 식사가 주어지며 애완용처럼 다루어진다. 이 외에도 에스키모는 수렵을 위해 사육하는 사역견使役犬에게도 이름을 붙여준다. 하지만 이때는 많은 개들을 어떤 식으로든 구별해야 하기 때문에 붙여주는 일종의 구별 방식이다. 그 육체적 특징에 따라 롱투스(긴 이빨), 스포티드 테일(점박이 꼬리), 브루트(야수) 등으로 불리는 것이다. 그러나 이러한 이름은 에스키모의 말을 빌자면, 영혼을 받는 힘이 없다. 특별한 의미를 지닌 이름이 아니기 때문이다.

이처럼 신화나 종교에 얽매인 사고방식을 차치하더라도 개가 살아나가는 데 있어 이름은 매우 중요하다. 뭐니 뭐니 해도 개는 사람의 삶 깊숙이 관계하고 있기 때문이다.

예를 들면, 다른 가족을 향해 "이리 와, 앉아서 같이 TV 보자"라고 일상적인 어투로 말했을 때 개가 옆에 있었다면 그 개는 크게 당황할지도 모른다. 개들이 흔히 알고 있는 "이리 와" "앉아" "엎드려"라는 명령의 단어가 세 개나 포함되어 있기 때문이다. 게다가 "봐"라고 하는 주의를 끌기 위한 단어도 섞여 있다. 영리한 개라면 명령을 차례대로 행동에 옮기려고 할지도 모른다. 우선 이쪽에 와서, 앉고, 엎드리는 자세를 취한 다음에 말한 사람의 얼굴을 가만히 쳐다볼 것이다.

그렇다면 개는 사람이 말하는 수많은 단어 중에서 어느 것이 자신에게 향한 것이고, 어느 것이 자신과 관계없는 것인지를 과연 어떤 식으로 판단하는 것일까. 사람의 단어가 자신에게 향한 것이라고 판단하는 방법 중 하나가 바로 우리의 '몸짓'이다. 내가 개의 눈을 똑바로 바라보고 주의를 끌면서 "이리 와" "앉아" "엎드려"라고 말했다면 오해는 생기지 않을 것이다. 그러나 이런 식의 명확한 몸짓(시선)이 없어도 이름이 불린다면 판단에 도움이 된다. 실은 개의 이름은 주인이 하는 말이 그 개와 관계가 있다는 것을 알리는 중요한 신호가 되기 때문이다. 개의 이름은 "주목! 다음에 말하는 메시지는 너에게 향한 거다"를 의미하고 있는 것이다.

따라서 개에게 말을 걸 때는 명확하지 않으면 안 된다. 개에게 뭔가 시키고 싶을 때는 반드시 이름을 먼저 불러주어야 한다. 예를 들어 "로버, 앉아" "로버, 이리 와" "로버, 엎드려" 하는 식이다. 그러나 "앉아, 로버" "이리 와, 로버" 하는 것은 개에게 말을 걸 때의 문법으로는 좋지 않다. 그 이유는 간단하다. 개가 반응하는 단어가 당신이 말했던 다른 단어들과 함께 사라져 버리기 때문이다. "앉아, 로버"라고 말하면 개의 이름이 불린 후에 의미를 가진 단어가 계속되지 않기 때문에 개는 "네, 부르셨습니까? 무엇을 할까요?" 하는 표정으로 당신을 가만히 쳐다보고만 있을 것이다. 개가 당신을 바라보고 있는 것은 자신의 이름이 불렸기 때문이며, 그래서 당신이 요구하기를 기다리고 있는 것이다. 당신은 애가 타는 심정으로 명령을 되풀이할지도 모른다. "앉으라고 했잖아, 이 멍청이." 그제야 개는 앉겠지만, 어리석은 건 개가 아니고 바로 사람인 것이다.

## 이름이 개의 성격을 좌우한다

혈통 있는 개는 대개 두 가지 이상의 이름을 갖고 있다. 미국 컨넬클럽American Kennel Club에 등록된 이름들을 보면 대개 멋지고 폼나지만 의미 없는 이름들도 많다. 그러나 개의 이름에서 가장 중요한 것은 쉽게 부를 수 있는 애칭이다. 누구나 집 안에서 "톨브레톤 코라나도 댄서Tollbreton Coranado Dancer, 이리 와!"라고 외치고 싶지는 않을 것이다. 나는 나의 개들에게 위즈, 플린트, 오딘이라는 이름을 붙였다. 오랜 세월의 경험으로 두 음절의 이름이 부르기 쉽고 반응 또한 잘 끌어낸다는 것을 알았기 때문이다.

그중에는 자신의 개에게 특별한 인상을 주는 애칭을 붙이는 사람들도 있다. 프로스포츠계에서는 자신이 강인한 이미지로 보이고 싶어 하는 선수들이 많다. 그런 사람들은 로트바일러, 매스티프Old English Mastiff, 도베르만 핀셔Doberman Pinscher, 그레이트 데인Great Dane

등 파워풀하게 느껴지는 개를 선택하는 경향이 많다. 이런 개들은 대개의 경우 징이 박힌 무거운 가죽 목줄 등 그 이미지를 강조하는 장신구로 치장된다. 그리고 이름도 그에 걸맞게 붙여진다. 1995년도의 프로 풋볼선수였던 하셸 워커가 기르던 로트바일러의 이름은 알 카포네(시카고의 전설적인 갱스터)였다. 이처럼 프로스포츠 선수가 기르는 개들의 이름에는 슬러거(강타자), 호크(매), 고스트(유령), 트루퍼(기병), 샤카 줄루(남아프리카 줄루족의 족장) 등도 있다. 도무지 플러피(복슬이) 같은 깜찍한 이름으로는 체통이 안 서는 모양이다.

그럼 정말 개에게 강인하게 느껴지는 이름을 붙이면 주인까지도 강인하고 지배적으로 보이는 걸까? 솔직히 그건 알 수 없다. 하지만 개에게 위엄 있는 이름을 붙이면 개에 대한 사람의 견해에 영향을 미친다는 것은 사실이다. 나는 실험을 통해 그것을 확인했다.

"개의 행동을 보고, 그 개의 성격과 무엇을 하려는지 판단해보세요. 지금부터 리퍼(찢는 자)라는 이름을 가진 개가 등장하는 짧은 비디오 테이프를 보여드리겠습니다. 개를 잘 관찰해주세요. 나중에 리퍼의 행동에 대해 질문하겠습니다."

리퍼(찢는 자)는 킬러(살인자), 어세신(암살자), 부춰(학살자)처럼 혐오스러운 이름으로 바뀌기도 하고 챔피언(승리자), 해피(기쁨), 럭키(행운) 등의 밝은 이름으로 바뀌기도 했다. 비디오는 저먼 셰퍼드 German Shepherd를 주인공으로 한 텔레비전 시리즈에서 발췌해 만든 것이었다.

'남자가 걷고 있다. 어디선가 개가 그 사람을 향해 달려온다. 남자를 향해 짖어대는 개가 계속 클로즈업되고, 개가 남자에게 덤벼들 며 어깨에 앞발을 올린다. 남자는 개를 밀어내고, 개는 짖으면서 화 면에서 사라져 간다.'

나는 사람들에게 임시로 붙인 개의 이름과 함께 짧은 설명을 덧 붙인 후 비디오를 보여주었다. 그런 다음 단어 리스트를 나누어주고 지금 본 개와 가장 어울린다고 생각되는 단어에 표시를 해달라고 했 다. 그 리스트에는 우호적이다, 붙임성 있다, 성실하다, 명랑하다 등 의 바람직한 형용사와 공격적이다, 위협적이다, 적의가 있다, 위험하 다 등과 같은 바람직하지 않은 형용사가 나열되어 있었다. 먼저 개에 게 어세신(암살자)이나 부쳐(학살자) 등 살벌한 이름을 붙였더니, 개 의 행동을 '적의가 있다' '위협적이다'라고 파악하는 경우가 많았다.

이어서 방금 본 테이프가 어떤 장면이라고 생각하는지 써달라 고 하면서 개의 이름을 슬래셔(난도질하는 사람) 등 공포스러운 이름 으로 소개한 경우 이런 대답이 많았다.

"개는 그 남자가 마음에 들지 않았다. 그래서 남자를 공격하려 짖어대고 덤비는 것이다. 남자는 물리지 않으려고 물리쳤고, 개는 도 망갔다."

반면 개의 이름을 해피(기쁨), 럭키(행운) 등 밝게 소개한 경우는 똑같은 장면에 대해 이런 대답이 많았다.

"개는 남자의 모습을 발견하고 인사를 하려고 달려왔다. 놀아달 라고 남자를 향해 달려든다. 그리고 남자를 집까지 안내하려고 앞서 서 달려간다."

둘 다 똑같은 비디오테이프를 보고 나온 대답이다. 단지 차이는 개에게 붙인 이름뿐이었다.

이것만 보아도 알 수 있듯이 개의 이름이 그 개에 대한 사람들의 견해에 영향을 미친다는 것은 분명하다. 그리고 대형견인 경우 그 효과가 더 클 것이다. 발바리Balbari나 치와와Chihuahua, 몰티즈Maltese 같은 작은 개들에게 아무리 공포스러운 이름을 붙인다 해도 사람들이 그다지 두려워하는 일은 없을 것이기 때문이다.

지금까지 개의 수용언어 능력, 즉 개가 사람의 단어를 이해하는 능력에 대해 이야기했다. 내가 예로 든 것은 일반 가정에서 키워지고 있는 보통 개들의 예일 뿐이다. 그러나 사람의 단어에 대해 놀랄 만한 이해 능력을 가진 개들은 수없이 많이 보고되고 있다. 그 이야기를 믿는다면 평범한 개들의 언어 능력은 초등학교 1학년생 같고, 우수한 개들의 언어 능력은 대학생 수준이라고도 말할 수 있을 것이다. 다음 장에서는 그런 고도의 능력을 가진 개들의 수용언어에 대해 소개할 것이다. 과연 그들에게는 어떤 놀랄 만한 비밀이 숨겨져 있을까?

4장

# 정말로 개가 말을 알아들을까

주인의 지시에 따르는 개의 행동에는 중요한 두 가지 요소가 포함되어 있다. 그 두 가지란 '사물을 인식하는 것'과 '향해야 할 방향을 아는 것'이다.

내가 찰스 아이젠만과 그의 개들이 펼치는 연기를 본 것은 1960
년대였다. 그의 개들은 수많은 할리우드 영화에 출연했는데, 가장
유명한 것이 저먼 셰퍼드인 런던을 주인공으로 한 텔레비전 시리즈
〈작은 호보The littlest Hobo〉이다. 이 영화에서 런던의 새끼들인 리틀
런던, 토로, 톤은 위험한 장면에서 런던의 대역을 맡기도 했다. 이 네
마리의 개들은 모두 영화를 통해 연기력을 인정받았다. 아이젠만은
자신의 개들은 수백 단어를 이해하고, 8세 아이에 상당하는 언어 이
해력이 있다고 말했다.

그리고 다른 개들과 마찬가지로 그저 일상적인 예절로 "엎드려"
라는 말을 들으면 바닥에 엎드리고, "이리 와"라는 말을 들으면 주인
이 있는 쪽으로 오도록 훈련받았을 뿐이라고 설명했다.

기본적으로 개들은 들은 소리를 단순히 행동으로 연결 짓고 있
었다. 개 훈련에 있어서는 '지적인 방법'과 '스스로 명명한 방법'을
사용했다고 한다. 이 훈련의 요점은 개에게 사람이 말하는 단어의 기
본적인 요소를 생각하고 배우게 했다는 것이다. 그 지도법은 내가 아

이에게 단어를 가르칠 때의 경우와 비슷했다. 하나의 단어를 하나의 행동과 연결짓는 것이 아니라, 단어와 설정을 바꿔가며 개에게 같은 문제를 주었던 것이다. 이 훈련의 성과로 런던은 "엎드려" 대신 "바닥에 편하게 기대" 또는 "납작 엎드린 자세로"와 같이 내용이 같은 다른 단어를 사용했을 때도 같은 반응을 보여주었다고 한다.

아이젠만의 말처럼 분명 그의 네 마리 개들은 모두 우수한 언어 이해력을 갖고 있었다. 아이젠만이 자연스러운 어조로 평범한 단어를 사용해서 말을 걸어도 개들은 그의 말을 전부 이해했다. 그 밖에도 문 열고 닫기, 전등 스위치 켜고 끄기 등 다양한 행동을 척척 해냈다. 몇 가지 물건을 나란히 놓아두고 그중에서 주인이 지정한 물건을 골라내게 했고, 이를 정확히 집어내는 개들의 능력에 나는 감탄했다.

그런데 개들이 프랑스어로 말해도 독일어로 말해도 다 알아듣는다는 아이젠만의 말을 들었을 때 나는 약간 의문이 들었다. 그래서 내가 "그럼 스페인어는요?" 하고 묻자, 아이젠만은 이렇게 대답했다.

"개들이 스페인어를 알아듣는지는 알 수가 없네요. 한 번도 해본 적이 없으니까요. 하지만 해봅시다. 스페인어로 간단한 명령을 한 가지 알려주세요."

스페인어로 '세라 라 푸에르타'가 '문 닫으세요'라는 뜻이라는 말을 듣고, 그는 개 쪽으로 돌아서서 다시 "런던, 세라 라 푸에르타!" 하고 소리쳤다. 개는 약간 망설이긴 했지만 문 쪽으로 걸어가고 있었다. 그리고 주인을 돌아보며 반쯤 열려 있던 문을 앞발로 밀어 완전히 닫았다. 이 모습을 본 많은 사람들이 탄성을 터뜨렸다.

이 장면은 나를 매우 곤혹스럽게 했다. 확실히 훈련받은 개는 보통 사람이 생각하는 것 이상으로 많은 단어를 이해할 수도 있다. 또 사람과 마찬가지로 몇 나라의 언어로 명령이나 단어를 배울 수도 있다. 그러나 새 언어를 배우고, 이해했다고 확신하기까지는 시간이 걸린다. 가령 내가 '개'는 영어로 'dog', 독일어로 'hund', 프랑스어로 'chien'이라는 것을 알고 있다고 해서 스페인어로 'perro'라는 말을 듣고 그것이 개를 가리키는 말이라는 것을 바로 알 수 있는 건 아니다. 번역해주지 않는 한 단어의 의미는 알 수가 없다. 그런데 어떻게 해서 런던이 처음으로 들은 단어를 알아들은 것일까. 그의 주인이 그때까지 가르쳐본 적이 없는 단어를 말이다. 나는 일단 의문을 갖게 되자 모든 것을 액면 그대로 받아들일 수 없게 되었다. 내 마음에 빨간 신호가 깜박이더니, 상황을 약간 회의적인 시선으로 바라보기 시작했다.

그 후에도 내 의심은 커져만 갔다. 아이젠만이 사회자에게 개들은 색을 구분할 수 없다고들 알고 있는데, 그렇지 않다는 것을 자신이 증명해 보일 수 있다고 말했다. 그러고는 런던에게 소리쳤다.

"런던, 이 방에서 빨간색을 찾아봐."

개는 일어서더니 방을 가로질러 사회자 옆에 있던 빨간 커피컵에 코를 들이댔다. 파란색을 찾아보라고 하자 런던은 파란 의자 옆으로 가고, 마지막에 노란색을 찾아보라고 하자 벽 끝으로 가서 코를 노란 커튼에 들이댔다.

사람들은 환호하고 기뻐했지만, 나는 도무지 납득이 안 되었다.

개의 눈은 사람의 눈과 달리 색을 식별하는 능력이 상당히 떨어진다. 세상을 회색의 농담으로밖에 파악하지 못하는 게 색약이라면, 개는 색약은 아니다. 특수한 훈련 기술을 통한 과학자의 실험에 의하면, 개의 눈에는 세상이 회색, 녹색, 적갈색으로 보이는 것 같다. 따라서 이러한 색들을 구분할 수 있도록 훈련하는 것은 가능하고, 개에게 색의 식별 능력이 어느 정도 있는 것도 사실이다. 그러나 이런 훈련은 매우 어렵고 시간도 많이 걸린다. 이는 색의 식별 능력이 개에게는 별 의미를 갖지 않는다는 증거일 것이다.

생물학적으로 말하자면, 색의 식별 능력을 필요로 하는 것은 주로 낮에 활동하는 잡식동물이다. 이 경우 색의 식별 능력은 먹잇감을 찾아내고 확인하는 데 유용하다. 그러나 개는 본래 일몰부터 새벽까지 활동하는 동물이니만큼 색의 식별 능력은 그리 중요하지 않다.

여기서 아이젠만이 어떤 방법으로 런던에게 색의 중요성을 가르치고, 어떤 명령을 했을 때 색을 식별할 수 있게 됐다고 가정해보자. 그런 경우라도 세상을 회색, 녹색, 적갈색으로만 보는 개가 본래는 구분하지 못할 파란색이나 노란색을 식별한 사실은 너무나 놀랍고 믿기 어렵다.

나는 가만히 주시하고 관찰하기 시작했다. 사람들 앞에서 아이젠만의 자랑은 계속됐다. 이번에는 런던에게 "단어가 써져 있는 것을 찾아봐"라고 말했다. 개는 말하고 있는 주인의 입 모양을 유심히 바라보더니, 스탠드에 부착되어 있는 포스터가 있는 곳까지 가서 그것을 가리켰다. "뭔가 쓸 것을 가져와"라는 말을 듣자, 낮은 커피테이블

위의 연필을 물어왔다. 더구나 단어의 철자까지 안다는 점을 드러내어 관객을 더욱 놀라게 했다. "glasses를 가져와" 하는 말을 듣자 런던은 안경을 쓴 사람 앞으로 가서 살짝 안경을 벗긴 다음 주인에게 가져갔던 것이다.

이 개가 보여준 언어 이해력은 상식의 수준을 넘어서고 있었다. 아이젠만의 말처럼 어떤 개도 가르치면 여덟 살 아이와 같은 이해력을 가질 수 있다는 게 사실이라고 한다면 왜 우리 주변에는 런던과 같이 언어 이해력을 가진 개가 많지 않은 것일까.

## 말을 알아듣는 개의 놀라운 비밀

나에게 런던이 보인 행동의 비밀을 해명해준 것은 칼 존 워든 Carl John Warden 교수의 기록이었다. 워든 교수는 20세기 초 비교진화 심리학의 최고 권위자 중 한 사람이다. 그는 뉴욕의 컬럼비아대학에서 펠로라는 이름의 저먼 셰퍼드를 테스트했다. 펠로의 주인은 미시건 주 디트로이트에 사는 사육사 제이콥 허버트였다. 허버트는 이 실험을 위해 자신의 개들 중에서 가장 머리가 좋다고 생각되는 펠로를 선택했다. 그리고 펠로에게 사람의 단어를 가능한 한 많이 가르치려고 했다. 그는 아이젠만과 비슷한 방법을 사용해 우리가 아기에게 말을 가르칠 때처럼 개에게 끊임없이 말을 걸었다. 허버트는 펠로가 4백 단어 정도를 알고 있고, 아기와 같은 방법으로 단어를 이해하고 있다고 했다. 즉, 완전한 언어 능력이 있다고는 말할 수 없지만 특정 단어가 갖는 사물이나 행동과의 관련성을 분명히 이해하고 있다고 실감했던 것이다.

허버트는 펠로의 언어 능력이 어느 정도인지 정확히 알고 싶었다. 그래서 워든 교수에게 연락하여 펠로의 능력을 테스트 받기로 했다. 최초의 테스트는 허버트가 묵고 있는 호텔방에서 동료 학자 L. H. 워너와 함께 시행했다. 이때 워든이 '만성화된 회의적인 태도'(Chronic Skeptical Attitude)라고 부르는 방법을 사용해 테스트에 임했는데, 두 사람은 펠로가 수많은 단어에 훌륭하게 반응하는 것에 감명을 받았다. 그리고 워든은 개의 주인이 펠로에게 뭔가 요구할 때 정해진 단어를 사용하지 않는다는 점에도 놀랐다.(내가 런던의 연기를 보았을 때와 같이.) 게다가 어느 명령이나 지극히 일상적인 목소리로 말해 마치 허버트가 개와 대화라도 하고 있는 것만 같았다.

이 두 명의 심리학자는 단어의 이해력과는 또 다른 무엇이 펠로의 멋진 연기에 작용하고 있진 않는지 살펴봤다. 우선 그들은 개 주인이 그때까지 사용한 적이 없는 단어를 사용해도 펠로가 명령에 따르는지 시험해보았다. 펠로는 그 테스트를 완벽하게 통과했고, 결국 명령에 정해진 단어는 없다는 것이 판명되었다. 펠로는 그때그때 상황에 맞는 단어에 반응하고 있는 것 같았다. 개 주인이 일부러 높은 목소리에서 낮은 목소리로 바꿔보아도 개의 반응에는 변함이 없었다. 뭔가 비밀스런 신호가 숨겨져 있지 않다는 것을 확인하기 위해 허버트가 목욕탕에 들어가 문을 닫아 개에게 주인의 모습이 보이지 않도록 해보았다. 이 경우에도 완벽하지는 않았지만 펠로의 연기는 거의 정확했다. 실로 놀랄 만한 일이었다. 문 너머로 들리는 단어는 소리가 분명치 않았기 때문이다.

이후 허버트와 펠로는 컬럼비아대학의 캠퍼스로 나가 좀 더 본격적인 테스트를 받아보기로 했다. 이번에는 허버트와 두 명의 학자 모두 칸막이 뒤에 숨어 작은 구멍으로 개의 행동을 관찰했다. 테스트 결과 펠로가 일상적인 단어의 의미를 꽤 많이 이해하고 있다는 것이 밝혀졌다. 예를 들면 열쇠, 브러시, 상자, 장갑, 쿠션, 물, 우유, 구두, 모자, 코트, 막대기, 공, 우편물, 지폐, 동전, 여자, 남자, 소년, 소녀, 아이 등의 단어를 이해하고 있었다. 다른 테스트에서는 발, 머리, 입, 손, 무릎 등 사람의 신체 부위의 명칭도 이해하고 있음을 보여주기도 했다. 놀랄 만한 일은 이뿐만이 아니었다. 펠로는 '큰 소년'과 '작은 소년'와 같이 사물의 크기도 분간하고 있었다.

이처럼 펠로의 행동은 매우 우수했는데, 그 능력에는 분명 한계가 있었다. 주인이 눈앞에 있을 때는 거의 완벽하게 명령에 따랐지만, 허버트가 칸막이 뒤에 숨어서 말하면 이해하지 못하는 명령도 몇 가지 있었다. 그 명령들을 분석해보니, 중요한 두 가지 요소가 포함되어 있었다. 그 두 가지란 '사물을 인식하는 것'과 '향해야 할 방향을 아는 것'이다. "워든 교수님을 찾으러 가자"라는 말을 듣고 주인이 눈앞에 있을 때는 정확하게 반응하지만 주인의 모습이 보이지 않으면 반응하지 못했다. "창밖을 보러 가자" "이번에는 다른 창 쪽으로 가보자" "의자에 올라가 있어" 등의 명령에도 주인이 보이지 않으면 정확하게 반응하지 못했다.

이 명령들은 개에게 우선 특정 방향을 향해야 한 다음 어떤 행동을 하도록 요구하고 있기 때문에, 워든은 허버트가 개에게 어떤 시선을 통해 미묘한 신호를 보내고 있는 건 아닌지 추측해보았다. 그 결과 허버트가 보내는 신호에 극히 무의식적인 동작이 있다는 것을 발견할 수 있었다. 가령 가장 일반적인 동작이 목을 움직이는 것이다. 사람은 "전화를 이쪽으로 가져와"라고 부탁할 때 극히 자연스럽게 전화가 놓여 있는 쪽으로 시선을 던지게 마련이다. 눈에 보이는 범위에 있는 것에 대해 이야기할 때 반사적으로 그쪽으로 고개를 움직이거나 시선을 던지는 것이다.

그럼 여기서 찰스 아이젠만의 명령에 따르던 런던이란 개에게로 이야기를 돌려보자. 펠로의 놀라운 연기의 비밀을 알아차린 이상 나는 녹화된 비디오테이프를 통해 아이젠만이 명령할 때 취한 행동을 다시 한 번 유심히 살펴보았다. "문 닫으세요"라고 스페인어로 명령할 때, 아이젠만은 "셀라 라 푸에르타!"라고 말하면서 분명히 힐끗 문 쪽으로 시선을 던지고 있었던 것이다.

그 비디오테이프에는 나를 괴롭히던 색의 식별 능력 테스트 부분도 들어 있었다. 새삼 다시 보았더니, 아이젠만은 "런던, 이 방에서 빨간 것을 찾아봐"라고 말하면서 테이블에 있는 빨간 컵을 바라보고 있었다. 런던은 그 시선의 끝을 눈으로 추적하고 있었던 것이다. 그리고 냉정한 눈으로 보면 런던은 코로 그 작은 테이블의 끝을 밀고 있는 것에 지나지 않았다. 실제로는 컵을 보고 있지도 않았던 것이다. 주인의 시선이 테이블을 향하고 있었기 때문에 개는 코를 거기에 문질렀음에 틀림없다. 파란색과 노란색의 경우도 마찬가지였다.

그렇다고 해도 아이젠만이 의도적으로 속임수를 썼다고는 생각하지 않는다. 그와 같은 일이 1900년대 초에도 있었다. 독일의 수학교수 폰 오스텐Herr Von Osten은 자신이 아끼는 말 한스에게 글자의 철자를 가르쳤다. 말은 그 능력을 객관식 문제에서 정확하게 답했다. 가령 어느 철자가 맞는지 답을 찾으라고 하는 문제에서는 (1) atc, (2) cta, (3) cat, (4) tca라고 씌어진 리스트를 보여준다. 그러면 말은 정답에 해당하는 수만큼 발굽으로 바닥을 두드렸다.(이 경우는 물론 세 번 두드린다.) 폰 오스텐은 돈 때문에 말을 구경거리로 만들 작정은 아니어서, 저명한 동물행동학자를 포함해 몇몇 지인만을 초대한 자리에서 그 실력을 시험했던 것이다. 그 자리에 모인 사람들은 누구나 '영리한 한스'라는 애칭이 그의 말에게 딱 들어맞는다고 생각하며 돌아갔다. 글자 철자만이 아니라 수학, 역사, 지리에도 해박했기 때문이다.

하지만 한스의 재능에 대해 그 실체를 밝혀 준 것은 실험심리학자 오스카 풍스트Oskar Pfungst였다. 그는 말이 구경꾼의 아주 미세한 머리나 몸의 움직임을 신호로서 받아들이고 있다는 것을 증명했다. 발굽으로 정답의 수만큼 두들겨서 맞추었을 때 무의식중에 긴장을 푸는 구경꾼의 동작이 신호가 되고 있었던 것이다. 저녁때가 되면 한스의 지적 능력이 떨어진다고 하는 기묘한 현상도 그것으로 설명이 가능했다. 어두워지면 정답을 가르쳐주는 구경꾼의 동작이 말에게 잘 보이지 않았던 것이다.

위의 예를 통해 알 수 있는 중요한 사실은 '시선' 역시 의사 전달에 중요한 수단이 될 수 있다는 것이다. 개에게 필요한 것은 제시된 방향을 읽는 것과, 그 방향에 있는 것에 뭔가를 하라고 하는 명령조의 소리를 알아듣는 것일 뿐이다. 아이젠만은 자신의 시선이 중요한 의미를 갖는다는 것을 어느 정도 알아차리고 있었던 것 같다. 나중에 그는 "개에게 등을 돌리고 명령하면 결과가 바람직하지 않은 경우도 있었다"고 쓰고 있다.

그런 점들을 종합해보면, 개는 사람이 던지는 '말'에 반응하고 있는 게 아닐지도 모른다. 개가 수많은 단어나 소리를 이해하는 것은 사실이지만, 사람이 하는 몸짓에서 미묘한 신호를 읽어내는 능력 덕분에 그 이상의 언어 이해력이 있는 것처럼 보이는 것은 아닐까.

이것으로 우리는 개가 사람의 언어를 얼마나 교묘하게 읽어내는가에 대해 알아보았다. 확실히 개는 단어 또는 그 밖의 다른 신호를 통해 우리가 전달하고 싶은 것에 대한 의미를 잘도 파악해내고 있었다.

지금까지 개의 '수용언어 능력'에 대해 알아봤다면, 다음 장에서는 개의 '생산언어'에 대해 알아보자. 과연 개는 어떤 방식으로 서로 대화하는 것일까.

# 과묵한 개, 수다스러운 개

개가 개인의 사육견으로 변하기까지는 그리 오랜 시간이 걸리지 않았다. 사람은 개가 자신의 세력권을 침해당하면 경고의 소리를 낸다는 것을 알고, 개를 좀 더 가까이에 두기 시작했다. 그럼으로써 초인종 대신 방문자가 왔다는 알림으로도, 경보장치 대신 악의를 가진 누군가가 침입했다는 알림으로도 활용하게 되었다.

개 언어를 이해하려면 우선 개가 말하는 방식부터 살펴보는 것이 중요하다. 이미 서술한 바와 같이, 신체적인 제약으로 개는 사람처럼 의사를 전달함에 있어 의미를 가진 다양한 소리를 내지 못한다. 그러나 개도 다양한 소리를 내고 있으며, 이를 통해 서로 간에 의사 전달을 하고 있다.

　많은 의사 전달 방식 가운데 소리는 몇 가지 뛰어난 점이 있다. 소리를 시각적인 신호와 비교해 보자. 시각적인 신호(몸짓)는 개에게 중요한 의사 전달 수단이다. 시각적인 신호는 소리를 수반하지 않지만 멀리서도 알 수 있다. 그리고 신호 발신자가 있는 장소를 쉽게 알 수 있다. 이 신호는 순간적으로 나타내는 것도 없애는 것도 가능하고, 신호가 되는 움직임을 격렬하고 빠르게 함으로써 그 정도를 바꿀 수도 있다.

　개가 이미 그 방법을 학습했다면, 꼬리를 흔들거나 머리를 움직이는 등의 단순한 시각적 신호만으로도 복잡한 정보를 전달할 수 있다. 그런데 왜 이처럼 무한한 가능성이 있는 시각적인 신호보다 소리에 의한 신호가 발달한 것일까?

동물에게 시각적 신호의 문제점은 그 이점 자체가 발신자에게 불리하게도 작용할 수 있기 때문이다. 신호는 보이는 것을 전제로 하기 때문에, 발신자의 모습이 적이나 사냥감에게도 드러날 가능성이 있다. 또한 시각적 신호를 사용하려면 고도로 발달한 눈과 섬세함이 필요하며, 다행히 수신자에게 뛰어난 시력이 있다 해도 발신자와의 거리가 너무 떨어져 있는 경우 세세한 부분까지 전달되기가 어렵다. 게다가 나무나 바위, 벽 등의 장애물도 시각에 의한 의사 전달을 방해한다. 시각적 신호가 이런 장애물을 뛰어넘어 전달될 수 없기 때문이다.

하지만 소리에 의한 신호라면 시각과 관련된 수많은 난관들을 뛰어넘을 수 있다. 먼저 소리는 멀리서도 알아들을 수 있다. 소리는 안개나 어두운 밤에도 방해받지 않고 전달되며, 숲이나 바위, 벽 등의 장애물도 뛰어넘을 수 있다. 또한 소리의 신호는 숨은 장소에서도 보낼 수 있기 때문에 발신자의 모습을 드러내지 않아도 된다. 하지만 종종 소리의 출처를 알기 힘든 경우도 있고, 방향을 오인하는 경우도 있다.(뛰어난 복화술사가 그 예이다.) 끼익— 하는 식의 높고 짧은 소리는 그 발신처를 파악하기 어렵다. 그러나 다른 동물, 예를 들면 발신자의 어미가 그것을 들은 경우는 이미 발신자가 있는 장소를 알고 있기 때문에 그 메시지를 해독하여 바로 달려갈 수가 있다.

# 동물에게도 최신 유행어가 있을까?

확실히 동물은 여러 가지 소리를 낸다. 이렇듯 동물이 소리의 기능을 진화, 발전시킬 수 있었던 것은 그들이 가진 특별한 기능 때문이다. 학자들 또한 동물의 소리가 우리의 단어와 같은 기능을 하고, 같은 종끼리 통하는 의미를 갖고 있다고 지적하는 이들이 많다. 그것에 대한 가장 설득력 있는 증거로서 원숭이가 거론된다.(아마 사람이 네발 동물보다 원숭이의 행동에 더 관심을 갖기 때문일 것이다.) 그 예가 아프리카의 베르베트Vervet 원숭이이다. 손발이 길고 얼굴 굴곡이 적으며, 대개 사바나 근처에 살기 때문에 사바나 원숭이라고도 불린다. '베르베트'는 프랑스어의 '초록Vert'에서 따온 애칭으로, 등에 초록빛을 띠는 부드러운 모피가 있어 붙여진 이름이다. 이 원숭이는 외부의 적이 접근했다는 것을 동료들에게 알리기 위해 그들만의 명확한 소리를 사용한다.

펜실베이니아대학의 심리학자 도로시 체니와 로버트 시파스는 베르베트 원숭이의 언어에 대해 조사했다. 그리고 이 예쁜 원숭이를 노리는 외부의 적은 주로 표범, 독수리, 뱀, 이 세 종류임을 알았다. 베르베트 원숭이는 표범의 모습을 보고는 불길 속에서 놀라 짖어대듯 소리를 질러댔고, 독수리를 보고는 억지 웃음소리 같은 비명소리를 질렀다. 또 뱀을 발견하고는 높게 끽끽대는 소리를 질렀다. 동료 원숭이들은 이 세 종류의 소리 신호에 따라 다른 행동을 취했다. '표범이 나타났음을 뜻하는 소리'를 들었을 때는 무리 전원이 동작을 딱 멈추더니 재빨리 나무 위로 피신했다. '독수리를 뜻하는 소리'를 들었을 때는 잽싸게 공중을 한번 올려다 본 다음 나무 덤불 속으로 몸을 감추었다. '뱀을 뜻하는 소리'를 듣고는 무리 전원이 뒷다리로 서서 땅 위를 기어 다니는 뱀을 찾느라 주변을 둘러보았다.

이러한 소리들이 단어로서 작용하고 있다는 사실을 확인하기 위해 두 명의 학자는 다른 가능성을 배제할 필요가 있었다. 가장 큰 가능성은, 소리에 따른 원숭이들의 행동이 공포 반응에 지나지 않는 것이 아닐까 하는 점이었다. 그것을 확인하기 위해 이들은 몇 종류의 경고를 나타내는 비명을 녹음하여 근처에 적이 없을 때 그것을 원숭이들에게 들려주었다. 원숭이는 녹음된 소리를 듣자 역시 동일한 반응을 했다. 즉, 원숭이들은 소리 그 자체에서 의미를 끌어내어 그것을 단어로 받아들이고 있었던 것이다.

그 외에도 베르베트 원숭이의 단어가 사람이 사용하는 단어와 비슷한 점이 있다. 유아는 단어를 배울 때 같은 단어를 비슷한 상황에 사용해 버리는 경우가 많은데, 아기 베르베트 원숭이도 그와 같은 실수를 했다. 아기 베르베트 원숭이는 나뭇잎이 떨어지는 것을 보고 독수리의 경고를 알리고, 영양이 돌아다니는 것을 보고 표범의 경고를 알리기도 했으며, 늘어진 담쟁이덩굴을 보고 뱀의 경고를 알리기도 했다. 하지만 성장함에 따라 이런 실수는 적어졌다. 학습의 결과 언어 능력이 높아졌기 때문일 것이다. 아기 원숭이는 다른 원숭이가 경고의 소리를 내면 어미를 쳐다보는 경우가 많았다. 경험을 축적한 연장자의 행동방식을 보고 배우려는 것 같았다. 또한 아기 원숭이는 자신이 경고의 소리를 질렀을 때 그것이 맞는지 다른 원숭이들의 모습을 탐색하는 기색도 보였다. 어린 원숭이들도 다른 원숭이들의 목소리를 듣고 그 행동을 관찰하면서 바른 '베르베트어'를 배워나가고 있었다.

이렇듯 베르베트 원숭이의 목소리가 원시적인 언어에 해당하는 것이라면, 마찬가지로 환경 속에서 새롭게 출현한 물건이나 상황을 나타내기 위해 신조어가 생겨야 할 것이다. 사람은 전화, 컴퓨터 등이 출현하여 생활필수품이 될 때마다 새로운 용어를 만들어냈다. 그렇다면 베르베트 원숭이도 새로운 외부의 적이 출현했을 때 새롭게 경고의 목소리를 만들어내는 것일까? 하버드대학의 심리학자이자 인류학자인 마크 하우저는 그것을 실제로 관찰했다. 그는 체니와 시파스가 조사하던 장소를 돌아다니고 있을 때 근처에 표범이 있다는 것을 전하는 베르베트 원숭이의 목소리를 들었다. 그러나 잘 들어보면 그 소리가 언제나 약간씩 다르다는 것을 알아차렸다. "표범을 보았을 때 시끄럽고 강하게 빨리 짖어대는 소리에 비해 그 소리는 훨씬 템포가 늦었다. 마치 카세트테이프의 배터리가 다 닳아버렸을 때의 재생음 같은 느낌이었다"라고 그는 보고하고 있다. 그 장소로 가보니, 베르베트 원숭이들이 나무 위로 올라가 가까이에 있는 사자를 경계하고 있다는 것을 알았다.

베르베트 원숭이의 연구 조사에서, 그때까지 사자가 그들을 습격한 예는 없었다. 사자는 표범보다 달리기가 느리기 때문에 습격을 당해도 성공률이 낮다. 게다가 작은 체구의 베르베트 원숭이가 사자에게는 사냥감으로서 그다지 가치가 없다. 사자가 자신의 배를 채우기 위해 필요로 하는 것은 좀 더 큰 대형 사냥감일 것이다. 그러나 혹시 다른 식량을 손에 넣기 힘들게 되었을 때 사자는 그때까지 노린 적이 없는 작은 사냥감에도 손을 뻗을 것이다. 그리고 베르베트 원숭이는 외부의 적인 고양이과의 범주에 사자를 포함시켜 표범의 경고로 사용하던 목소리를 약간 변형하여 신조어를 만들어냈을 것이다. 사람이 새로운 개념을 받아들이기 위해 언어를 확장하는 것과 마찬가지로, 베르베트 원숭이는 외부 환경의 변화에 따라 언어를 변화시켰던 것이다.

위의 베르베트 원숭이의 경우를 놓고 봤을 때, 개에게 의미를 가진 소리를 기대한다 해도 무리는 아닐 것이다. 그럼 지금부터 개의 짖는 소리가 어떤 진화를 거쳤는지 알아보자.

## 개마다 짖는 소리가 다른 이유

어쩌면 사람과 개의 관계 형성은 사람이 개를 선택한 것이 아니라 개가 사람을 선택하면서 가능했던 것은 아닐까. 아주 옛날 사람들이 수렵생활을 하고 있을 즈음, 개는 사람의 서식지 주변을 얼쩡거리면 사냥을 하지 않아도 가끔 먹을 것을 얻을 수 있다는 사실을 알게 되었을 것이다. 그곳에는 사람이 먹다 남은 뼈와 가죽 등이 산재해 있었을 테니까.

그때 사람들이 보건이나 위생에 그다지 신경 쓰지 않았다 해도 부패한 먹이에서 나는 악취와 불쾌한 벌레들이 꼬이는 것은 싫었을 것이다. 그래서 개들이 서식지 근처를 얼쩡거려도 그들이 음식 쓰레기를 깨끗이 처리해주기 때문에 굳이 내쫓지 않았다. 이 남은 음식 처리의 임무는 이후 계속되어 지금까지도 세계의 많은 개발도상국에서는 야생 개들이 그 일을 도맡고 있다.

인류학자가 남태평양의 원시 부족들을 조사했더니, 개를 기르고 있는 촌락 쪽이 기르지 않는 촌락에 비해 한 곳에 정착하는 비율이 높았다고 한다. 개를 기르지 않는 촌락에서는 매년 잦은 이동이 행해졌는데, 이는 먹이의 부패에 따른 환경오염을 피하기 위함이었다. 이를 통해 우리는 사람이 공중위생의 중요성을 배우기 훨씬 이전부터 안정된 마을을 만들기 위해서는 개의 사육이 빠질 수 없는 요소였음을 추측해볼 수 있다.

이 외에도 옛날 사람들은 개가 가까이에 있으면 이롭다는 것을 깨달았다. 수렵생활을 하고 있는 사람들의 주변에는 늘 위험이 도사리고 있었고, 포악한 대형 동물은 사람을 싱싱한 먹잇감으로 노렸다. 또한 적이 되는 다른 무리의 침략도 있었다. 이때 개들은 그 장소를 자신의 세력권으로 간주하고, 모르는 사람이나 야생 짐승이 다가오면 경고의 소리를 보냈다. 그것을 신호로 사람들은 방어 태세를 갖출 수 있었고, 개가 있으면 밤 경비를 설 필요 없이 느긋하게 쉴 수 있어 살기 편하다는 사실을 알았다.

이렇듯 마을을 지키던 개가 개인의 사육견(집개)으로 변하기까지는 그리 오랜 시간이 걸리지 않았다. 사람은 개가 자신의 세력권을 침해당하면 경고의 소리를 낸다는 것을 알고, 개를 좀 더 가까이에

두기 시작했다. 그럼으로써 초인종 대신 방문자가 왔다는 알림으로
도, 경보장치 대신 악의를 가진 누군가가 침입했다는 알림으로도 활
용하게 되었다. 이것이야말로 야생 개가 점차 사람들의 사육견으로
바뀐 동기였을 것이다. 하지만 그 짖는 방법은 현재의 개들과는 달랐
을 것이다. 옛날 개의 짖는 소리는 현존하는 야생 개과동물의 소리에
가깝다고 여겨진다. 이리, 재칼, 여우, 코요테 등은 좀처럼 짖지 않고,
그 소리도 두드러지지 않는다.

　　나는 언젠가 이리 소굴에 가까이 갔을 때 그들의 한 무리가 짖
는 것을 들은 적이 있다. 확실히 짖기는 하는데 그것은 놀라울 만큼
억제된 소리였다. 연속해서 짖지 않고, 그저 "우프"하며 단음절 소리
를 내며, 2초에서 5초 정도 사이를 두고 다시 한 번 짖는 정도였다.
하지만 사육견은 기관총처럼 연속해서 짖어댄다. 30초 사이에 좀 더
큰 소리로 30회 이상 짖으며 낯선 자의 접근을 알린다.

　　사람들은 어느 때부터인가 개가 소리를 내는 방법에 조금씩 차
이가 있다는 것을 알아차렸다. 사람의 안전을 확보하는 데 커다란 소
리로 계속 짖어대는 개가 바람직한 것은 당연하다. 아마 사람은 그런
개를 만들어내기 위해 원시적인 선택 교배를 시작했을 것이다. 큰 소
리로 많이 짖는 개가 남고, 짖지 않는 개는 쓸모가 없어졌다. 사육견
과 야생 개과동물과의 발성법이 크게 달라진 것은 그 때문이라고 생
각한다.

　　이 조작된 진화설의 배경에는 개가 짖도록 선택적으로 교배된
역사적인 사실도 있다. 테리어terrier가 그 예이다. 테리어는 특수한

수렵견으로서, 그 이름은 라틴어의 '땅을 파다'라는 의미에서 유래되었다. 이 개는 땅속이나 바위굴에 살고 있는 여우, 담비, 들쥐 등 작고 해로운 짐승의 사냥이나 수달 사냥에 이용된 영국의 작은 개다. 하지만 초기의 테리어는 다른 견종과 같은 정도로 짖어댔고, 자신의 집이나 세력권에 침입자가 접근하면 즉각 경고를 보내왔다. 하지만 사냥을 하면서 그 짖는 습성은 점차 변하게 되었다. 짖으면 역효과가 나기 때문이다. 짖는 소리는 사냥감에게 자신의 존재와 위치를 알려줘 도망가게 해버린다. 그래서 대부분의 테리어들은 수렵이나 공격할 때는 전혀 소리를 내지 않는다.

하지만 이렇듯 묵묵히 사냥을 하는 것이 야생의 세계에서는 좋을지라도, 사냥감이 도망친 굴속에서 사람에게 사냥감의 위치를 알려줄 때는 바람직하다고 할 수 없다. 그래서 사냥감을 쫓고 공격하는 동안에 소리를 내지 않는 테리어에게 사냥꾼은 방울이 달린 특제 목줄을 걸었다. 방울 소리를 신호로 사냥꾼은 개의 뒤를 따라가 사냥감을 찾아냈던 것이다. 그러나 유감스럽게도 이것은 썩 좋은 방법이 못되었다. 대부분의 개가 굴속에서 목줄이 무언가에 걸려 질식사하는 경우가 많았고, 사냥꾼에게 방울소리가 들리지 않아 개를 죽게 하는 일도 있었기 때문이다.

그래서 잘 짖는 테리어끼리 선택 교배가 시작되었고, 이때 흥분하면 바로 짖는 개가 선택되었다. 이렇게 해서 19세기 말쯤에는 테리어의 대부분이 흥분하면 잘 짖는 개가 되어 있었던 것이다.

# 6장

# 소리로 말한다

동물들은 종에 따라 사용하는 소리는 다르지만, 공통된 '공용어'가 존재하는 듯하다. 이 공용어를 이해하기 위한 기본적인 원칙에는 세 가지 요소가 있다. 그것은 바로 소리의 높이, 길이, 그리고 반복되는 빈도이다.

사람이 사용하는 단어는 일정하지 않아서, 학습하지 않고 세계 모든 사람들에게 통용되는 공통된 언어란 없다. 같은 사물을 나타내는 데도 '페로' '시안' '훈트' '도그' 등 각기 다른 언어가 사용된다. 모두 개를 의미하는 단어들인데, 이 단어들 사이에 공통된 음의 패턴은 하나도 없다. 이처럼 사람이 쓰는 언어의 수가 많은 데서 생기는 문제를 해소하기 위해 세계 공용어를 만드는 시도도 몇 번 이루어졌다. 그중 가장 유명한 것이 에스페란토어인데, 애석하게도 효과는 거의 없었다. 그러나 동물들이 의사 표현에 사용하고 있는 소리는 사람보다 훨씬 통일되어 있다. 종種에 따라 사용하는 소리는 다르지만, 동종 간에는 공통된 공용어가 존재하는 듯하다.(새들의 소리에 지역적인 '방언'이 있는 것은 별도로 하고.)

이는 학자나 언어 전문가에 의해 형성된 것이 아니라 진화에 따른 결과였다. 개들은 진화로 인해 생긴 공용어 덕에 서로의 신호를 알아들을 수 있을 뿐만 아니라, 다른 종도 그 신호의 의미를 어느 정도 파악할 수가 있다. 이 공용어를 이해하기 위한 기본적인 원칙에는

세 가지 요소가 있는데, '소리의 높이' '길이', 그리고 '반복되는 빈도'
가 그것이다.


## 소리의 톤에 귀를 기울여라

우선 '소리의 높이'가 의미하는 것을 알아보자. 으르렁거림이나
짖는 소리, 그리고 음정이 낮은 소리(개의 으르렁거림 같은)는 대개 위
협이나 분노, 또는 공격 태세를 나타낸다. 음정이 낮은 소리는 기본
적으로 "저리 가"를 의미한다. 반면 음정이 높은 소리는 대개 "이리
와"라는 의미 또는 "그쪽으로 가도 돼?"라는 질문을 내포하고 있다.

워싱턴 국립동물공원의 박물학자 유진 모턴Eugene Morton과 J. 페
이지page는 56종류의 조류와 포유류의 소리를 분석하여, 이 음정의
법칙이 예외 없이 들어맞는다는 것을 발견했다. 개가 낮은 소리로 으
르렁거리듯 코끼리, 쥐, 오파섬(미국 주머니쥐), 펠리칸, 박새도 낮게
으르렁대는 소리를 냈다. 그것은 모두 "이건 마음에 들지 않아" "가까
이 오지 마" 또는 "조심해"를 의미하는 듯했다. 개가 낑낑거리며 콧소
리를 내듯 코뿔소, 모르모트, 물오리, 웜바트(오스트레일리아의 곰 비슷
한 유대동물)도 높게 칭얼대는 소리를 내며 "나는 악의가 없어요" "나
는 다쳤어요" 또는 "나는 이것이 하고 싶어요"라는 의미를 전달하고
있었다. 심리학자는 사람의 목소리에서도 이와 비슷한 특징을 발견
한다. 화가 났거나 위협하려 할 때 사람의 목소리는 낮아지는 경향이
있는 반면, 누군가를 가까이 불러 친해지고 싶을 때는 높아지는 경향

이 있다는 것이다.

그럼 개나 코끼리, 꿩, 또는 사람은 어떻게 이 음정의 법칙을 이해하고 있는 것일까? 그 답은 큰 것일수록 낮은 소리를 낸다고 하는 단순한 사실에 있다. 예를 들면, 아무것도 들어 있지 않은 크고 작은 두 개의 유리잔을 스푼으로 두드리면, 큰 유리잔 쪽이 낮은 소리를 낸다. 하프나 피아노의 현은 긴 쪽이 낮은 소리를 내고, 파이프오르간의 파이프도 긴 쪽이 낮은 소리를 낸다. 이 물리적인 현상은 생물에게나 무생물에게나 마찬가지로 적용된다. 그렇다고 해서 커다란 동물이 주변 동물들에게 자신의 크기를 알리기 위해 일부러 낮은 소리를 내는 것은 아니다. 이것은 물리적인 원칙일 뿐이다. 그럼에도 불구하고 진화는 생존을 목표로 하고 있으며, 낮은 소리를 내는 것이 대부분 공격을 해올 가능성이 크다는 것을 몇몇 동물들은 알게 되었다. 또 동시에 소리가 높은 "삐약삐약" 소리나 "낑낑"거리는 소리를 들으면 도망가지 않아도 된다는 것을 아는 동물이 살아남을 확률이 높았다. 왜냐하면 그 소리의 주인은 위험하지 않은 작은 생물일 가능성이 높고, 당황해 도망가다가 도리어 상처를 입거나 위험한 대형 동물의 주의를 끌 수도 있기 때문이다.

여기서 진화와 의사 전달의 수단이 어떻게 함께 발전되어 왔는가를 알 수 있다. 가령 당신이 어떤 동물이라고 하자. 동물들에게 어떤 신호를 보내려고 하는 경우, 동물이 목소리 톤에 주목한다는 것을 알고 있는 당신은 의사 전달의 수단으로서 이를 의도적으로 사용하려고 한다. 다른 동물을 자신의 세력권에서 쫓아버리고 싶을 때는 낮은 음의 신호(으르렁거리는 소리)를 보내 자신은 크고 위험한 존재라는 것을 전할 수 있을 것이다. 반대로 높은 음의 신호(깽깽거리는 소리)를 사용하면 자신은 가까이 해도 안전한 작은 동물이라는 것을 전할 수 있다. 당신이 대형 동물인 경우도 다른 동물이 다가올 때 위협하거나 해를 입힐 작정이 아니라고 전달하고 싶을 때는 높은 소리로 작고 무해한 동물처럼 위장할 수도 있다.

여기서 중요한 것은 으르렁거리는 소리가 다른 개체에게 행동을 바꾸게 하기 위한 신호로서만 사용된다는 점이다. 즉, 으르렁거림은 상대에게 멀어지라고 전하는 신호인 것이다. 공격을 하기로 결정한 개는 으르렁거리지 않고 묵묵히 공격에 나선다. 으르렁거려도 상대가 물러나지 않으면 개는 으르렁거리기를 그만둔다. 이것은 적의가 사라졌기 때문이 아니다. 경고가 받아들여지지 않았으니, 다음은 싸움밖에 없다는 의미다. 이때 개는 묵묵히 머리를 약간 낮추고 말려 올라간 입술을 떨며 돌진하면서 이빨을 드러낸다.

경찰견의 연기를 보아도 알 수 있듯이, 도망가는 범죄자로 분장한 사람을 공격하도록 신호가 떨어지면 개는 무서우리만큼 침묵한 채 달려 나가 상대의 팔을 물고 늘어진다. 일단 싸움이 시작되면, 으르렁거리는 소리를 다시 내면서 상대에게 싸움을 그만두고 물러나라고 전한다. 반면 상처를 입지 않으려면 도망갈 수밖에 없다고 결정한 겁먹은 개도 역시 소리를 내지 않는다. 개는 상대의 위협에서 가능한 한 멀어지려고 곁눈질도 하지 않고 도망갈 때 침묵하는 경우가 많다. 서로 의사를 전달하는 단계는 이미 지난 것이다. 공포를 나타내든 분노를 나타내든, 소리가 언어로서 기능하지 않게 되면 개는 침묵한다. 소리가 상대의 행동에 영향을 미치는 신호로서 통용되지 않는 상황에서 소리를 낼 필요가 없기 때문이다.

## 음의 길이로 기분을 읽는다

진화로 인해 생긴 공용어의 중요한 요소 중 또 하나는 바로 '음의 길이'이다. 이것은 음의 높낮이가 전하는 의미를 바꾸어 놓는다. 음의 높낮이와 길이가 조합되면 그 의미가 약간 복잡해지는데, 기본적으로 짧고 높고 날카로운 소리는 공포나 고통, 욕구와 연결된다. 소리 가락이 높은 '끄웅' 하는 개의 신음소리를 예로 들어보자. 소리가 짧을 경우는 날카로운 비명인 '깨갱'이 되는데, 이는 개가 고통을 체험했거나 겁을 먹고 겨우 목숨을 건져 도망가려고 하는 표현이다. 반면 긴 경우는 낑낑거리는 소리를 내며 즐거움, 기쁨, 유혹을 의미한다. 일반적으로 음이 길수록 개가 그 신호의 의미와 이어질 행동에 대해 마음을 분명하게 결정하고 있을 가능성이 높다.

가령 지배적인 개가 한 발자국도 물러나지 않고 단호하게 자신의 지위를 지키려고 할 때 내는 위협적인 으르렁거림은 낮을 뿐만 아니라 길게 끌린다. 낮은 소리를 짧고 단발적으로 내는 경우는 공포가 섞여 있고, 상대의 공격을 잘 극복할 수 있을지 불안해한다는 증거이다.

## 음의 빈도로 흥분의 정도를 알 수 있다

진화로 인해 생긴 공용어의 세 번째 중요한 요소는 '음의 빈도'이다. 빠른 속도로 여러 번 되풀이되는 소리는 흥분 상태나 긴급 사태를 나타낸다. 반대로 소리의 간격이 벌어지거나 되풀이되지 않는 경우는 흥분의 정도가 낮거나, 잠깐이라도 흥분이 사라졌음을 의미한다. 개가 창밖을 보면서 한두 번 짖을 때는 뭔가에 조금 흥미가 끌렸다는 것이다. 그러나 계속 여러 번 격하게 짖을 때는 흥분의 정도가 높다는 증거이다. 이것은 개가 '중대한 문제다' 또는 '위험 가능성이 있다'고 느끼는 신호인 것이다.

이처럼 짖는 소리, 으르렁거림, 울부짖음, 신음소리 등의 소리로 개가 무언가를 전달하려고 할 때는 이러한 세 가지 요소(소리의 높이, 길이, 반복되는 빈도)가 복잡하게 조합되어 있음을 알 수 있다.


## 짖는 소리

유진 모턴이 동물의 소리를 분석하여 음정의 법칙을 발견했을 때, 그는 많은 동물들이 고음으로 낑낑거리고 저음으로 으르렁거릴 뿐만 아니라 짖는다는 것도 알아냈다. 몇몇 새들의 짹짹거리는 소리는 동물의 짖는 소리와 그 기본 패턴이 유사하다. 놀랍게도 새들의 우는 소리를 녹음해 테이프를 느리게 돌려 재생하면, 개가 짖는 소리와 매우 흡사하다.

'짖는다는 것'은 원래 누군가의 접근을 알리는 경고의 신호였다.

중세 시대 누군가가 요새 입구에 다가오면 위병이 트럼펫으로 알렸던 것과 같은 것이다. 그 경고는 접근해 오는 자가 아군인지 적군인지까지는 알려주지 않는다. 다만 방어 태세를 갖추는 편이 좋겠다고 동료에게 전달할 뿐이다. 그래서 개는 집 밖에 주인이 다가오든 도둑의 침입을 알아차렸든 무조건 큰 소리로 짖는다.

짖는 것은 또 위병의 수하와 같은 역할도 한다. "정지. 거기 누구요?" 하고 소리를 질러 상대의 정체를 확인하고, 내방자의 정체가 일단 확인되면 개의 행동은 변하기 시작한다. 상대가 잘 아는 사람이면 짖기를 멈추고 낑낑거리면서 꼬리를 흔들어 환영의 인사를 한다. 또 내방자를 적이라고 느끼는 경우에는 짖기를 그만두고 으르렁거려 위협을 시작한다.

짖는 소리를 조사해보면, 음정이 급격히 변화하는 것을 알 수 있다. 즉, 귀에 거슬리는 '으르렁거림'과 매끄러운 '끄웅' 소리가 조합되어 있는 것이다. 평소의 짖는 소리는 중간 정도의 음정으로, 그것을 높이거나 낮춰 여러 가지 의미를 전달하는 것은 어렵지 않다. 여기서 짖는 소리의 기본적인 패턴과 그 의미를 알아보자.

### ● 연속해서 서너 번 중음으로 짖고, 사이에 짬을 둔다

꽤 애매한 경계의 소리이다. 뭔가가 있는 것 같지만 아직 정체를 알 수 없거나, 아직 너무 멀어서 적인지 아닌지 확인할 수 없음을 의미한다. "귀찮은 일이 일어날 것 같다. 침입자가 다가온다. 리더가 둘러보는 편이 좋겠다"의 의미이다.

● 계속해서 여러 번 중음으로 짖는다

아주 기본적인 경고의 신호이다. "모두 모여라! 행동 준비! 누군
가가 세력권 안으로 침입해 왔다!"를 의미한다. 격렬하게 짖는 소리
이고, 개가 흥분하여 방문자(또는 귀찮은 일)의 접근을 느끼고 있다는
증거이다.

● 계속해서 짖지만 속도가 늦고 음정도 낮다

문제가 심각함을 느꼈다는 신호이다. "침입자(또는 위험)가 가까
이 있다. 상대는 아군이 아닌 것 같다. 모두 방어 태세를 갖춰라!"를
의미한다.

● 길게 계속 짖다가 긴 짬을 둔 다음 다시 계속해서 짖는다

짖는 소리가 "우프, 정지. 우프, 정지. 우프" 하는 느낌이다. "거기
아무도 없어요? 나 외로워서 동지가 필요해요"란 의미이다. 갇혀 있
거나 오랫동안 혼자 있게 되었을 때 내는 경우가 많다.

● 고음 없이 중음으로 한두 번 날카롭고 짧게 짖는다

이것은 가장 전형적인 인사로, 내방자가 잘 아는 상대임을 나타
내는 신호이다. 나갔다 들어올 때 이런 소리로 맞는 경우가 많을 것
이다. "안녕!"이란 의미로, 이후 개는 전형적인 인사의 자세를 취한다.

## ● 중저음으로 한 번 날카롭고 짧게 짖는다

흔히 어미개가 강아지를 가르칠 때 이런 소리를 내곤 한다. 잠을 방해받았거나, 그루밍을 하다가 털이 잡아당겨졌을 때 개는 이런 소리를 낸다. 낮은 소리는 항상 성가신 기분이나 위협으로 연결되기 때문에 "그만둬!" 또는 "저리 가!" 등의 의미로 해석된다.

개의 경우 이처럼 소리의 미묘한 어감 차이로 그 의미가 상당히 달라질 수 있다. 이는 소리의 억양에 따라 의미가 바뀌는 사람의 단어와도 흡사하다. 가령 "준비됐어"라고 말꼬리를 내리는 대신 "준비됐어?" 하고 말꼬리를 올리면 질문의 의미가 되듯이 소리의 억양으로 의미가 완전히 바뀌는 것이다. 개도 마찬가지로 억양의 변화뿐 아니라 음의 길이나 높이를 바꿈으로써 짖는 소리에 다른 의미를 갖게 한다. 그런 억양의 변화는 특히 한 번의 짧은 짖는 소리로 알아들을 수 있다. 그것이 개의 의사 전달에 어떤 역할을 하는지 알아보자.

## ● 중고음으로 한 번 날카롭고 짧게 짖는다

이것은 놀라움을 나타내는 소리이다. 뜻밖의 일을 당했을 때 "이게 뭐지?" 하는 의미이다. 이 소리가 두세 번 되풀이될 경우는 "이봐, 이것 좀 봐!" 하는 의미로, 낯선 것을 가까운 동료에게 알리는 것이다. 이런 경우는 호기심이나 흥미에 사로잡혀 있다는 증거이다.

음정이 온화한 중음으로 내려가고, 짧지만 날카롭지 않게 짖는 경우는 "굉장해!" 또는 "와, 멋진데!" 하는 감탄사이다. 대개 주인의 손에 개의 식기나 산책용 가죽끈이 들려 있을 때 이런 소리를 낼 것이다.

● 우물거리듯 중음으로 짖는다

개가 평소에 짖는 소리를 "러프ruff"라는 글자로 표현한다면, 이
것은 "아르르-러프" 하는 식이다. "놀자!"의 의미로, 놀이에 끌어들일
때 사용한다. 평소에는 이 소리와 동시에 유인의 자세가 수반된다.
개는 머리를 낮추고 양 팔꿈치를 바닥에 댄 채 허리를 높이 올리고
꼬리는 위로 쑤욱 올린다. 이 소리를 지르고 나서 기세 좋게 오른쪽
왼쪽으로 뛰고, 또 우물거리듯 짖고 나서 다시 한번 놀이에 유인하는
자세를 취한다.

● 끝소리가 높아지며 짖는 소리

이 소리를 글자로 표현하기는 어려운데, 한 번 들으면 틀림없이
알 수 있을 것이다. 연속하여 짖는 것이 보통이고, 매회 중음에서 시
작하여 급격히 높아진다. 거의 "멍멍—캐갱" 같은 느낌이지만, 그다
지 높고 귀에 거슬리는 소리는 아니다. 이것도 놀이로 연결되는 소리
이다. 다만 놀이에 유인할 때가 아니라 한창 놀고 있을 때 낸다. 흥분
을 나타내며 "아, 즐거워!"의 의미이다. 주인에게 공이나 원반을 던져
달라고 조를 때도 이 소리를 낸다.

## 으르렁거림

으르렁거리는 소리는 위험한 포식동물, 즉 호랑이, 사자, 곰 등
이 지르는 소리로만 여겨지는 경향이 있지만 실제로는 그 외에도 많

은 동물들이 이같은 소리를 낸다. 온순한 꿩, 침착한 토끼도 으르렁거린다. 으르렁거리는 목적은 다른 동물을 쫓기 위한 것으로, 위협의 정도를 강하게 하기 위해 사용한다.

### ● 가슴으로부터 나오는 듯한 약한 저음의 으르렁거리는 소리

"조심해!" "꺼져!"의 의미이다. 이것은 분명한 위협의 뜻을 내포하고 있기 때문에, 상대는 몸을 빼고 위협을 하고 있는 개에게서 물러난다. 거스르는 경우에는 공격이 개시된다. 이런 소리를 내던 개가 돌연 몸을 뻣뻣이 굳힌 채 으르렁거리기를 멈추면 반드시 주의해야 한다. 대화는 끝났다는 의미이기 때문이다. 공격은 대개 침묵과 함께 시작된다는 것을 잊지 말도록.

### ● 그다지 낮지 않은 작은 으르렁거림으로, 목구멍이 아닌 입에서 소리를 내고 있는 경우

으르렁거림보다 더 위협적인 느낌을 준다. 확실히 이런 소리를 낼 때는 입술이 말려 올라간다. "가까이 오지 마!" "거리를 지켜!" 등과 같은 의미를 갖는다. 하지만 가능하면 싸움을 피하고 싶다는 자신감 없는 개의 의사 표시인 경우가 대부분이다.

### ● 낮은 으르렁거림에 짖는 소리가 이어질 경우

"그르르르르-러프" 하는 느낌으로, 짖는 소리로 연결되기 때문에 음정은 약간 높아진다. 이미 앞에서 언급했듯이 높은 소리는 지배성이나 공격성과는 거리가 멀다. 따라서 이 소리는 "나는 혼란스러워. 싸울 준비는 되었지만, 누군가의 도움이 필요해"라는 의미이다. 이것은 상대에게 다가오지 말라고 전하는 명확한 경고 신호이다. 개는 이 시점에서 도와줄 동료를 구하고 있지만, 상대로부터 도전 받으면 당장 혼자서라도 공격에 나설 것이다.

● 중고음의 으르렁거림에 짖는 소리가 이어지는 경우

"걱정되고 무서워. 하지만 나 스스로 나를 지키겠어"란 의미이다. 자신감은 없지만 위협은 진심이다. 상대로부터 도전 받으면 달려들 가능성이 높다.

● 높아졌다 낮아졌다 하는 으르렁거림

이것은 "너무 무서워. 저쪽이 다가오면 싸울지도 모르지만 도망갈지도 몰라"의 의미이다. 매우 자신감 없는 개가 강한 체하는 소리이다. 음정이 변하면서 때로 소리가 중단되는 것은 싸울까 도망갈까 하는 갈등을 나타낸다.

● 소란스러운 중음이나 고음의 으르렁거림인데 이빨은 보이지 않는 경우

개를 잘 모르면 이 소리의 음으로만 판단하기가 쉽지 않다. 위협하는 으르렁거림과 비슷하지만, 낮게 불평하는 소리는 아니다. 이런 경우 으르렁거리는 소리는 내지만 이빨은 보이지 않고, 입술도 공격

적으로 말려 올라가 있지 않다. 대개 "와, 재미있는 게임인데!" "이것은 놀이에요. 위협하고 있는 것이 아닙니다" "너무 즐거워!"를 의미할 때가 많다.

## 울부짖는 소리, 길고 슬프게 우는 소리, 길고 크게 짖는 소리

사육견은 야생 개과동물보다도 자주 짖지만 울부짖는 경우는 드물다. 이리의 경우 울부짖는 데는 몇 가지 목적이 있다. 그 하나는 사냥을 하기 위해 무리를 소집하는 것이다. 이리는 해 질 녘이나 새벽녘에 사냥하기 때문에 당연히 울부짖는 것도 그 시각에 빈번해진다. 그리고 또 다른 목적은 무리의 존재를 확인하는 것이다. 누군가 울부짖으면 무리의 멤버는 하나가 되어 그 소리에 가세한다.

혼자 갇혀 있거나, 가족이나 무리로부터 떨어진 사육견이 울부짖는 것도 그 때문이다. 외로움을 호소하는 이 울부짖음은 무리의 울부짖음과 마찬가지로 다른 개들을 불러 모으기 위한 소리이다.

그러나 울부짖는 소리에도 여러 종류가 있다.

### ● 캥 워-워

"외로워라" "나 버림받았어요!" "거기 아무도 없나요?" 등의 의미를 갖는다. 가족으로부터 떨어져 지하실이나 차고에 갇힌 개가 이 소리를 내는 경우가 많다.

● 울부짖는 소리

사람의 귀에는 "캥 호오오올" 하는 것보다 낭랑하게 들려 종종 비통한 소리로 들리기도 한다. 하지만 이 소리는 "나 여기 있어요" "여긴 내 구역이야!"를 의미한다. 강한 동물은 단순히 자신의 존재를 알리기 위해 울부짖는 경우도 많다. 또 다른 개가 내는 "캥 호오오올"에 대한 대답으로 "네 소리가 들려!"라는 의미로 짖기도 한다.

● 짖는 소리가 섞인 울부짖음

이것은 좀 더 슬프게 들린다. 두세 번 짖은 다음 울부짖음으로 마치는 패턴이 여러 번 되풀이된다. 꽤 슬픈 생각을 하고 있는 개, 가령 하루 종일 정원에 갇혀서 사람이나 동료와 한 번도 접촉하지 못한 개가 모르는 사람이나 개의 모습이 눈에 띄었을 때 이런 소리를 낸다. 짖는 것은 침입자에 대해 무리의 동료를 불러 모으기 위해서이고, 울부짖는 것은 누군가가 반응해주기를 바라는 것이다. 그래서 이 소리는 "버림당해 걱정이다. 왜 아무도 도와주러 오지 않는 걸까" 하는 의미가 된다.

● 크고 길게 짖는 소리

울부짖음과는 전혀 다르며, 사냥개가 사냥감을 쫓을 때 내는 소리이다. 처음 들으면 울부짖는 소리와 비슷하게 느껴지지만, 이쪽이 훨씬 음감이 좋다. 울부짖음처럼 하나의 음을 길게 늘이는 것이 아니라, 음정이 다양하게 변화한다. 나에게는 울부짖음과 요들이 섞인 듯한 소리로 들린다. 꽤 흥분된 소리로, 즐거운 기미가 느껴진다.

사냥개가 내는 이런 소리는 사냥감의 냄새를 맡았음을 알리는 경우가 많다. 울부짖음과 마찬가지로 "이리 모여라"의 의미를 갖고 있지만, 그것은 외로움 때문이 아니라 사냥에서 협력 태세를 갖추기 위해서이다. 최초로 냄새를 맡는 것은 무리 중에서도 몇 마리뿐이기 때문에 다른 멤버에게 이 소리는 "나를 따라와! 냄새를 발견했어"의 의미가 된다. 냄새가 강해지고 사냥감이 가까이 있다는 것을 알면 노래하는 듯한 뉘앙스가 사라지고 으르렁거리는 소리를 짧게 몇 번 연속해서 낸다. "잡자!" 또는 "자, 준비됐지!"의 의미로 바뀌는 것이다.


## 낑낑, 끽끽, 끄응

개가 내는 높은 가락의 소리를 문자로는 "낑낑" 또는 "끄응" 등으로 표현할 수 있다. 이때 음정의 높이에 따라 의미가 달라지는데, "끄응" 하는 소리는 상대를 자기 쪽으로 불러들이고, "낑낑" 하는 소리는 공포나 복종심을 표현하고 있다. 이러한 소리는 대개 강아지가 내며, 뭔가를 애원하거나 상대를 달랠 때 사용된다. 자신에게 적의가 없다는 것을 알리고, 자신의 요구를 표현하고 있는 것이다.

동물행동학자는 이렇듯 높은 가락의 소리에서 특별한 점을 발견했다. 이리, 곰, 고양이, 악어, 닭, 집오리 등 육지에 사는 척추동물의 새끼가 내는 소리가 거의 비슷했으며, 여기에는 두 가지 중요한 특징이 있다는 것이다.

하나는 환경 속의 다른 음과 쉽게 구별될 정도로 아주 잘 들린다는 것이고, 또 하나는 음의 발신처를 알아내기가 어렵다는 것이다. 두 가지 모두 어미와 어린 새끼의 의사 전달에 있어 매우 중요하다. 어미는 구원을 청하는 새끼의 소리를 곧바로 알아듣지 않으면 안 되고, 동시에 그 소리 때문에 새끼들이 숨어 있는 장소가 적에게 드러나서도 안 되기 때문이다. 따라서 장소를 알아내기 어려운 소리라고 해도 어미에게는 지장이 없다. 어미는 새끼들이 있는 곳을 알고 있기 때문이다.

하지만 강아지의 경우, 이 소리의 의미는 극히 단순하다. "낑낑" "끄웅" 하는 소리가 크고 반복이 심할수록 호소의 감정이 강하다. 낑낑거리는 소리는 욕망을 전하는 수단이다. 배가 고프다, 함께 가줄 상대가 필요하다, 놀고 싶다, 배설을 하고 싶다 등 육체적인 욕구가 방아쇠를 당기는 경우도 있다. 반응이 없으면 소리는 점점 더 격해지고, 결국 아무도 응해주지 않는다는 사실을 받아들인다.

'원한다' 또는 '필요하다'고 호소하는 낑낑거림은 소리의 끝자락이 올라간다. 흑판 위에서 분필이 내는 "끽" 하는 소리와 비슷하다. 상대를 청각적·심리적으로 불쾌하게 만드는 높은 소리를 내기도 한다. 그런 소리를 들으면서 계속 잔다는 것은 도저히 불가능하므로 개가 주의를 끄는 수단으로써 매우 유효하다고 할 수 있다.

이 소리를 흥분했을 때의 낑낑거리는 소리와 비교해보자. 흥분된 소리는 규칙적인 간격이 있고 반복되는 속도도 빠르다. 또한 최후에 음정이 내려가거나, 음정은 변하지 않고 갑자기 사라지기 때문에 뭔가를 호소하는 낑낑거림처럼 듣는 상대에게 불쾌감을 주지 않는다. 게다가 이 소리는 특별한 행동도 수반한다. 개는 주인을 올려다보고 춤을 추듯이 빙글빙글 돌며, 산책을 가고 싶은 경우 주인의 얼굴과 문을 번갈아 쳐다본다. 먹을 것을 원할 때는 주인의 얼굴과 자신의 식기를 번갈아가며 쳐다본다. 레트리버인 오딘은 우선 나를 바라본 후 낑낑거리는 소리를 내고 원반이 놓여 있는 선반에 시선을 옮긴 뒤 다시 나에게로 시선을 돌린다. 이는 "저 원반을 가지고 놀러가요, 네?"라고 말하고 있는 것이다.

성장한 개도 역시 특별한 상황에서 강아지와 같은 소리를 낸다. 이는 위협적이고 힘이 센 개 앞에서 자신을 작은 강아지처럼 보이게 하기 위해서이다. 유약한 모습을 보여 "나는 작고 약한 존재입니다. 당신의 적이 아니에요"라고 알리는 것이다. 이것은 필사적으로 도움을 구하는 소리로도 사용된다.

### ● 힘없이 낑낑거리는 소리

이것은 개가 내는 가장 비통한 소리 중 하나이다. "아파요!" "무서워요!"를 뜻한다. 특히 동물병원에서 이 소리를 들은 사람이 많을 것이다. 어디가 아프거나 모르는 장소에서 두려워 겁먹고 있을 때 개는 이런 소리를 낸다. 이때 개는 가까이에 있는 상대와 눈을 마주치지 않으려고 시선을 피하고, 복종의 자세를 취하는 경우가 많다. 성장한 개가 내는 이런 소리는 강아지가 춥거나 배가 고프거나 외로움을 호소할 때 내는 "끄응" 소리와 흡사하다.

### ● 신음 또는 요들풍의 신음 소리

이 소리는 "요웰-워웰-오웰-워웰" 하는 듯이 들린다. 기쁨이나 흥분이 복받칠 때 내는 소리이다. "아이 좋아!" 또는 "가자!"의 의미로, 몹시 좋아하는 일이 생길 것 같을 때 이런 소리를 낸다. 하지만 다른 낑낑거리는 소리로 같은 감정을 나타내는 개도 있다. 나는 그 소리를 '하품조의 울부짖음'이라 부르고 있다. 즉, 울부짖음(전형적인 울부짖음보다 음정이 약간 높다)과 하품소리가 하나된 듯한 소리로, 목이 쉰 듯 "워오오오오오-아-워오오오오오" 하는 느낌이다. 좋은 일이 생길 것 같다는 기대감을 나타낼 때 개에 따라서 이렇듯 요들풍의 낮은 소리를 내기도 하고, 하품조의 울부짖음을 내기도 한다.

### ● 한 번 캐갱하거나, 또는 아주 짧게 고음으로 짖는 소리

이 소리는 사람의 말로 번역하면 "아야!"(또는 "젠장!")에 해당하고, 느닷없이 아픔을 느꼈을 때 내는 반응이다. 그럴 때 어미개는 비명을 지르게 한 강아지를 야단친다. 강아지끼리 놀다가 한 마리가 너무 세게 물어뜯어 캐갱 하고 소리 지르면 대개 놀이는 끝난다. 강아지는 그와 같이 동료와의 놀이를 통해 무는 정도를 가늠하는 법을 배워 나가는 것이다.

### ● 연속되는 캐갱캐갱

이것은 매우 명확한 신호로 "아파!" 또는 "무서워!"를 뜻하며, 심각한 공포나 고통을 나타낸다. 싸움이나 위협, 두려운 상대로부터 도망치는 개는 이와 같이 연속해서 "캐갱" 하는 소리를 낸다. 이런 경우 대개 상대 개는 그 뒤를 쫓지 않는다. 이런 식의 "캐갱"은 분명히 패자의 신호이다. 이 소리를 들으면 상대 개는 공격 행동을 멈춘다.

## 비명

이것은 아기가 심한 고통이나 공포를 체험했을 때 내는 비명처럼 길게 꼬리를 끄는 "깨갱"이다. 몇 초간 소리가 이어지고 또 반복된다. 개가 극도의 고통에 휩싸여 목숨의 위험을 느끼고 있을 때 내는 소리이다. 이 소리를 들으면 뭔가 대단한 일이 일어났다는 것은 틀림없지만, 소리의 원인이 무엇인지는 판단하기 어렵다.

일반적으로 야생의 무리나, 오랫동안 집에 여러 마리의 개가 함께 지내온 경우 이런 비명을 지르면 다른 개가 소리를 지른 개 옆으로 모인다. 그러나 비명을 지른 개를 도우러 오는 것은 아니다. 동료에게 비명을 지르게 한 적이 아직 얼쩡거리고 있는지, 그 적이 가까이에서 다른 동료에게도 위험한 행동을 하려는 것은 아닌지를 경계하면서 알아보러 오는 것이다.

이런 비명은 동료에게는 도움을 청하는 비명이 되지만, 낯선 개 앞에서 지르면 목숨을 잃게 될지도 모른다. 생명의 위험을 느낀 동물의 절규는 낯선 개의 포식 본능을 불러일으키기 때문이다. 그렇게 되면 낯선 개는 비명을 지르는 개를 공격한다. 이것은 공격자가 사악하기 때문이 아니다. 본래 개는 사냥꾼이다. 육식의 포식동물에게 비명은 상처 입은 동물이 내는 소리며, 그것은 상처 입어 약해져 있는 사냥감을 의미한다. 따라서 상대 개는 간단히 손에 넣을 수 있는 먹이를 확보하기 위해 당장 격한 공격을 개시한다.

언젠가 나는 도그 쇼를 하는 전시장 밖에서 이와 같은 상황을 목격한 적이 있다. 한 남자가 가죽끈을 건 말리노이즈Mallinois를 데리고 전시장 건물을 향해 걸어가고 있었다. 근처 주차장에 한 대의 자동차가 정차해 있었고 운전하던 사람이 뒷문을 열었다. 그러곤 주인이 손쓸 사이도 없이 차 안에서 희고 깨끗한 사모예드Samoyed가 달려나왔다. 그런데 불운하게도 개가 뛰어내린 곳은 깨진 유리병 위였다. 날카로운 유리 파편이 사모예드의 앞발에 박혔고 개는 비명을 지르기 시작했다. 그 순간, 그때까지 전혀 공격의 기미를 보이지 않던 말리노이즈가 갑자기 주인의 손을 벗어나 앞으로 튀어나갔다. 두 마리를 간신히 떼어놓았을 때 이미 사모예드는 유리 파편으로 상처를 입은 데다가, 말리노이즈에게 물려 피를 줄줄 흘리고 있었다. 낯선 동물이 지른 비명소리가 개의 공격 본능을 불러일으킨 것이다. 사람들은 이런 비명소리를 들었다면 경계가 필요하다는 사실을 알아두는 게 좋다. 개가 싸움에 말려들 수 있는 중요한 신호이기 때문이다. 일반적으로, 두 마리의 개가 싸우고 있을 때 사람은 관여하지 않는 편이 좋다. 싸움은 대개 개들끼리의 규칙에 따라 행해지고, 귀를 물어뜯거나 하여 가벼운 상처를 입히는 경우도 있지만, 유혈 사태까지 이르는 경우는 좀처럼 드물기 때문이다. 개가 이빨을 드러내고 싸움에서 으르렁거리는 소리(연속된 시끄러운 으르렁거림으로, 사람이 "헤이!" 하고 소리 지르는 듯한 소리가 때때로 들어간다)가 올라가 있을 때는 평범한 다툼이다. 그대로 놔두면 폭력으로까지 발전하지 않고 바로 마무리되는 경우가 많다. 대개는 개 중에서 어느 한쪽이 뒷걸음질쳐서 복종의 자세를 드러낸다. 이 시점이 되면 싸움은 마무리된다.

## 그 밖의 소리

개는 그 외에도 여러 가지 소리를 낸다. 이렇다 할 만한 신호나 단어로서의 의미를 갖지 않는 소리도 있다. 그러나 그것 역시 의식하고 있지 않은 신호로서, 개의 생각을 읽는 수단이 된다. 그 대표적인 예가 "하아하아" 하며 목구멍에서 내는 소리이다.

### ● 헐떡거림

개는 체온을 조절하기 위해 입을 크게 벌리고 혀를 축 늘어뜨린 채 숨을 "하아하아" 쉰다. 혀나 입안의 수분이 증발하면 체온이 내려가기 때문이다. 사람의 경우는 땀이 그 역할을 하고, 피부에서 수분이 증발하면 체온이 내려간다. 그러나 개는 사람이나 말과는 달리 피부에서 땀을 낼 수가 없다. 개가 땀을 흘리는 유일한 부위는 발바닥으로, 온도가 높거나 스트레스를 받으면 바닥에 젖은 발자국을 남길 정도로 땀을 흘리는 것도 바로 그 때문이다.

사람은 스트레스로 인한 긴장이나 불안, 흥분을 느끼면 체온이 올라가고 그로 인해 땀을 흘린다. 개의 경우도 마찬가지다. 개가 운동을 하거나 기온이 높은 것도 아닌데 숨을 격하게 "하아하아" 쉬고 있다면 그것은 긴장해 있거나 흥분되어 있다는 증거이다.(그 원인은 좋은 경우도 나쁜 경우도 있다.) 결코 의도적인 의사 표시는 아니지만, "준비 완료!" "가요!" 또는 "너무 많이 해서 이제 지쳤어요."(특히 바닥에 발자국이 축축하게 찍혀 있다면)라고 해석할 수 있다.

### ● 한숨

이것은 단순한 감정 표현으로, 상황을 주의 깊게 관찰해보면 그 의미를 알 수 있다. 한숨을 쉴 때 개는 대개 양쪽 앞발에 머리를 얹고 배를 땅에 대고 있다. 그때의 상황과 얼굴 표정에 따라 의미는 두 가지로 나뉜다. 눈을 반쯤 감고 있다면 만족의 표현으로 "기분 좋아. 여기서 쉬어야겠어"의 의미이다. 개는 먹이를 충분히 먹은 후나, 사랑하는 주인 곁에 엎드려 누웠을 때 이런 한숨을 쉰다.

다른 소리들과 마찬가지로, 한숨도 그에 수반되는 얼굴 표정이나 행동으로 그 의미가 달라진다. 엎드려 누운 개가 눈을 크게 뜨고 한숨을 쉴 때는 반대의 의미가 된다. 기대하던 일이 실현되지 않았을 때의 실망감으로 "할 수 없지"란 뜻이다. 가족이 식사하고 있을 때 테이블 주위를 왔다 갔다 하면서 국물이 떨어지기를 기대하던 개가 아무것도 얻지 못했을 때 흔히 이런 소리를 낸다. 내 딸 카렌의 개 비숍이 쉬는 한숨은 특별하다. "조용히 해" "비켜줘" 등 자신이 별로 내키지 않는 부탁을 받으면 그는 코를 울리면서 한숨을 쉰다. 우리는 이것을 비숍판 "네, 알았습니다"로 해석하고 있다.

# 개도 말을 배운다

개는 사람 언어의 발성을 모방하는 능력은 없어도 나름대로 의미가 있는 소리를 여러 가지 낼 수 있고, 다른 개에게서도 배운다. 그런데 개가 말하는 수단은 소리만이 아니다. 소리를 사용하지 않고도 의사를 전달하는 방법은 이 외에도 많고, 그것 역시 개의 의사 전달 능력에 매우 중요한 역할을 하고 있다.

어떤 동물이나 선천적인 능력을 통해 종種 특유의 언어 행동을 이해하고 학습할 수가 있다. 그중에서도 사람의 언어는 가장 정밀하다. 아이의 언어 능력 발달은 선천적으로 타고난 능력과 후천적인 환경이 어우러져 그 빛을 발한다. 고등학교 졸업생 정도면 평균 8만 단어(하루 13단어)를 습득하고 있다고 한다. 그런데 더욱 놀라운 것은 대부분의 언어를 정규 교육을 거치지 않고도 익힌다는 점이다. 학교를 다니지 않는 아이일지라도 언어를 유창하게 할 수 있는데, 이는 자기 주변에 있는 사람들의 언어를 흉내내기 때문이다. 생후 10개월의 젖먹이가 옹알거릴 때부터 이미 그 발음은 주변에서 말해지고 있는 단어와 조금씩 닮아간다. 즉, 영어로 말하는 곳에서 자란 아기는 영어로 옹알거리고, 중국어로 말하는 곳에서 자란 아기는 중국어로 옹알이를 한다.

아이가 언어를 주변에서 어떤 식으로 흡수하는지를 나타내주는 놀랄 만한 예가 있다. 1920년 10월, 기독교 선교사 J.A.L. 싱 목사가 인도의 벵골 지방에 포교 활동을 나갔을 때의 일이다. 고다무리라는 마을에서 목사는 이상한 이야기를 들었다. '마누쉬바가', 즉 사람 형상을 한 요괴가 이리와 함께 있는 것을 수년 전부터 목격했다는 것이다. 싱 목사는 요괴가 발견되었다는 곳에 감시 오두막을 세워놓고 그 모습을 살폈다. 과연 해 질 녘에 한 마리의 이리가 둑에서 나왔다. 그리고 기괴한 동물이 뒤따라 나왔다. 몸은 사람의 모습 같은데 손바닥과 발바닥을 땅에 붙인 채 네 발로 걷고 있었다. 머리는 커다란 공 같은 것이 어깨와 가슴 근처까지 덮여 있었다. 그 공 속에는 분명히 사람과 흡사한 얼굴이 엿보였다.(이 공 같은 것이란 제멋대로 자라 있는 머리카락이라는 것을 나중에야 알았다.) 이어 모습이 흡사한 좀 더 작은 동물이 나왔다. 싱 목사는 이리와 요괴가 살고 있는 둑을 파내자고 제안했지만 마을 사람들은 반대했다. 요괴를 노하게 해서 마을에 재앙이 덮칠까 봐 두려웠던 것이다. 그래서 목사는 이 이야기를 모르는 다른 마을에 도움을 청해 둑을 파헤쳤다. 소굴 안에는 두 마리의 새끼 이리가 있었고, 그 곁에 두 마리의 기묘한 동물이 웅크리고 있었다. 그것은 사람의 아이였다. 나이가 많은 여자아이는 여덟 살 정도로 나중에 카마라라는 이름이 붙여졌고, 어린 여자아이는 두 살 정도로 아마라라는 이름이 붙여졌다.

여기서 흥미로운 것은 그 아이들의 행동이었다. 두 아이는 네 발로 걷는 것 외에도 이리와 비슷한 행동을 했다. 뭐든 냄새를 먼저 맡고, 개처럼 바닥에 놓인 접시에서 음식을 먹고 물을 마셨다. 생고기를 좋아하고, 먹는 중에 누군가가 다가가면 으르렁거리며 쫓으려고 했다. 겁먹었을 때는 뒷걸음질을 치며 낮게 으르렁거리고 이빨을 드러냈다. 환경에 익숙해지기 시작하자 카마라는 때때로 개들이 놀 때처럼 입에 완구를 물고 달렸다. 개처럼 놀이를 유도하는 듯했다.

싱 목사는 이 소녀들은 둘 다 말을 하지 못했다고 보고했는데, 그것은 사람의 말을 하지 못했다는 의미이다. 으르렁거리는 소리의 예에서 알 수 있듯이, 두 소녀는 소리를 내는 것은 가능했다. 외톨이가 되어 겁먹은 강아지가 내는 소리와 같은 끄응거리는 소리를 내는가 하면, 놀고 싶을 때 흥분한 강아지처럼 캥캥 하는 소리도 질렀다. 그러나 무엇보다도 놀라운 것은 울부짖는 소리를 냈다는 것이다. 그것은 이리나 재칼이나 개의 울부짖음과 꼭 닮아 있었다. 구출된 후 한참 동안 소녀들은 밤만 되면 움직이며 돌아다니는 일이 많았다. 배회하던 사이사이에 두 소녀는 멈춰 서서 울부짖었는데, 그 시각도 대개 오후 10시, 밤 1시, 3시로 정해져 있었다. 그런 행동은 분명 이리의 소리만을 듣고 자란 아이만이 할 수 있는 것이었다. 보통의 아이들이 집에서 나누는 말을 흉내내듯, 카마라와 아마라는 개과동물의 집에서 울부짖음을 배운 것이다.


## 왜 같이 사는 개들의 소리가 비슷할까?

사람은 주위 환경을 본능적으로 모방하면서 말을 배우지만, 대부분의 동물들은 발성을 모방하는 유전적인 소질을 갖고 있지 않다. 설령 사람처럼 단어를 발음할 수 있는 신체적인 조건을 갖추고 있다고 해도, 들은 단어를 자발적으로 모방하는 본능이 결여되어 있다.

암컷 침팬지 구아의 예를 살펴보자. 구아는 1931년 봄 생후 7개월 반 만에 어미로부터 떨어져 켈로그 교수와 부인 루이스의 손에 맡겨졌다. 켈로그 부부는 침팬지가 사람과 똑같이 길러진 경우 언어 능력을 어느 정도 익힐 수 있는지를 실험하고자 했던 것이다. 이것은 그다지 엉뚱한 발상은 아니었다. 침팬지와 사람의 DNA 차이는 불과 2퍼센트 이하로, 그만큼 공통된 유전자가 있다면 침팬지가 사람과 똑같이 길러질 경우 언어를 포함한 사람의 특징이나 능력을 익힐지도 모르는 일이다.

구아는 켈로그 부부의 생후 9개월이 되는 아들 도날드의 누이동생처럼 키워졌다. 도날드와 똑같이 기저귀를 채우고 목욕을 시키며 베이비파우더를 발라주었다. 식사 때는 유아용 식탁의자에 앉혀 스푼으로 먹게 하고, 도날드와 마찬가지로 말을 걸어주었다. 이렇게 구아는 9개월 동안 사람의 아이로 자랐다.

그 결과 운동 능력의 발달 면에서는 구아가 도날드보다 훨씬 빨랐지만 예상했던 대로 언어 능력은 구아가 눈에 띄게 뒤처졌다. 하지만 구아에게 특별한 방식으로 단어를 가르치려는 시도는 하지 않았다. 언어를 배우는 능력이 있다면 사람의 아이처럼 늘 듣는 단어를 모방할 것이라고 생각했기 때문이다.

구아는 몸짓과 손짓으로 대화하는 방법을 익혀나갔다. 예를 들면, 테이블 위에 오렌지주스 컵이 있다면 그 곁으로 가서 키스하듯 입술을 대며 먹고 싶다고 표현했다. 또 자신이 바라는 것을 손가락으로 가리키며 다른 사람의 주의를 끌기도 했다. 이처럼 구아는 자신의 의사를 소리를 통해 표현했지만 단어가 될 만한 것은 없었고, 전형적인 야생 침팬지의 소리뿐이었다. 그 소리의 종류는 켈로그 교수의 집에서 사는 동안 바뀐 적이 없었다. 구아는 사람의 단어는 학습하지 못하고, 자신의 침팬지어를 응용하여 사람들에게 반응하고 의사를 전달했던 것이다.

하지만 사람들이 건네는 말을 구아는 이해하고 있었다. 9개월 동안에 70개 이상의 단어와 표현을 배워 정확히 반응하게 되었다. 다만 구아는 말 전체를 이해하는 것이 아니라 중요한 단어에 반응하는 듯했다. 우리는 말의 억양(어미를 올리거나 내리는 것)에 따라 그것이 질문인지 아닌지를 판단한다. 그러나 구아에게는 억양이 그다지 중요하지 않은 듯했다. "오렌지"라고 하든 "오렌지?"라고 하든 반응이 같았던 것이다.

특히 처음으로 단어를 조합해서 늘어놓자 알아듣지 못했다. 예를 들면, "엄마한테 키스해줘"라는 말의 의미를 학습한 후 "도날드에게 키스해줘"라고 말한 경우, 사람의 아이라면 옆에서 도날드가 키스해 달라고 뺨을 내밀었기 때문에 곧바로 의미를 이해할 수 있을 것이다. 그러나 구아는 처음 듣는 단어로 받아들여 혼란스러워했다.

켈로그 부부의 체험에서 동물은 본능적으로 주위 환경을 모방하는 게 어렵다는 사실을 알 수 있었다. 또 사람은 자기 주변에 있는 소리를 자연스럽게 모방한다는 사실도 동시에 알 수 있었다. 구아는 사람의 발성을 모방하지 못했지만, 도날드는 구아의 외침소리나 짖는 소리 등을 금세 익혀버렸다. 게다가 그것에 대한 구아의 반응을 도날드가 정확히 구분해서 사용하고 있었다. 따라서 사람은 이리처럼 울부짖는 것도, 침팬지처럼 소리지르는 것도 가능하다.

지금까지 사람 이외의 동물이 다른 종種의 언어를 모방하는 데 있어 그 한계를 이야기해 왔다. 그러나 동물이 사람의 억양을 흉내 내어 사람과 똑같이 발음하는 경우도 있긴 하다. 앵무새가 그 예이며, 개가 자발적으로 사람의 단어를 흉내 낸 예도 나는 알고 있다.

그것은 브리티시 컬럼비아대학의 심리학자 재닛 워커Janet Werker가 기르고 있는 스탠더드 푸들Standard Poodle 브랜디의 이야기이다. 브랜디는 낮 동안 항상 혼자 집을 보았다. 그리고 매일 저녁 가족들은 집으로 돌아오자마자 브랜디에게 "헬로" 하고 말을 걸었다. 얼마 후 개는 그것을 흉내 낸 두 음절의 "헬로"라는 발음을 익혔고, 가족들이 돌아오면 자발적으로 그렇게 말하며 맞아주었다. 다만 모르는 사람에게는 결코 말하지 않았다. 브랜디는 자신의 개 언어에 영어도 하나 덧붙인 셈이다. 하지만 이런 경우는 극히 드물다.

비록 브랜디를 제외한 거의 모든 개가 사람의 말을 흉내 내지 못하지만, 대부분의 개과동물이 다른 개과동물의 소리를 흉내 내는 것은 가능하다. 나는 개가 다른 개의 짖는 방법을 흉내 내는 장면을 자주 보았다. 카렌과 조셉 모스 부부가 기르고 있는 고든 세터Gordon setter 시라가 그랬다. 이 견종은 대부분 시끄럽게 짖지 않는데, 시라의 경우 특히 더 조용했다. 그러던 어느 날 모스 부부의 맏딸이 기숙사 생활을 해야 할 사정이 생겨 그녀가 기르던 에어데일 테리어 Airedale terrier인 아가스를 집에 두고 갔다. 그래서 카렌과 조셉은 딸이 돌아올 때까지 그 개의 양부모 역할을 맡았다. 아가스는 전형적인 테리어였다. 손님이 오면 짖고, 돌아간다고 하면 짖고, 자신의 목소리를 듣는 것이 즐거운지 마냥 짖을 따름이었다. 그런데 몇 주가 지나자, 시라의 행동이 바뀌기 시작했다. 아가스가 문 옆에서 짖으면 시라도 함께 짖었다. 그 행동은 아가스가 맏딸에게로 돌아간 후로도 계속되었다.

같은 집에 사는 개끼리 서로 소리를 흉내 내고, 공통된 개의 방언을 발달시키는 경우도 있다. 그 한 예가 흥분했을 때의 소리이다. 이미 이야기했듯이 개가 흥분했을 때의 소리에는 세 종류가 있다. 흥분된 끙끙거림과 요들풍의 낮은 소리(보웰-워웰-오웰-보웰), 그리고 하품조의 울부짖음(한숨 섞인 워오오오오오-아아-워오오오오)이 그것이다. 하지만 어느 경우나 개는 당신을 똑바로 쳐다보며 소리를 내고, 기쁜 듯 기세 좋게 뛰어다닌다. 뭔가를 기대하며 흥분했을 때 어떤 소리를 사용하는가는 개마다 조금씩 다를 수 있지만, 그렇다고 견종에 따라 나누어지는 것은 아니다. 다만 함께 살고 있는 개끼리는 대개 같은 소리를 낸다. 내가 아는 플랫코티드 레트리버를 네 마리 기르고 있는 집에서는 어느 개나 요들풍의 낮은 소리를 사용했다. 또 종이 서로 다른 세 마리의 개를 기르고 있는 집에서는 어느 개나 하품조의 울부짖음을 사용했다. 이는 개들이 서로 소리의 패턴을 흉내낸다는 사실을 분명히 나타내는 것이다.

## 개에게 짖는 훈련을 시키려면

개는 다른 개의 소리만을 모방하는 경향이 있어 사람이 기르고 있는 개에게 짖도록 훈련시키기란 상당히 어렵다. 물론 즐거운 묘기로서 개에게 짖게 하는 명령인 "짖어!"를 가르치는 사람은 많다. 그러나 이때 개가 내는 소리는 자연스럽게 짖을 때와는 질적으로 다르다. 감정이 담겨 있지 않고, 소리를 내고 있지 않다는 인상을 준다. 경찰견이나 경호견이 짖는 소리도 마찬가지다. 어느 경호견의 주인은 개가 무언가 발견할 때 짖는 소리는 어쩐지 인공적으로 들린다고 한다. "기세 좋게 진짜 짖는 소리와는 달라요. 하지만 개의 소리를 잘 모르는 사람은 구별이 잘 되지 않겠지요."

그중에는 어떤 조건에 대해서만 특별한 소리를 내도록 훈련받은 개도 있다. 그 소리는 일반적인 짖는 소리에서부터 신음소리, 놀 때의 으르렁거림, 또는 좀 더 복잡한 요들풍의 소리나 이야기조의 소리까지 여러 가지이다. 개에게 짖는 훈련을 할 때, 사람이 짖는 소리를 내고 개에게 흉내 내게 하려면 잘 되지 않을 것이다. 그보다는 당신이 원할 때 개가 짖으면 명령의 단어를 알려준 다음 개를 칭찬한다. 이때 개가 먼저 자발적으로 그 소리를 내지 않는 한 칭찬해주지 않는 게 중요하다. 개는 사람 언어의 발성을 모방하는 능력은 없어도 나름대로 의미가 있는 소리를 여러 가지 낼 수 있으며, 다른 개에게서도 배운다. 그런데 개가 말하는 수단은 소리만이 아니다. 소리를 사용하지 않고도 의사를 전달하는 방법은 이 외에도 많고, 그것 역시 개의 의사 전달 능력에 매우 중요한 역할을 하고 있다.

# 8장

# 얼굴 표정으로 말한다

개의 얼굴 표정, 특히 입 주변의 표정은 사람의 그것과 공통점이 많다. 다만 입술의 움직임이 적기 때문에 개가 만들어낼 수 있는 입의 표정은 한정되어 있다. 하지만 이러한 신체 구조의 한계가 있음에도 불구하고, 개에게 입은 여러 가지 의사를 유연하게 전달할 수 있는 아주 중요한 감정 표현의 수단임에 틀림없다.

사람은 얼굴 표정으로 많은 것을 전달한다. 얼굴은 격한 감정에서 지극히 미묘한 기분까지 그 표정 변화의 폭이 매우 넓다. 얼굴 표정에서 감정의 많은 것을 읽어낼 수 있기 때문에 도박사, 브로커, 뉴스캐스터, 사업가 등은 얼굴 표정을 상황에 맞게 가다듬고 조절하는 수업을 받기까지 한다.

　이렇듯 사람은 얼굴로 거짓말을 할 수도 있다. 그중에는 얼굴 표정에서 거짓말을 간파할 수 있도록 특별한 훈련을 받은 사람들(첩보원, 전문 경찰관, 범죄심리학자 등)도 있지만, 보통 사람들은 거짓 표정에 속아버린다. 이것은 사람에게 두 개의 얼굴이 있기 때문이다. 즉, 사람의 얼굴 근육은 두 종류의 신경계에 따라 움직이고 있는데, 하나는 수의근隨意筋이고 또 하나는 불수의근不隨意筋이다. 수의운동을 담당하는 신경계에 손상을 입은 사람은 얼굴 근육은 움직이지만 거짓 표정을 지을 수 없어 얼굴에 감정이 그대로 나타난다. 또 그 반대의 경우도 있다. 불수의운동을 담당하는 신경계에 손상을 입은 사람은 자신의 의지대로 움직이지 않는 한 얼굴 표정이 바뀌지 않는다.

사람이 얼굴로 거짓말을 할 수 있는 것은 불수의근이 주로 얼굴 윗부분에, 수의근이 얼굴 아랫부분에 모여 있기 때문이다.(먹거나 말하거나 하는 움직임에는 의지가 작용하고 있어 입 근처에 의식적인 컨트롤이 필요하기 때문일 것이다.) 확실히 사람들이 상대방의 얼굴에서 감정을 읽어내려고 할 때 얼굴 아랫부분에 주목하는 경우가 많지 않은가. 그러나 표정의 거짓말을 간파하는 훈련을 받은 사람이나 천성적으로 그런 능력이 있는 사람은 얼굴 전체를 읽는다. 허위 웃음(의식하여 만든 경우나 단지 감정이 결여되어 있는 경우)은 얼굴 아랫부분의 근육만 사용하기 때문에 입술 형태만 바뀔 뿐이다. 진짜 웃는 얼굴은 얼굴 윗부분의 근육도 움직이기 때문에 뺨이 올라가는 느낌이 들고, 근육이 뺨을 팽팽하게 올리기 때문에 눈이 가늘어진다. 한편 거짓으로 웃는 얼굴은 눈가가 약간 올라갈 뿐이다.

개의 얼굴 표정, 특히 얼굴 아랫부분과 입 주변의 표정은 사람의 그것과 공통점이 많다. 다만 변화의 폭은 좁다. 개에게는 입의 표정을 숨기거나 조정할 수 있는 수의근이 없거나 있어도 사용하지 않는다. 그렇다고 해서 개가 거짓말을 할 수 없는 것은 아니다. 개는 입이나 얼굴 표정으로 거짓말을 하지 않을 뿐이다. 게다가 개의 얼굴 표정에서 제약을 받는 것은 입 구조가 사람과 다르다는 점이다. 사용하는 목적이 한정되어 있기 때문에 만들어낼 수 있는 표정에도 한계가 있다.

사람을 포함한 모든 척추동물들은 모두 입이 있다. 사자, 곰, 새, 악어, 개는 모두 입이 튀어나와 있는데, 이는 생존을 위해 필요한 것이다. 이것으로 동물들은 사냥감을 잡고 물고 뜯는다. 소는 풀을 먹고, 호랑이는 사냥감에 달려들어 물어뜯는다.

개에게서 강하게 물어뜯기 위한 근육을 발달시키는 건 중요했지만, 입술의 근육은 그다지 중요하지 않았다. 사냥감을 얻을 때 입술이 큰 역할을 하지 않기 때문이다. 또 개는 물을 마실 때 혀로 떠올리기 때문에 사람처럼 입술을 움직여서 빨아들이거나 입술을 그릇 같은 형태로 만들 필요가 없다. 하지만 젖을 빠는 강아지(생후 6주 정도까지)의 경우, 입술이 훨씬 짧고 작기 때문에 입을 작게 벌려서 물부리처럼 사용할 수가 있다. 그렇지만 입술의 움직임이 적기 때문에 역시 입의 표정은 한정되어 있다. 하지만 이러한 신체 구조의 한계가 있음에도 불구하고, 개에게 입은 여러 가지 의사를 유연하게 전달할 수 있는 아주 중요한 감정 표현의 수단임에 틀림없다.


## 입의 형태로 알아보는 개의 심리

입의 형태에 따라 분노, 지배성, 공격성, 공포, 주목, 흥미, 안심 등 다양한 감정과 의사 표현을 전달할 수 있다. 그럼 구체적으로 그것이 나타내는 정보들에 대해 살펴보자.

● 입이 가볍게 열린 채 혀가 약간 엿보이거나 아랫니보다 조금 밖으로 처져 있는 경우

이것은 사람의 웃는 얼굴과 마찬가지로, 개의 심리가 안정되어 있음을 나타낸다. 이 표정은 "행복하고 평화로워라" "만사 순조롭군"

"두려운 것도 싫은 것도 없어"를 뜻한다.

### ● 입을 다문 채 이빨도 혀도 보이지 않는 경우

입을 다무는 것만으로도 표정의 의미가 바뀐다. 입을 다물고 있을 때 개는 어느 특정 방향을 주시하는 경우가 많다. 이때는 귀와 머리도 약간 앞으로 기울어져 있다. 이것은 어떤 사물을 주목하고 있다는 뜻이다. 개는 상황을 주시하고 자신이 취해야 할 행동을 생각하는 중이다. 그래서 이 표정은 "재미있을 것 같은데"라든가 "저기 있는 게 뭐지?"라는 의미로 파악할 수 있다.

### ● 입술이 말려 올라간 채 이빨이 엿보이거나 잇몸까지 보이는 경우

이것은 경고의 신호이다. 개의 경우 입 모양의 원칙은 단순하다. 이빨이나 잇몸이 많이 보이면 보일수록 그 개는 공격의 의사가 강하다는 의미이다. 이 신호에 따라 상대방에게 뒷걸음질쳐서 물러나거나 아니면 복종의 자세를 취하라는 유예가 주어진다. 그런 식으로 싸움을 피하는 것이 당사자들의 목숨을 구할 뿐만 아니라 무리의 생존, 나아가서는 종의 존속과도 연결되었다. 실제로 싸움이 빈번히 일어난다면 상처를 입고 죽는 경우도 있을 것이다.

### ● 입술이 말려 올라가 이빨의 일부가 엿보이지만 입은 아직 닫혀 있는 경우

불쾌감이나 위협을 나타내는 최초의 신호이다. 개는 두려워하고 있지 않으며, 불쾌감을 참고 묵묵히 바라보면서 낮게 으르렁거린다. 이것은 단순한 요구가 아니라 분명한 위협이나 협박의 초기 신호이다. 사람의 언어로 바꿔 보자면 "저리 가! 귀찮아!" "꺼져! 눈에 거슬려!"라고 말하고 있는 것이다.

● **입술이 말려 올라가 이빨이 거의 다 드러나고, 코 위에 주름이 잡히고, 입이 반쯤 벌어져 있는 경우**

이것은 "저쪽에서 시비를 걸어온다면 공격으로 맞받아 물어뜯어 주지"의 의미이다. 이 표정은 개의 의사와 감정만을 전할 뿐 위협의 동기까지 전하고 있는 것은 아니다. 위협은 힘이 센 개가 자신의 우위성을 나타내는 경우도 있지만 불안을 나타내는 경우도 있기 때문이다. 어느 쪽이라 해도 이런 표정을 짓고 있는 개에게 너무 접근하면 격한 공격을 끌어낼 수밖에 없다. 다가가는 것을 그만두고 멈추든가 뒷걸음질 치는 편이 현명하다.

● **입술이 말려 올라가 이를 모조리 드러내고 있을 뿐만 아니라, 앞니의 잇몸까지 보이며 코 위에 주름이 뚜렷하게 잡힌 경우**

이것은 최후통첩으로 공격이 언제 시작될지 모르는 상태를 나타낸다. "꺼져, 안 그러면 각오해!"라는 의미로, 이 최고조로 달한 위협적인 표정은 개가 맹공격에 나설 태세를 갖추었다는 신호이다.

이런 표정을 짓고 있는 개와 맞닥뜨렸다면 아무리 두려워도 등을 보이고 달려서는 안 된다. 어떤 개라도 유전적으로 추적 반응을 갖고 있기 때문에, 등을 보이고 도망가는 것을 보면 본능적으로 뒤쫓아와 물려고 한다. 그 위협이 약한 개의 공포심에서 출현한 것이라 해도 흥분의 정도가 심하기 때문에 달리거나 급하게 움직이면 추적과 공격의 반응을 유도해버린다. 그럼 어떻게 하면 좋을까? 그 이야기는 다음 장에서 하기로 하자.

## 공포인가, 분노인가

지금까지는 개의 입 표정이 전하는 위협의 정도에 대해서만 이야기했다. 그것을 유발하는 원인은 별도의 문제이다. 위협은 사회적 우위성을 확립하기 위한 것으로, 분노나 불쾌감이 원인이기도 하지만 공포가 원인이 되기도 한다. 따라서 신호의 배면에 있는 감정을 읽어내는 것이 중요하다. 그것에 따라 개가 다음에 어떤 행동을 취할 것인지 예측할 수 있기 때문이다. 겁먹고 있는 개의 행동은 자신감 있고 지배적인 개가 취하는 행동과는 다르다. 자신감 있는 개는 도전을 받아 화나고 불쾌하게 느꼈다가도 상대가 물러나면 위협을 그만둔다. 그리고 금방 침착하고 온화한 태도를 되찾는다.

그러나 겁먹은 개는 오랫동안 공포심이 사라지지 않는 경우가 많다. 자신감이 약해져 있기 때문에 주위에서 뭔가 예상치 못한 일이 일어나면 곧바로 다시 공격적인 태도로 돌아간다. 또는 긴박한 대결이 끝난 순간 몹시 서둘러 달려가 버리는 경우도 있다.

위협의 정도를 이빨과 잇몸이 드러나 있는 정도로 측정한다면,

그 표정의 원인이 분노나 우위성의 과시인지 아니면 공포인지는 입술이 말린 상황과 입의 열린 정도로 판단할 수 있다. 그림 8-1을 보면, 맨 위는 상대를 위협하면서도 아직 상황을 탐색하며 되어가는 형편을 살피고 있는 개의 표정이다. 왼쪽은 우위성의 과시나 분노가 원인인 표정이고, 오른쪽은 공포가 원인인 표정이다. 밑으로 내려감에 따라 감정(분노, 또는 공포)의 정도가 심하고, 따라서 공격에 나설 가능성도 높아진다.

입의 형태를 잘 살펴보면 왼쪽과 오른쪽이 꽤 다르다는 것을 알 수 있다. 분노가 원인인 경우는 입 모양이 옆에서 볼 때 C자 형태로 열려 있고, 어금니는 거의 보이지 않는다. 공포가 원인인 경우는 입가가 뒤로 당겨진 듯이 길게 늘어나 어금니 쪽까지 드러나고 있다.

또한 이 입에 의한 신호를 귀나 눈의 형태가 강조해준다. 우위인 개의 귀는 앞으로 기울어 양쪽으로 약간 열린 듯하고, 겁먹은 개의 귀는 뒤로 엎어진다는 점에만 주목하자. 그리고 우위인 개는 눈을 크게 뜨고 상대를 응시하지만, 겁먹은 개는 눈을 작게 떠서 가늘게 한다.

분노가 원인인 위협의 표정(그림 8-1의 왼쪽 그림)은 "더 이상 귀찮게 계속 도전해 오면, 물어뜯어 버릴 거야"라고 말하고 있고, 공포가 원인인 위협의 표정(그림 8-1의 오른쪽 그림)은 "무서워라, 하지만 여차하면 싸울 거야"라고 말하고 있다. 두려워하고 있다고 해서 공격하지 않는 것은 아니다. 겁먹은 개는 자기 몸의 안전과 생존에 불안함을 느끼고 있기 때문에 자신감 있는 개보다 더 자신을 방어하려 한

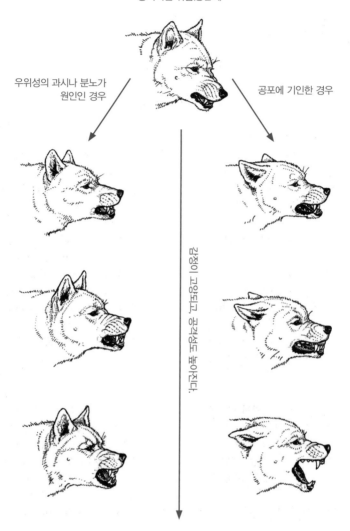

공격적인 위협(중간적)

우위성의 과시나 분노가
원인인 경우

공포에 기인한 경우

감정이 고양되고 공격성도 높아진다.

그림 8-1 맨 위의 표정은 방심하지 않은 채 상황을 지켜보는 위협의 신호. 왼쪽은 우위인 개가 나타내는 위협, 오른쪽은 공포가 원인인 위협. 아래로 갈수록 실제로 공격에 나설 가능성이 높다.

다. 그 원인이 공포이든 분노이든 감정이 격할수록 공격에 나설 확률은 높아진다.

### ● 머리의 위치

입을 통해 위협의 정도를 확인하는 또 하나의 요소가 있다. 바로 입이 향하고 있는 방향이다. 개에게 유일하고도 강력한 무기는 이빨이다. 따라서 상대를 정면으로 응시한다는 것은 상대에게 무기를 들이대고 있는 것과 같다. 이것은 사람이 누군가에게 총을 들이대고 있는 것과 같고, 이는 상대의 공포심을 유도한다.

열위인 개가 우위인 상대에게 접근할 경우, 열위인 개는 얼굴을 다른 데로 돌리고, 입이 상대 쪽으로 향하지 않도록 한다. 입을 상대 쪽에서 다른 방향으로 돌리는 것은 "무기를 거두겠습니다. 당신에게 무기를 겨누지 않겠으니, 부디 진정해주세요. 싸우고 싶지 않습니다"의 의미이다.

### ● 하품

이것은 개가 보내는 신호 중에서 가장 오해받기 쉬운 것 중 하나이다. 개가 하품을 하면, 사람들은 개가 지쳐 있거나 지루한 모양이라고 생각해 무심코 지나쳐버린다. 그러나 그것은 오해이다.

생리학적으로 개의 하품과 사람의 하품은 같다. 하품은 뇌에 산소를 많이 보내 잠을 깨게 하는 작용을 한다. 때문에 개도 사람과 마찬가지로 피곤하면 하품을 한다. 그러나 개의 하품에는 여러 가지 의미가 있다. 스트레스를 받은 개는 흔히 하품을 한다. 복종 훈련소에서 개가 주인으로부터 야단맞거나 거칠게 교정을 받은 경우 가끔 하품을 하는 것을 나는 종종 보아왔다. 하지만 주인이 좀 더 온화한 목소리로 명령하면 개는 하품을 하지 않는다. 결국 하품은 "긴장되어 불안하다" "도무지 침착할 수가 없는 기분이다"라는 의미로 해석할 수 있을 것이다.

하품에서 가장 흥미로운 것은, 그것이 상대의 기분을 진정시키기 위해서도 사용된다는 점이다. 가령 우위의 개가 먹을 것을 필사적으로 지키고 있는 열위의 개에게 다가간 경우 우위인 개가 하품을 하면 그것은 무관심의 신호이다. 그것으로써 상대를 안심시키는 효과가 있다.

대개의 경우 하품을 한 다음 친밀한 인사를 하면 개는 적의를 거두고 공격적인 태도를 누그러뜨린다. 면전에서 하품을 하는 것은 사람들 사이에서는 예의가 없는 행위로 받아들여지지만, 개들 사이에서는 하품이 대화의 일부이고, 화해의 수단인 것이다.

### ● 핥는 행위

이것은 하품 이상으로 사람들에게 오해받기 쉬운 행동이다. 개가 누군가의 손을 핥는 것을 보고 사람들은 어떻게 해석할까. 엄마라면 아이들에게 "봐, 래시가 너한테 키스하는 거야"라고 말할 것이다. 하지만 이것은 맞지 않는 설명이다. 핥는 행위는 그때마다 여러 가지 다른 의미를 나타낸다. 이것은 단순한 애정 표현만은 아니다. 핥는

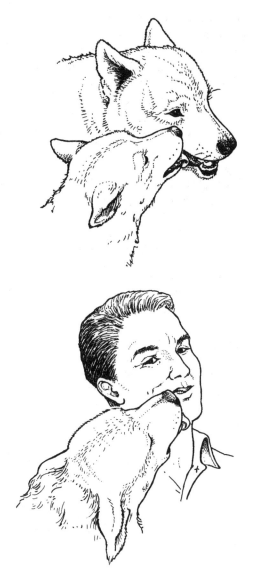

**그림 8-2** 핥는 행위는 '키스'와는 다른, 상대의 기분을 진정시키고 복종과 경의를 나타내는 신호이다. 그러나 단순히 먹을 것을 바라고 핥는 경우도 있다.

행위의 의미는 핥는 방법과 그때그때의 상황에 따라 판단을 달리 할 필요가 있다.

사람의 키스와 개의 핥는 행위를 같이 해석하고 있지만, 개의 핥는 행위에는 중요한 사회적 의미도 담겨 있다. 핥는 행위는 개의 사회적 순위, 의지, 기분 등에 대한 정보를 전달하고, 하품과 마찬가지로 주로 상대의 기분을 진정시키는 작용도 한다. 그런 화해를 청하는 모든 행동의 공통점은 강아지가 취하는 행동과 닮았다는 점이다. 강아지 같은 행동은 사람으로 말하자면 '백기'를 드는 것과 같다. 성장한 개는 자기 종種의 새끼를 지키고 보호하려고 하지 새끼에게 공격을 가하지는 않는다. 그래서 약하고 겁먹은 개가 공격을 피하기 위해 강아지 같은 자세나 행동을 취하는 것이다. 대개 그 행동은 상대의 기분을 누그러뜨릴 경우 실제로 공격을 피할 수 있다. 이처럼 화해를 청하는 행동에 핥는 행위가 포함되는 경우가 많다. 여기서 이런 행동의 본래적인 의미를 알기 위해 강아지 때의 행동에 대해 조금만 알아보자.

강아지는 성장함에 따라 자신과 형제의 몸을 핥기 시작한다. 이렇게 서로 핥는 행위에는 사회적인 의미가 있다. 이런 행동으로써 강아지들의 청결이 유지됨과 동시에 강아지끼리의 유대관계가 깊어진다. 강아지는 자신의 혀가 닿지 않는 귀나 등, 얼굴을 핥게 하고, 상대도 마찬가지로 핥아준다. 그와 같이 상대를 핥는 행동은 동료애가 작용하기 때문에 감정 전달의 수단이 된다. 핥는 행위가 실용적이고 편리한 행동에서 의식적인 행동으로 변해 선의와 친밀감을 나타내게 된 것이다. 강아지는 상대를 핥으며 "야, 우리 친구지?"라고 말하고 있는 것이다. 그리고 성장하면서 우호의 메시지에 또 다른 의미도 덧붙여지기 시작한다. 열위의 개가 상대를 핥는 것은 "나에게는 적의가 없어요" 또는 "부디 나를 받아들이고 상냥히 대해주세요" 하는 의사 표시이다.

하지만 핥는 행위는 강아지가 젖떼기를 할 무렵이면 다른 의미를 갖기 시작한다. 야생의 세계에서는 사냥에서 돌아온 어미 이리가 먹이를 이미 뱃속에 넣어두고 있다. 어미가 소굴로 돌아오면 새끼들이 다가가 어미의 얼굴을 핥기 시작한다. 몽상가라면 몇 시간 만에 돌아온 어미를 새끼들이 몹시 반겨서 하는 행위로 보고 미소를 자아내게 하는 광경쯤으로 여길지도 모른다. 안심이 된 새끼가 기뻐서 어미에게 키스를 하는 것이라고 해석하면서 말이다. 그러나 새끼 이리가 어미 이리의 얼굴을 핥는 목적은 좀 더 현실적이다. 야생 개과동물은 먹은 것을 토해내는 능력을 가지고 있고, 새끼가 얼굴이나 입술을 핥게 되면 어미는 반사적으로 위에 있는 것을 토해낸다. 사냥감을 운반하는 데 질질 끌고 오기보다 위 속에 담아 오는 편이 훨씬 효율적일 뿐 아니라 반쯤 소화된 것은 어린 새끼의 먹이로서는 안성맞춤이기 때문이다.

흥미로운 건 우리가 기르고 있는 개의 경우 이리나 재칼에 비해 음식을 토해내는 힘이 약하다. 그래서 강아지의 자극에 반응하여 먹은 것을 토해내는 경우는 영양 부족일 때 외에는 좀처럼 없다. 토해내기는 이리 등의 야생 개과동물과 같이 입 모양이 뾰족할수록 잘한다.

그렇다면 개가 당신의 얼굴을 핥는 건 무슨 의미일까? 당신은 개가 말하고 싶어 하는 것을 끝까지 살필 필요가 있다. 먼저 단순히 배가 고파 먹을 것을 바라는 경우일 수도 있다. 사람의 얼굴을 핥는다고 사람이 먹은 것을 토해내지는 않지만 그 대신 비스킷을 줄지도 모르니까 말이다. 이 경우 개가 핥는 행위는 복종과 화목을 나타낸다. 기본적으로 개는 "보세요, 나는 강아지 같아서 당신처럼 강한 어른에게 의존하고 있어요. 저는 당신의 도움이 필요하답니다"라고 말하고 있는 것이다.

이 외에도 상대를 핥는 행위는 주로 스트레스를 느끼고 있는 겁먹은 개에게서 많이 나타난다. 또한 이 행동은 극히 의식화되어 있기 때문에 불안을 느낀 개는 실제로 핥을 상대가 없어도 이런 행동을 하는 경우가 있다. 긴장한 사람이 입술을 물어뜯듯 자신의 입술을 핥는 동작을 하는 것이다. 또는 바닥에 구르며 신경질적으로 자신의 앞발과 몸을 핥기도 한다.

이와 같이 핥는 행위의 의미는 복잡하다. 중요한 사회적 메시지이므로 그 의미를 핥는 방법과 전후 관계 속에서 파악할 필요가 있다. 그러나 어느 경우라도 메시지에 적의는 담겨 있지 않으므로 개가 아이의 손을 핥는 것을 보고 "너한테 키스하는 거야"라고 말하는 사람이 있어도 나는 상관없다고 생각한다. 그것은 핥음을 받는 사람에게도 큰 기쁨을 줄 테니까.

# 9장

# 귀로 말한다

사람의 귀는 위치가 고정되어 있고, 형태도 거의 일정하기 때문에 누군가
에게 자신의 의사를 전달하는 수단으로는 유용하지 않다. 그러나 개의 귀
는 메시지를 전달하는 데 아주 적합하다.

개는 입을 마음대로 움직이지 못한다는 점에서는 의사 전달 방식에 한계가 있지만, 사람 이상으로 의사를 전달할 수 있는 신체 부위도 있다. 예를 들면, 사람의 경우 귀는 그다지 표정이 풍부하다고 할 수 없다. 아이였을 때 나는 자유자재로 귀를 움직이는 친구를 본 적이 있지만, 대개의 사람들은 귀를 마음대로 움직이지 못한다. 사람의 귀는 위치가 고정되어 있고, 형태도 거의 일정하기 때문에 누군가에게 자신의 의사를 전달하는 수단으로는 유용하지 않다. 그러나 개의 귀는 메시지를 전달하는 데 아주 적합하다.

개의 귀에는 여러 가지 형태가 있고, 자신의 감정이나 의사를 나타내기에 적합한 형태의 귀도 있다. 이처럼 개에게서 가장 표현력이 풍부한 귀에 대해 생각해 보자.

이빨을 드러내고 코에 주름을 세운 채 으르렁거리고 있는 개를 앞에 두고 있을 때 위협의 동기를 이해하려면 귀가 기운 방향을 주목하는 것이 중요하다. 대부분의 사람들은 개가 이빨을 드러내고 있는지 아닌지에만 주의를 집중하기 쉽다. 그래서 으르렁거리고 있는 개를 앞에 두고 있으면 자기도 모르게 놀라 입술이 말려 올라가 있는 개의 미묘한 표정이나 입 모양 등을 놓쳐 버리곤 한다. 이때 눈에 잘 띄는 귀의 기운 방향을 보고 위협의 내용을 바르게 읽는다면 많은 도움이 될 것이다. 그럼 공격과는 무관한 귀의 기운 방향부터 알아보자.

## 귀를 세운 모양에 따른 기분 상태

### ● 귀가 바짝 서 있거나 약간 앞으로 기울어 있는 경우

개가 정보를 모으기 위해 상황을 조사하거나, 뜻밖의 소리나 광경에 놀라 주목하고 있다는 표시로, "저게 뭐지?"의 의미이다. 머리를 약간 숙이고, 입을 느슨하고 가볍게 벌린 동작을 수반할 때는 의미가 조금 달라진다. 이것은 "이거 재밌는데"의 의미이다. 개가 새로운 것을 봤거나 예상치 못했던 일이 일어났음을 나타내는 경우가 많다.

입을 다물고 눈을 약간 크게 뜨고 있는 경우는 또 의미가 달라져서 "모르겠는데" "도대체 이게 뭐지?"라고 해석할 수 있다. 이 경우 아래로 내려간 듯 꼬리를 천천히 흔드는 경우도 있다. 같은 귀의 신호라도, 이빨을 드러내고 코에 주름을 세우는 동작을 수반할 때는 위협의 표시이다. "너와 싸울 준비가 돼 있어. 행동 조심해"라는 의미가 된다.

● 머리에 달라붙을 정도로 귀가 뒤로 엎어진 경우

이빨을 드러내고 있다면 그것은 겁먹은 개의 "무서워, 하지만 네가 싸움을 걸어온다면 나를 지키기 위해 싸울 거야" 하는 신호이다. 이런 귀의 모습과 얼굴 표정은 열위인 개가 도전을 받고 불안해져 있을 때 흔히 볼 수 있다.

귀가 엎어지고, 입은 다물어져서 이빨이 보이지 않고, 이마에 주름이 서 있지 않을 때는 상대의 기분을 진정시키려는 복종의 신호로 "당신이 좋아요. 당신은 강하니까 나한테 잘해줄 거지요?" 하는 의미이다. 몸 뒷부분을 낮추고 꼬리를 크게 흔드는 동작을 수반할 때는 매우 복종적인 신호로, "나한테는 악의가 없어요. 제발 덤비지 말아주세요"의 의미도 포함한다.

마찬가지로 귀를 엎으면서 입을 원만하게 벌리고, 눈을 깜박이며 꼬리를 꽤 높이 올리고 있는 경우는 우호의 신호이다. "안녕. 우리같이 놀자"라고 말하고 있는 것이다. 이 동작 다음에는 놀이에 끌어들이는 소리를 내는 등 놀고 싶다는 의사를 나타내는 동작이 이어지는 경우가 많다.

● 귀를 뒤로 당기듯이 하여 양쪽으로 약간 내민 듯한 경우

귀가 선 개의 얼굴을 V자 형으로 보았을 때, V자 위의 양끝이 귀이고 밑의 뾰족한 부분이 코라고 하면, 이런 귀의 신호는 퍼진 V자 형을 만든다. 귀를 양쪽으로 내밀어 비행기 날개 같은 형태를 취하는 개도 있다. 이것은 두 가지 의미를 갖는다. "마음에 들지 않아"와 "싸

온화함(주목)

자신감 있는 개(위협)

겁먹은 개(위협)

겁먹은 개(복종)

**그림 9-1** 귀가 선 개의 기본적인 귀의 방향

우든가 도망가든가 하자"는 의미이다. 귀를 이런 식으로 내밀고 있는 개는 그다음에 곧장 경계 태세를 취하고 공격을 하거나 아니면 겁먹고 도망가거나 할 것이다.

● **귀를 약간 앞으로 내밀고 실룩거리지만, 곧바로 뒤로 당기거나 밑을 향하는 경우**

이것도 망설임을 나타내는 신호이지만, 복종이나 불안의 요소가 더 강하다. "지금 상황을 고려하고 있는 중이니까, 공격하지 말아주세요"라고 해석할 수 있다. 나는 복종 훈련소에서 에디라는 이름의 시베리아 허스키Siberian husky가 이런 식으로 귀를 움직이는 것을 본 적이 있다. 귀를 앞으로 기울여 실룩실룩하더니, 다시 뒤로 당기거나 양쪽으로 내미는 것을 보고 조련사는 웃으며 이렇게 말했다.

"에디가 이러기 시작하면, 그가 여러 가지 기분을 시도해보고 눈앞의 상황에 맞는 것이 뭔지 찾고 있는 것처럼 여겨집니다."

## 의사 전달이 어려운 처진 귀와 잘린 귀

이리, 자칼, 코요테, 딩고, 여우, 야생개 등 야생 개과동물의 성장한 개는 모두 귀가 서 있다. 그러나 그 새끼들의 귀는 모두 처져 있다. 성장해서도 머리 양쪽으로 귀가 처져 있는 경우는 사람에 의해 만들어진 견종뿐이다. 왜 이러한 견종은 '강아지스러운' 귀를 갖게 되었을까. 또 앞에서 설명한 귀의 신호는 모두 선 귀의 경우이다. 그렇다면 귀가 처져 있으면 감정이나 의사 전달에 어떤 영향을 미치는 것일까.

현재의 견종은 행동유전자학을 기초로 선택 교배하여 만들어진 것이다. 이때 사람이 견종에 바람직하다고 생각한 특성도 있지만, 개의 가축화 과정에서 의도적으로 선택된 것도 있다. 예를 들면, 사람은 성격이 고분고분하고 주인의 지배나 명령을 기꺼이 받아들이는 개를 바람직하다고 생각했다. 그러나 유전자 조작은 그리 간단하지만은 않았다. 하나의 장점을 선택하면 장단점이 뒤섞여 다른 특성도 유전되어버리기 때문이다. 예를 들면, 하얀 털을 낳는 유전자의 조합은 동시에 청각 장애로 연결되기 쉬운 경향도 낳는다. 유순함(야생 강아지의 행동 특성)을 선택해서 교배시켰더니, 신체적으로도 강아지에 가까워졌다. 짧은 입, 잘 발달하지 않은 이빨, 커다란 눈, 작고 둥근 머리, 그리고 처진 귀를 가진 개가 태어났던 것이다.

원래 선택 교배에서 귀의 형태는 별로 문제되지 않았다. 귀의 형태는 사냥이나 추적을 하고, 무리를 모으는 등의 개의 능력과는 무관했기 때문이다. 그 때문에 기능과 목적에 따라 선택 교배되는 과정에서 처진 귀의 개가 태어나도 사람들은 크게 신경 쓰지 않았다. 오히려 많은 사람들은 길고 처진 귀에 매력을 느꼈다. 그것이 사람의 얼굴을 연상시키는 머리카락처럼 보이거나, 언제까지나 강아지 같은 인상을 주었기 때문이다.

하지만 처진 귀는 개의 의사 전달에 어려움을 가져온다. 선 귀가 처진 귀보다 알기 쉽고 분명하게 신호를 보낼 수 있기 때문이다. 그렇다고 해서 처진 귀가 기운 방향을 전혀 읽을 수 없다는 것은 아니다. 단지 선 귀보다 그 변화가 미묘하다는 것이다.

그림 9-2에 처진 귀의 위치 변화가 제시되어 있다. 왼쪽 위는 느슨하여 뭔가에 주목하고 있는 모습이다. 오른쪽 위는 선 귀의 개가 귀를 바짝 세워 앞으로 기울이고 있는 경우와 같다. 이것은 공격적인 위협을 의미한다. 나는 이런 표정을 짓고 있는 개를 보면 양 귀를 옆으로 벌린 코끼리가 연상된다. 아래는 복종적인 개의 귀 모양으로, 선 귀의 개가 귀를 바짝 뒤로 옆고 있는 경우과 같다. 귀가 밑으로 끌어당겨져 머리의 양옆에 착 달라붙은 듯이 보인다. 이와 같이 처진 귀인 경우 신호를 명확하게 알기 힘들다 해도, 귀의 위치를 여러 가지 형태로 바꿔 개의 감정이나 의사를 전달할 수 있다.

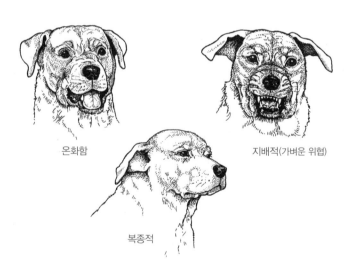

온화함

지배적(가벼운 위협)

복종적

**그림 9-2** 처진 귀의 기본적인 기운 방향

한편 개의 귀에 관한 씁쓸하고도 슬픈 이야기가 있다. 앞서 설명했듯이, 선택 교배에 의해 처진 귀의 품종이 만들어짐으로써 중요한 감정 표현의 신호가 눈에 잘 안 띄게 되었다. 그러나 사람은 여기에 만족하지 못하고 더욱 손을 가했다. 처진 귀의 개를 만들어낸 후, 사육사들은 외관상으로 짧아야 예쁘다는 이유로 개의 긴 귀를 절단하는 수술을 했다. 절단 수술은 처진 귀로 태어난 개들에게만 행해졌고, 이러한 개들은 감정 표현에 더욱 장애를 받게 되었다.

귀를 절단하는 것은 원래 경호견에게 행해졌다. 복서Boxer, 도베르만 핀셔, 로트바일러, 그레이트 데인 등이 그 좋은 예이다. 어떤 개나 귀는 지극히 민감한 부분이고, 상처를 입게 되면 맹렬한 통증이 따른다. 경호견을 처진 귀 그대로 두면 개에게는 위험이 컸다. 도둑이 손으로 양쪽 귀를 잡으면, 그것으로 개를 잡을 수 있음과 동시에 어금니의 공격을 피할 수가 있다. 따라서 귀를 죽지 부분만 남기고 짧게 잘라버리면 잡힐 일도 없고, 문제는 일거에 해결된다.

하지만 최근 개의 미용적인 면이 아닌 특별한 경우에 있어서도 개의 귀를 자르는 것에 대해 많은 논란이 제기되고 있다. 그중 귀를 자르는 것을 지지하는 사람들의 이유는 조금 새롭다. 견종 중에는 '청각견'(즉, 임무를 수행하는 데 소리를 듣는 것이 중요한 개)이 있는데 이 개에게는 최대한의 감도感度가 필요하다. 그런데 크고 처진 귀는 이도耳道를 막고, 개의 내이에 이르는 음의 양을 감소시켜버리므로 외이를 자르면 소리가 직접 이도에 이를 수 있어 보다 민감하게 소리를 알아들을 수 있다는 것이다. 귀를 자르는 편이 좋다는 또 다른 이유로는 위생의 문제를 들고 있다. 길고 처진 귀는 속에 습기가 차기 쉽고 감염 등 병에 걸리기 쉽다는 것이다.

그러나 이러한 의견들은 그다지 설득력이 없어 보인다. 굳이 분류하자면 수렵이나 사냥을 하는 견종의 대부분도 휘파람 신호에 따라 일을 하도록 훈련받았기 때문에 역시 청각견으로 분류되어야 할 터이다. 그러나 누구도 이 견종들의 귀를 자르는 게 좋다고는 말하지 않는다. 귀의 위생 면에서는 복서나 로트바일러보다도 스패니얼, 레트리버 쪽이 훨씬 문제가 클 것이다. 그들은 물에 잠수해서 일하는 경우도 있기 때문에 틀림없이 귀에 감염이 생기기 쉬울 것이다. 그러나 사육사들은 이 사냥개들의 처진 귀가 문제되지 않는다고 생각하고 있으며, 청각이나 위생을 이유로 그들의 귀를 잘라야 한다고 주장하지는 않는다.

이처럼 처진 귀의 유전으로 이미 귀의 의사 전달 능력에 제약을 받은 개가 수술로 인해 그 능력이 더욱 저하되는 것이다. 게다가 경호에 사용되는 개의 경우를 논외로 하더라도 최근에는 대부분 미용을 목적으로 하는 절단 수술이 행해지고 있다. 독특한 스타일이나 외모를 추구하기 때문이다.

유감스럽게도 이 문제에 대한 나의 생각은, 그저 개인적인 의견에 지나지 않는다. 귀가 잘린 개와 잘리지 않은 개의 의사 전달 능력을 과학적으로 비교 조사한 예가 없기 때문이다. 그러나 이 문제에 대해 유효하다고 생각되는 실제 관찰 결과를 하나 소개하고자 한다.

나의 지인 중에는 두 마리의 거세된 수컷 복서, 제로와 너트를 기르고 있는 사람이 있다. 두 마리 다 세 살 정도로, 매우 예의가 바르고 사람을 잘 따랐다.(복서의 경우 드문 일은 아니지만) 외견상 큰 차이는 한 마리는 귀가 잘려 있고, 다른 한 마리는 잘려 있지 않다는 것뿐이었다. 하지만 귀가 잘린 제로 쪽을 다른 개들이 꺼려하는 경향이 있었다. 제로를 처음 보는 개들은 제로의 짧고 바짝 선 귀를 위협적인 도전 신호로 받아들이는 듯 다가가면 몸을 경직시켜 경계하는 행동을 취했다. 한편 본래의 처진 귀를 가진 너트에게는 다른 개들이 그다지 경계하지 않았다.

과학적인 증거는 없지만, 제로의 경우 그가 보내는 귀의 신호가 매우 읽기 힘들고, 절단된 귀 형태가 바짝 선 채 앞으로 기울어 있어 위협의 신호로 오해받기 때문이라고 나는 생각한다. 따라서 나는 처진 귀의 개에게 인공적으로 손을 가해서는 안 된다는 의견에 동의한다. 처진 귀를 갖고 태어난 것으로 이미 신호 발신 능력에 단점을 안고 있는데, 남겨진 감정 표현이나 의사 전달 능력을 최대한 사용하게 해주지는 못할망정 수술로써 그것을 더욱 방해해서는 안 될 것이다.

# 10장

# 눈으로 말한다

사람의 몸 중에서 가장 표현력이 풍부한 곳은 얼굴이고, 그중에서도 눈이 가장 풍부하다. 마찬가지로 개의 눈동자도 감정의 움직임을 나타낸다. 다만 개의 동공은 크기를 알기가 힘들기 때문에 그 감정을 읽어내기가 어렵지만 주의해서 관찰할 필요가 있다. 왜냐하면 눈은 개의 감정을 가장 잘 말해주기 때문이다.

원래 얼굴의 기본 생김새는 섭취할 음식을 잘 판별할 수 있도록 만들어졌다. 동물이 모두 무해하고 소화 가능한 것만 입에 넣는 것은 아니기 때문에 그것을 식별하기 위한 세 가지 감각(미각, 후각, 시각)이 발달해 있는 것이다. 그 배치는 어느 동물이나 같아서 입속에 미뢰가, 그 바로 위에 콧구멍이, 그리고 약간 높은 곳에 눈이 있다. 이 배치 덕분에 육생동물은 땅 위에 있는 먹을 것을 입에 넣을 때 그 냄새를 맡고 눈으로 보며 확인할 수가 있다.

　이렇듯 얼굴 생김새의 기본은 대개의 종種이 공통된 특징을 보이지만, 눈은 약간 다르다. 사냥감의 표적이 되었을 때 달리는 것만으로는 몸을 지킬 수 없는 동물의 경우, 적의 접근을 재빨리 알아차릴 필요가 있다. 그 때문에 토끼나 영양의 눈은 머리 양옆에 붙어 있어 풍경을 널리 조망할 수가 있고, 때로 360도의 풍경을 볼 수 있는 동물도 있다. 이런 동물에게 살며시 다가간다는 것은 매우 어렵다. 호랑이, 이리 등 포식동물의 눈은 헤드라이트처럼 정면을 향하고 있다. 그 눈으로 쌍안경처럼 멀리 있는 것의 거리를 분간할 수가 있는 것이다. 사냥감과의 거리가 파악되면 확실하게 습격하여 넘어뜨릴 수가 있고, 사냥의 성공률은 높아진다. 개 역시 포식동물이기 때문에 눈이 정면을 향해 붙어 있다.

그러나 눈은 보는 것에만 활용되지 않는다. 사람의 몸 중에서 가장 표현력이 풍부한 곳은 얼굴이고, 그중에서도 눈이 가장 풍부하다. 스릴러 영화의 명감독 알프레드 히치콕은 이렇게 말했다. "언어는 사람의 입에서 나오는 소리에 지나지 않지만, 사람은 눈으로 말을 걸 수 있다." 그래서 그는 곧잘 화면이 가득할 만큼 눈을 클로즈업하는 것으로 위협이나 공포를 표현했다. 또 배우 헨리 폰다는 눈이 중요한 의미를 전달한다고 생각해 클로즈업 장면에서는 항상 '캐치라이트'를 사용했다. 이는 촬영 시 얼굴에 사용하는 작은 조명등으로, 배우가 이것을 똑바로 주시하면 눈이 빛나 보여 강한 감정 표현이 가능하다.


## 눈은 감정의 거울이다

사람의 경우와 마찬가지로, 개의 눈동자도 감정의 움직임을 나타낸다. 다만 개의 동공은 크기를 알기 힘들기 때문에 그 감정을 읽어내기가 어렵다. 홍채색이 옅을수록 동공의 크기 변화가 쉽게 구분되는데, 견종 중에는 홍채색이 짙어서 좀처럼 동공이 눈에 띄지 않는 개도 있다. 그러나 검은 눈인 듯한 개도 주의해서 관찰할 필요가 있다. 왜냐하면 눈은 개의 감정을 가장 잘 말해주기 때문이다.

크게 열린 동공이 강한 감정을 나타낸다고 하면, 작게 수축한 동공은 지루함, 졸림, 나른함 등을 나타낸다. 다만 동공의 크기 변화로 나타내는 것은 감정의 차이일 뿐이지 그것이 부정적인지 긍정적인지까지는 알 수 없다. 동공이 퍼지는 원인은 기쁨이나 흥분인 경우도, 반대로 공포나 분노인 경우도 있다. 그러나 눈동자가 퍼졌다가 모였다 하는 순간을 볼 수 있다면 더욱 확실한 정보를 얻을 수 있다. 기쁨이나 즐거움에 빠져들 때는 눈동자가 단순히 퍼진다. 그러나 분노나 공격적인 감정이 심해질 때는 눈동자가 일단 수축했다가 크게 열린다.

다음은 공막이라 불리는 흰자위 부분에 대해 살펴보자. 의외로 이 부분도 감정 전달에 유용하다. 흰자위 부분은 왜 진화한 것일까. 홍채가 그대로 커져서 눈 전체가 갈색이나 블루가 되지 않았던 것은 왜일까. 그 까닭은 흰자위가 있으면 홍채 색이 훨씬 두드러지고, 눈이 바라보고 있는 방향을 쉽게 알아볼 수 있기 때문이다. 사람의 경우 이것은 의사 전달 수단으로서 매우 중요하며, 그 때문에 다른 동물에 비해 사람의 흰자위는 유난히 크다. 개에게도 흰자위가 있지만 주의해서 보지 않으면 알아보기 힘들다. 그것은 개가 보는 방향을 바꿀 때 머리도 함께 움직이기 때문이다.

사람의 경우, 상대방의 시선 방향을 아는 것이 중요하다. 대화하는 중에도 상대방이 자신의 말을 듣고 있는지 아닌지를 그것으로 알 수 있다. 베테랑 판매원은 고객의 시선을 더듬어 어느 물건에 관심이 있는지 알아차린다고 한다. 또 고객이 출구 쪽으로 시선을 돌리면,

살 마음이 없어졌고 가게를 나가고 싶어 한다는 뜻으로 받아들인다.

상대를 주시하는 것만으로도 많은 것을 전달하고, 상대에게서 여러 가지 행동을 이끌어내는 것도 가능하다. 하지만 솔직히 누군가를 응시하는 것은 온건한 행위가 아니다. 응시는 확실히 위협으로 간주된다. 심리학자들은 여러 가지 흥미진진한 실험을 통해 그것을 증명하고 있다. 어느 실험에서는, 연구자가 길가에 서서 빨간 신호로 정지해 있는 차의 운전자를 가만히 바라보았다. 운전자의 대부분은 누군가 자신을 보고 있다는 사실을 바로 알아차렸고, 신호가 녹색으로 바뀌자 다른 운전자보다도 훨씬 빨리 달려나갔다. 다른 실험에서는, 연구자가 보행자를 바라보았다. 그러자 그 사람도 시선으로부터 도망치듯 발걸음을 빨리하며 멀어져갔다. 또 연구자가 조수에게 대학 도서관에서 학생을 바라보고 있어 달라고 하자, 자신을 보고 있음을 느낀 학생의 대부분이 짐을 정리하여 서둘러 도서관을 나갔다고 한다.


## 시선에 따른 감정 표현의 기본 유형

사람뿐 아니라 거의 모든 동물이 응시를 위협으로 간주한다. 그 진화의 기원은 멀리 파충류에게까지 거슬러 올라간다. 돼지코 뱀(북미산 독 없는 뱀의 일종)은 적이 접근하면 죽은 체를 하는데, 적이 노려보는 동안 계속 죽은 체를 하고 있다. 도마뱀도 주시하고 있으면 움직이지 않고, 새들의 대부분도 주시당하면 방위 반응을 보인다. 개 역시 상대를 지배하는 수단으로 응시를 사용한다. 그럼 눈에 의한 위협과 그 밖의 신호에 대해 구체적으로 살펴보자.

### ● 똑바로 시선을 맞춘다

눈을 크게 뜨고 상대를 똑바로 주시하는 것은 위협이나 우위성의 표현, 또는 공격에 나서겠다는 선언이다. 우위인 개가 열위인 개에게 접근하면 똑바로 주시한다. 그러면 열위의 개는 시선을 피해 얼굴을 돌리고, 땅에 엎드려 복종의 자세를 취하는 경우가 많다. 직시해도 상대로부터 반응이 없으면 대립의 정도가 높아진다. 따라서 이 직시는 "여기서는 내가 보스다. 너는 물러나" "거슬려. 그 눈 치워. 그렇지 않으면 후회하게 될 거야"라고 해석할 수 있다.

재미있는 것은, 개가 사람에게 뭔가를 요구할 때 빤히 바라보는 경우가 있다는 것이다. 저녁식사 테이블에 모두 모여 뭔가를 먹고 있을 때 흔히 그런 광경을 볼 수 있다. 개가 식탁 다리 옆에 웅크리고 앉아 사람을 물끄러미 바라보다가 사람이 먹고 있는 음식으로 시선을 옮긴다. 이것은 분명히 먹을 것을 달라는 행위로, 특히 강아지 때 효력을 발휘한다. 사람들은 개의 눈매를 '처량해 보인다' '애원하고 있다' '호소하고 있다' 등으로 해석하여 음식을 나누어준다.

그러나 성장한 개가 그런 행동을 보인다면 지배성을 주장하고 있는 것으로 보아야 한다. 그럴 때마다 개에게 원하는 것을 준다면 개는 당신이 복종적인 태도를 취하고 있다고 해석하여, 무리 속에서 자신이 높은 순위를 인정받았다고 생각한다. 이것은 대형견일 경우

위험한 선례를 만들고, 소형견일지라도 문제의 싹을 틔우게 된다. 개를 순종하게 하려면 당신이 리더가 되거나 적어도 순위가 위에 있도록 하는 게 중요하다. 자칫하다가는 당신 스스로 말을 듣지 않는 골치 아픈 개로 만들어버릴 수 있기 때문이다.

이 예가 제시한 대로, 어떤 반응을 할 경우 우선 개가 무엇을 요구하고 있는지 알아둘 필요가 있다. 지배적인 개를 직시한다면 공격으로 받아들일 것이고, 겁먹은 개를 직시한다면 공포심을 부추겨 역습을 당할지도 모른다.

### ● 상대와 시선이 마주치지 않도록 눈을 피한다

직시가 위협이라면, 시선을 피하는 것은 복종 내지 공포를 나타내는 신호가 될 것이다. 개의 경우 이를 확실히 알 수 있다. 지배적인 개와 대면한 개는 눈을 피한다. 대개는 시선을 돌리고 "당신이 보스라는 걸 인정합니다" "물의를 일으키고 싶지 않습니다"라고 말하는 듯한 행동을 취한다.

사람의 경우도 마찬가지다. 부모가 아이에게 가르칠 때 "모르는 사람의 얼굴을 물끄러미 바라보는 것은 좋지 않다"고 말한다. 평소 대화할 때 우리는 상대와 눈이 마주치지 않도록 한다. 옆을 보거나 커피잔을 보다가 상대가 이쪽을 보고 있지 않을 때에만 그 얼굴을 똑바로 바라본다.

권위 있는 상대를 이처럼 똑바로 바라보지 않는 것은 하나의 예의처럼 여겨진다. 보통의 사람들은 지위가 높은 성직자나 황제의 눈을 주시하지 않는다. 오래된 동요에도 "왕의 얼굴은 고양이밖에 보지 못한다"는 가사가 있다. 개과동물도 마찬가지다. 무리의 리더가 돌아오면 다른 멤버는 그 주변에 모여 힐끗힐끗 시선을 던지지만, 그 눈을 똑바로 바라보는 일은 결코 없다.

### ● 눈을 깜박인다

대개의 동물이 눈을 깜박일 수 있다. 집중력이 높은 사람이라도 눈을 깜박이기 때문에 하루에 약 23분간은 사물을 못 본다. 하루에 순간적으로 시야가 1만 4천 번 중단되는 것이다. 그러나 눈을 깜박이는 것은 필요한 운동이다. 눈은 항상 청결하게 수분을 머금고 있어야 하고, 각막(눈의 부푼 부분) 세포가 활성화되어야 한다. 눈을 깜박일 때마다 눈물샘에서 나온 눈물이 안구의 표면을 아래로 씻어 내린다. 눈물은 단지 물이 아니라 순환 시스템의 일부이다. 각막은 핏발이 서지 않은 투명한 상태로 유지되어야 하는데, 눈물의 역할 중 하나가 산소와 영양분을 날라 각막 세포를 활성화하는 것이다.

또한 눈물에는 세균을 죽이거나 먼지나 티끌을 막는 화학물질이 포함되어 있다. 그 눈물의 4분의 3이 눈 깜박임에 의해 눈 표면에서 코로 흘러 떨어진다. 그럼으로써 코에 수분이 주어지고, 세균이 제거된다. 울었을 때 콧물이 나오는 것도 그 때문이다.

이처럼 눈을 깜박이는 횟수와 눈 깜박임의 여하로 그 사람의 감정에 대한 정보를 얻을 수 있다. 지루하면 눈을 깜박이는 횟수가 증가하고, 뭔가에 열중해 있을 때는 감소한다. 장시간 운전하고 있으면 눈을 깜박이는 횟수가 늘어나는데, 뭔가 재미있는 풍경을 보면 줄어든다.

또 한 가지 중요한 것은, 눈을 깜박이는 것이 복종의 신호도 된다는 것이다. 대결 장면에서는 먼저 눈을 깜박이는 쪽이 대개 굴복하게 된다. 힘이 세고 자신감 넘치는 사람이나 어려운 결단을 하는 사람은 눈을 깜박이지 않고 일을 완수해낸다.

개들의 의사 전달 방식에서 눈을 깜박이는 것은 상대에게 복종의 의미를 뜻한다. 다만 상대에게 우위를 양보하는 표현이라고는 해도 시선을 피하는 것만큼 복종적인 것은 아니다. 따라서 눈을 깜박이는 것은 "패배를 인정하는 것은 아니지만, 당신이 리더임을 인정하겠다"이고, "용서해주세요. 당신의 명령대로 따르겠습니다"와는 다르다.

한편 눈을 깜박이는 것은 친밀함 또는 유혹이기도 하다. 남성에게서 상냥하게 유혹받은 처녀가 눈을 깜박이는 광경이 익숙하듯 개나 이리가 눈을 깜박이는 것 또한 인사 의식의 일부이기도 하다. 열위의 개가 무리의 리더나 다른 곳의 지배적인 개와 맞닥뜨리면 몸을 약간 낮추고 공기를 핥거나 상대의 얼굴을 핥기도 한다. 우위의 개는 이 인사를 받아들이면서 재빨리 두세 번 눈을 깜박이는 경우도 있다. 그러면 열위의 개도 눈을 깜박여서 답하고, 공기를 핥거나 뭔가를 삼키거나 씹을 때처럼 입을 움직인다. 이것으로 두 마리는 서로 양해가 된 것이다.

## 눈의 형태와 눈썹(별)

개를 볼 때 눈의 형태는 분간하기 쉽다. 눈 가장자리의 색이 눈에 띄는 경우가 많기 때문이다. 털색이 밝은 개는 눈 가장자리가 검어서 마치 아이라인을 그린 것처럼 보인다. 반대로 털이 짙은 개는 눈 가까운 부분이나 눈 주변의 털 또는 피막이 약간 밝은색인 경우가 많다. 이 특징 덕분에 개는 멀리서도 눈의 형태를 쉽게 파악할 수 있는 것이다.

눈의 형태가 말하는 것은 극히 단순하다. 크고 둥근 형태를 띨수록 개의 분노나 위협의 정도가 심하다. 눈을 크게 뜨는 것은 위협적인 신호 중 하나이다. 개는 화가 나면 코와 이마에 주름을 지음과 동시에 눈 밑의 근육이 긴장되고, 그 압력으로 눈이 약간 튀어나오는 듯한 기미를 보이게 된다. 그 결과, 눈이 한층 더 커 보인다. 반면 근육이 반대로 움직이면, 눈은 작고 좁아져 눈에 잘 띄지 않게 된다. 이것은 공포, 복종, 양보 등을 의미한다. 상대의 공격을 피하고 싶거나, 가장 강도 높게 복종을 표현하는 개는 아예 눈을 감아버리기까지 한다.

하지만 눈의 형태에 따른 의사 전달 원칙이 무너지는 경우가 한 가지 있다. 공포심을 수반하는 위협이 그것으로, 열위의 개가 도망갈 수 없는 상황에 몰려 싸우지 않으면 안 될 때이다. 이런 경우 눈은 두 개의 상반된 감정을 나타내는 듯이 눈물방울 또는 삼각형처럼 된다. 아래쪽이 퍼지고 끝으로 갈수록 가늘어지며 눈꺼풀이 덮여 눈이 작아진다. 두 가지 요소가 섞인 눈의 형태는 분명히 상반된 감정이 뒤섞인 개의 기분을 전달하고 있다.

사람의 경우, 대부분 눈에 의한 감정 표현은 눈썹 형태의 변화를 수반한다. 눈썹의 색은 피부색과 커다란 차이가 있기 때문에 멀리서도 또렷이 볼 수 있다. 그리고 평소에는 눈에 띄지 않는 눈 주변과 이마 근육의 움직임이 눈썹에 의해 강조된다.

눈썹은 이마에서 흘러내린 땀이 눈에 들어가는 것을 막아주는 역할을 한다. 사실 개는 사람과 달리 발바닥밖에 땀을 흘리지 않기 때문에 눈썹은 필요 없었다. 그러나 개에게도 눈썹산 같은 것이 있고, 그것이 눈 주변 근육의 움직임을 눈에 띄게 하여 감정 표현을 돕는다. 눈 근처에 몸털과 다른 색의 털이 별처럼 나 있는 개도 많다. 예로부터 눈 위에 거무스름한 별이 붙어 있는 밝은색 털의 개나, 또는 눈 위에 밝은색 털이 별처럼 붙어 있는 거무스름한 개는 '네눈개'(四眼狗)로 불리며, 특별한 영적인 힘이 있어 악마나 귀신을 볼 수 있다고 믿었다. 그 수수께끼의 힘에 대해서는 입증할 수 없지만, 그렇게 믿어온 데는 그들의 표정이 다른 개들보다 읽기가 쉬웠기 때문일 것이다. 이마에 또렷이 별이 있으면, 눈 위 근육의 움직임을 훨씬 잘 분간할 수 있기 때문이다.

또한 눈 가장자리의 색소가 바깥쪽으로까지 퍼져 있어 이마에 눈썹 같은 형태를 만들고 있는 견종도 있다. 그 외 몸 전체가 짙은색 털로 덮여 있는 개는 눈 윗부분에 독특한 음영이 드리워져 있어 '네눈개의 별'과 같은 기능을 하고 있다. 이것들은 모두 마치 눈썹이 있는 것처럼 보여 개의 표정을 읽는 데 도움이 된다.

개는 눈썹(또는 별)을 사용하여 곤란한 상황이나 심리적 상태를 나타내기도 한다. 이것은 뭔가 문제를 해결하려고 하거나, 눈앞의 것을 이해하려고 할 때 나타난다. 눈썹이 몰리고 코 쪽을 향해 내려가지만, 화났을 때처럼 예각이 되지는 않는다.

마치 사람이 뭔가를 골똘히 생각하고 있을 때와 같다. 찰스 다윈이 추미근雛眉筋(눈썹주름근)을 '문제 해결의 근육'이라고 부른 것도 그 때문이다.


## 개가 흘린 눈물의 의미

모든 동물에게는 눈물을 만들어내는 기관이 있지만, 그것은 한결같이 눈에 수분을 주어 청결을 유지하는 데 사용된다. 흔히 감정 표현으로 눈물을 흘리는 것은 사람밖에 없다고들 알고 있다. 사람에게서 눈물은 대개 한탄이나 고통 등의 감정 저하를 나타내지만, 감정이 고조되었을 때도 기쁨의 눈물을 흘린다. 그런데 최근 연구에 따르면 포유류의 대부분이 감정이 극도로 고조되었을 때 눈물을 흘린다는 보고도 있다.

나는 개가 우는 것을 실제로 한 번 본 적이 있고, 또 간접적으로 그 증거를 목격한 적도 있었다. 어느 날 오후, 대학 캠퍼스를 걷다가 건축 공사 현장 근처를 지날 때의 일이었다. 돌연 어디선가 비명이 들려왔고, 나는 어린아이가 극심한 고통을 호소하고 있는 줄 알았다. 소리가 나는 쪽으로 달려가 보았더니, 어린 암컷 복서가 가시가 나 있는 철선 속에서 발버둥치고 있었다. 철선이 몸에 휘감겨 몸부림

치자 점점 더 감겨버린 것 같았다. 겹겹이 가시가 있는 철선에 몸이 감긴 채 발버둥치기 때문에 옆구리와 등, 배에 심한 상처를 입고 있었다. 나는 구조할 때 물리지 않도록 서둘러 코트를 벗어서 복서에게 걸쳤다. 그때 공사 현장에서 인부가 한 명 달려왔다. 그는 상황을 보더니 와이어 커터를 꺼냈다. 내가 복서를 누르고 있는 동안, 그는 복서의 몸에 감긴 철선을 끊었다. 그러는 동안 나는 복서의 얼굴을 주시하면서 온화한 목소리로 계속 말을 걸었다. 순간 그 큰 눈에서 눈물이 볼을 타고 천천히 흘러내리고 있었다. 나는 전혀 이상함을 느끼지 않았다. 복서는 지독한 고통으로 울고 있었던 것이다. 마치 상처 입고 겁먹은 아이가 울듯이 말이다.

개가 운 것을 두 번째로 본 것은, 안타깝게도 이미 때를 놓치고 나서였다. 그때 우리 집의 케언테리어인 프린트는 밤새도록 병으로 괴로워했다. 다음 날 아침 약간 좋아진 듯이 보였기 때문에 수의사에게 데려가기로 했다. 진료소에 도착해 차 뒷문을 열자, 프린트는 이미 조용히 숨을 거둔 상태였다. 차를 달리는 동안 호소하듯이 신음하던 그의 소리가 들려, 나는 이제 곧 좋아질 거라고 위로하듯 말을 계속 걸어주었건만, 그 회색의 얼굴에는 눈물방울 흔적이 코까지 줄기가 되어 남아 있었다. 그는 분명히 울고 있었던 것이다. 내 뺨에도 같은 눈물이 흘러내리고 있었다.

11장

# 꼬리로 말한다

개가 꼬리를 흔드는 것은 커뮤니케이션 수단이다. 우리가 벽을 향해 말을 걸지 않듯이, 개는 사회적 반응이 없는 무생물에게 꼬리를 흔들지 않는다. 개의 꼬리를 통해 그 심리 상태, 사회적 순위, 의사 등을 알 수 있다.

개가 말하는 것을 이해하지 못하면, 종종 성가신 일을 당하는 경우가 있다. 어느 날 나는 스티브로부터 전화를 받았다. 그는 뭔가에 몹시 동요되어 있는 것 같았다.

"도움이 필요하네. 우리 집 개 베이글이 어찌 된 일인지 갑자기 성격 이상이 된 것 같네. 예고도 없이 공격하는 행동이 잦더니, 어젯밤에는 손주를 물어뜯었다네. 딸은 개를 처분하지 않으면 다시는 우리 집에 아이를 데려오지 않겠다는구먼. 아무래도 처분해야겠지만, 아이를 문 개라서 약을 먹여 죽일 수밖에 없는데… 하지만 결코 나쁜 개가 아니라네. 뭐 좋은 방법이 없겠나?"

그날 밤 나는 서둘러 스티브 교수의 집을 찾아갔고, 그는 출입구에서 나를 맞아주었다. 그의 뒤에서 베이글이 상황을 이해한다는 표정으로 나를 맞더니, 기쁜 듯이 몸을 구부리며 앞으로 나왔다. 개의 가슴과 귀를 살피고 있는 내게 스티브는 말했다.

"이 녀석이 내가 말한 그 베이글이네. 평소에는 이런 식으로 사람을 몹시 따르는데, 최근에는 어찌 된 일인지 알 수가 없네. 나도 물리고, 아내도 물리고, 이번엔 손주 데니까지. 어쩌면 좋겠나. 사랑하지만 위험한 개와 살 수는 없으니까. 이제 아무래도….".

스티브는 목이 잠겨 말을 잇지 못하고 슬프게 베이글을 바라보았다. 비글Beagle은 정이 많고 공격성이 적기 때문에 애완견으로 항상 인기가 높다. 활달한 아이들이 많은 집에서는 즐거운 놀이 상대가 되고, 나이 든 사람들이 있는 집에서도 아무 문제없이 잘 적응한다. 덕분에 비글은 일반인에게 얌전하고 참을성 강한 개로 알려져 있다. 이처럼 스티브의 집에서 본 베이글도 보통의 다른 비글과 전혀 달라보이지 않았기 때문에 나는 의아히 여겼다.

내가 허리를 낮춰 베이글을 쓰다듬고 있는 동안 스티브가 이야기를 꺼냈다.

"베이글한테는 완구도 참 많이 사 줬어. 베이글은 언제나 완구를 입에 물고 소파에 올라가 그것을 갉고 있었지. 데니가 쓰다듬으려고 했을 때도 그런 식으로 완구를 갖고 놀고 있었네. 그런데 순간 베이글의 모습이 이상했어. 베이글이 일어서더니 손주를 기쁜 듯이 바라보는 것 같더니만 데니가 손을 뗀 순간 으르렁거리면서 느닷없이 물어버리지 뭔가!"

나는 문득 의문이 솟구쳤다.

"스티브, 개가 부인을 물었을 때는 어떤 식이었지요?"

"특별히 다른 건 없었어. 비슷한 느낌이었네. 역시 소파 위에서 완구를 갉고 있었는데 아내가 옆에 다가가자 일어서서 기쁜 듯이 인사를 한다 싶더니 으르렁 하고 물었네."

나는 그제야 상황을 파악할 수 있을 것 같았다.

"스티브, 뭔가 갉고 있거나 먹고 있을 때 사람이 다가가면 개는 위협을 느낀다는 건 알고 있지요? 쓰다듬는 것 자체가 공격적인 반응을 끌어내게 돼요."

스티브는 내 얼굴을 보면서 이렇게 말했다.

"나는 개에 대해서라면 잘 알고 있네. 개가 경계하거나 이빨을 드러내고 낮은 소리로 으르렁거리고 있을 때는 나도 손대지 않아. 하물며 네 살짜리 손주를 가까이 가게 하겠나. 하지만 그런 상황이 아니었다니까. 베이글이 일어서서 그냥 바라봤지. 데니의 눈을 물끄러미 바라보며 꼬리도 흔들고 있었네. 그런데 데니가 쓰다듬으려고 하니까 으르렁하고 물어버렸어!"

"좋아요. 그럼 꼬리는 어떻게 흔들리고 있었나요?"

"알고 있겠지? 개가 기쁠 때 좌우로 꼬리를 흔드는, 그거."

스티브는 누구라도 알기 쉽게 내 앞에서 팔을 좌우로 움직여 보였다.

"스티브, 조금만 더요. 그때 꼬리가 약간 낮거나 수평이고, 크게 좌우로 흔들리면서 허리까지 움직이고 있었나요?"

스티브는 순간 움찔했다.

"아니, 아니, 그런 식이 아니었네."

"그럼 꼬리가 높이 올라가 있었나요?"

스티브는 고개를 끄덕였다.

"거의 수직으로 올라가 있고, 크게 흔드는 것이 아니라 찌르르

떨리는 듯한 느낌이었나요?"

말하면서 내가 손으로 그 동작을 해 보이자, 스티브는 또 고개를 끄덕였다. 그다음 내가 할 일은 지극히 간단했다. 스티브에게 개가 꼬리를 흔드는 방법이 모두 같지 않다는 것을 알게 하는 것만으로도 충분했다. 확실히 어떤 종이나 꼬리를 흔드는 것은 반가움 내지 기쁨을 나타낸다. 그러나 꼬리의 표정은 그 외에도 공포나 불안에서부터 도전적인 위협, 더 이상 접근하면 물어뜯겠다고 하는 경고까지 여러 가지 의미를 나타낸다.

베이글의 경우는 자신의 완구를 지키고 싶었던 것이다. 그는 다가오는 상대에게 인사하려고 꼬리를 흔든 것이 아니라, 상대가 다가왔을 때 꼬리를 높이 올려 경고를 나타냈던 것이다. 그 꼬리는 "물러나! 이건 내 거야!"라고 말하고 있었다. 스티브의 손주가 그 경고를 무시했을 때, 베이글은 자신이 알고 있는 유일한 방법, 즉 물어뜯는 것으로 실력 행사에 나섰던 것이다. 따라서 베이글의 꼬리가 전하는 메시지를 바르게 알아듣는 것이야말로 이 문제 해결의 관건이었다.

개가 꼬리를 흔드는 동작은 사람의 웃는 얼굴이나 예의바른 인사, 동의를 나타내는 의미와 비슷하다. 웃는 얼굴은 사회적인 신호로, 사람은 가까이에서 누군가가 보고 있을 때 미소 짓고, 개는 사람이나 다른 개를 향해 꼬리를 흔든다. 혼자 있을 때 무생물을 향해 꼬리를 흔드는 일은 없다. 먹을 것이 든 접시를 바닥에 두면, 개는 당신에게 꼬리를 흔들고 감사함을 표현할 것이다. 그러나 개가 아무도 없는 방에서 먹을 것이 든 접시를 본 경우, 조금 흥분하여 몸을 떠는 일은 있어도 꼬리를 흔들지는 않는다.

이런 예를 보아도 '꼬리를 흔드는 것'은 커뮤니케이션 수단, 즉 언어라는 것을 알 수 있다. 우리가 벽을 향해 말을 걸지 않듯이, 개는 사회적 반응이 없는 무생물에게 꼬리를 흔들지 않는다.

이와 같이 개의 꼬리를 통해 그 심리 상태, 사회적 순위, 의사 등을 알 수 있는 것이다. 그런데 이처럼 꼬리가 감정 표현의 수단으로 사용되게 된 경위가 매우 흥미롭다.

## 꼬리의 세 가지 신호와 기본 유형

개의 꼬리는 원래 몸의 균형을 조정하기 위해 생겼다. 개가 달리다가 도중에 갑자기 방향 전환이 필요할 때는 우선 지향하는 방향으로 상체를 꺾는다. 그러고 나서 허리의 방향을 바꾸는데, 가속도가 붙어 있기 때문에 몸 후반부가 그때까지 달리던 방향으로 계속 향하게 된다. 이 운동이 억제되지 않으면 개의 몸 뒷부분은 크게 흔들리고, 그 결과 달리는 속도가 떨어진다. 또한 가속도 때문에 굴러 넘어질 수밖에 없다.

그것을 막는 것이 바로 꼬리이다. 꼬리를 지향하는 방향으로 굽히면, 그것이 추 역할을 해서 비틀거리지 않고 방향 전환을 할 수 있게 된다. 개는 몹시 좁은 길을 걸을 때도 꼬리를 사용한다. 몸이 기울 때마다 반대 방향으로 꼬리를 굽혀 균형을 취하는 것이다. 이것은 서커스의 줄타기와 같이 균형을 취하기 위해 장대를 사용하는 것과 같다. 따라서 꼬리는 특수한 운동에 중요한 역할을 한다. 그러나 개가 평소 땅 위에서 보통의 속도로 달릴 때는 그것을 사용할 필요가 없기 때문에 꼬리는 다른 목적으로 사용되게 되었다. 진화는 꼬리의 존재를 감정 표현의 수단으로 이용했던 것이다.

그런데 꼬리의 감정 표현을 제대로 읽지 못해 충돌이 일어나는 경우가 종종 생긴다. 그 대표적인 예가 바로 식사 때이다. 강아지는 어미개의 젖을 빨기 때문에 젖꼭지를 목표로 형제들과 몸을 부딪치지 않으면 안 된다. 조금 전까지 서로 물고 들이받고 쫓던 강아지끼리 지금은 평화로운 시간이라고 신호를 보내고, 다른 강아지의 공포나 공격의 반응을 통제하며, 함께 어미개의 젖꼭지에 모이기 위해 꼬리를 흔든다. 강아지가 흔드는 꼬리는 형제에게 휴전을 알리는 깃발인 것이다. 더욱 성장하면 강아지는 무리의 성장한 개들이나 가족에게 먹을 것을 달라고 조를 때 꼬리를 흔든다. 강아지는 성장한 개에게 다가가 그 얼굴을 핥고 꼬리를 흔들어 악의가 없음을 나타낸다. 태어나서 얼마 동안 강아지가 꼬리를 흔들지 않는 것은 다른 개의 심기를 살필 필요가 없기 때문이다. 개들 사이에 감정 표현 방식이 필요하게 되었을 때 강아지는 꼬리를 사용하는 신호를 급속히 배워나간다.

꼬리에 의한 신호에는 정보를 전달하는 세 가지 요소가 있다. 즉 위치, 형태, 움직이는 방법이 그것이다. 개의 눈은 세세한 부분이나 색보다도 움직임에 대해 민감하기 때문에 꼬리를 움직이는 방법은 매우 중요한 요소이다. 그래서 꼬리를 다른 개들에게 보이도록 크게 또는 세심하게 흔드는 것이다.

## 꼬리의 위치가 전하는 신호

여기서는 꼬리의 위치에 대해서 언급하지만, 꼬리가 보내는 어떤 신호에도 세 가지 요소가 조합되어 있다는 것을 잊지 말기 바란다. 다른 신호와 마찬가지로 꼬리에도 의사를 풍부하고 정확하게 전달할 수 있는 감정 표현 방식이 있다. 그런데 잊어서는 안 될 중요한 요소가 또 한 가지 있다. 견종에 따라 꼬리를 올리는 높이에 차이가 있다는 점이다. 꼬리의 위치가 전하는 신호는, 각각의 개가 평소에 올리고 있는 꼬리의 위치와 비교해서 읽을 필요가 있다.

● 꼬리가 수평으로 돌출되어 있지만 긴장하고 있지는 않다

이것은 주목의 표시이다. "뭔가 재미있는 일이 일어날 것 같은데" 하는 의미이다. 근처에서 무슨 일이 일어나거나 멀리서 누군가가 다가올 때 이런 동작을 취한다. 바람을 타고 날아온 냄새가 동기가 되는 경우도 있다. 이 동작에는 위협의 의미는 없지만, 꼬리가 긴장하기 시작했을 때는 개가 상황의 변화를 느꼈다는 증거이다.

● 꼬리가 긴장하여 완전히 수평으로 돌출되어 있다

긴장한 꼬리는 공격의 요소를 품고 있다. 낯선 자나 침입자를 만났을 때 취하는 최초의 위협적인 신호이다. "어느 쪽이 보스인지 분명히 가리자" 하는 의미로, 모르는 개끼리 주고받는 경계 태세의 시작이다. 두 마리의 개가 쓸 만한 먹이나 완구를 동시에 발견했을 때, 싸움으로 연결되는 장면에서도 이 동작을 볼 수 있다. 우선권을 갖는

것은 무리의 리더나 상위의 개가 되는 것을 의미하기 때문에 위협의 결과는 중요하다. 그러나 이런 주고받기가 실제 공격으로 연결되는 일은 좀처럼 없다. 한쪽 개가 상황을 판단하고 물러나기 때문에 충돌은 발생하지 않는다.

### ● 꼬리가 수평과 수직의 중간 정도 각도로 올라가 있다

이것은 우위의 개가 보내는 신호이다. 긴장한 꼬리는 근처에 있는 개 모두에게 자신의 우위성을 선언하는 신호인 셈이다. 실제로 개는 도전 받고 있지 않지만, 도전 받을 가능성을 예측하고 있다. 이 꼬리의 신호는 "여기서는 내가 보스다. 아니라고 생각하는 놈 있으면 붙어보자"라고 해석할 수 있다.

꼬리가 높은 위치에 있지만 긴장하지 않은 채 끝이 약간 움직이고 있다면 완전히 자신감을 갖고 있다는 증거이다.

### ● 꼬리가 올라가 등 쪽으로 약간 구부러져 있다

"내가 보스다. 그것은 누구나 알고 있다"를 의미한다. 자신의 지배력을 확신하고 있으며, 자신감 있는 우위의 개가 나타내는 표현이다. 이 개는 누구로부터도 도전 받는 일 없이, 모두가 자신의 의도대로 움직일 것을 기대하고 있다.

나는 오래전부터 왜 개가 자신의 우위성을 나타낼 때 꼬리를 높이 올리는지 생각해왔다. 그러던 어느 날 우연히 본 참고 영상에서 이리가 수렵하는 장면을 보았고, 그때 높이 올라간 꼬리가 개의 전투 깃발이라는 것을 깨달았다. 영상 속에서 이리 무리는 항상 리더의 주변에 모여 있었다. 대개 리더는 몇 마리가 움직여 도는 가운데 분명하게 구분되었다. 리더의 꼬리는 마치 깃발과도 같이 드높이 올라가 있고, 그 거처가 항상 확인되었던 것이다.

꼬리가 무리를 모으는 깃발이라는 생각에 더욱 확신을 준 것은 높이 올라간 꼬리의 효과를 여러 장면에서 관찰했을 때였다. 예를 들면, 리더가 꼬리를 긴장시키지 않고 태평하게 걷고 있을 때는 무리의 멤버가 그의 움직임에 거의 주의를 기울이지 않고, 저마다 자신이 하고 싶은 대로 하고 있었다. 그러나 리더가 꼬리를 높이 올리고 평원을 달려 나가면, 멤버는 그쪽으로 눈을 향할 뿐만 아니라 리더 옆으로 이동했다. 무리의 리더인 이리는 분명히 이 꼬리의 신호를 구분해서 사용하고 있었다. 수렵을 위해 동료를 모을 때는 꼬리를 높이 올렸다. 또한 낯선 동물이 다가오거나 위협으로 이어질 것 같은 낌새를 느꼈을 때도 꼬리를 올렸다. 그의 드높이 올라간 꼬리는 무리를 가까이 모으는 효과가 있었고, 그것은 몽골의 지휘관이 깃발을 게양해 군대를 모으는 것과 같았다. 그렇다면 꼬리의 위치가 낮아지면 전달하는 내용도 달라질까?

● 꼬리가 수평보다 낮은 위치에 있지만 양다리에서 떨어져 있고, 때때로 은근하게 좌우로 흔들린다

이것은 우선 걱정할 필요가 없다. "태평한 기분이다" "아무 일도 없다"는 의미를 나타내기 때문이다.

● 꼬리가 뒤로 다리 가까이까지 내려가 있다

뒷다리가 아직 곧고 꼬리가 좁은 폭으로 천천히 좌우로 흔들리고 있다면 "별로 기분이 좋지 않아" 하는 의미이다. 이것은 병에 걸렸거나 약간의 아픔을 느끼고 있는 개가 흔히 보내는 신호이다. 이 신호는 육체적 부조화뿐만 아니라 정신적인 불쾌감도 나타내며 "기분이 좀 꿀꿀해"로도 해석할 수 있다.

또한 뒷다리가 약간 안쪽으로 꺾이고, 엉덩이가 내려간 기색일 때는 불안하거나 병이 있다는 증거이다. 기본적으로 이때의 꼬리 신호는 "좀 불안해"를 의미한다. 이것은 익숙하지 않은 환경에 있는 개에게서 흔히 볼 수 있는 신호인데, 가족 중 누군가 외출하는 것을 보고 항상 함께 있는 상대가 잠시 없어지는 것에 불안을 느낀 개도 이런 신호를 보인다.


● 꼬리가 뒷다리 사이로 말려 들어가 있다

꼬리가 완전히 내려가면 불안이나 정신적 불쾌감에서 공포로 바뀐다. 이런 위치에 있는 꼬리는 "무서워!" "괴롭히지 마!"라고 해석할 수 있다.

이 꼬리의 위치는 주로 공포를 나타내지만, 다른 개의 공격을 피하기 위한 화해 신청 신호로도 사용된다. 강한 힘을 가진 지배적인 개나 사람을 눈앞에 두고 있을 때 이 신호를 보이는 경우가 많다. 이런 상황에서 이 꼬리의 신호는 "무리 속에서 열위임을 받아들입니다. 당신에게 거스르는 일은 하지 않겠습니다", 또는 "당신에게는 완패입니다. 당신의 실력을 결코 의심하지 않겠습니다"라는 의미도 포함하고 있다.

높은 위치의 꼬리가 지배적인 신호로, 낮은 위치의 꼬리가 복종과 불안의 신호로 진화한 데에는 또 한 가지 이유가 있다. 개의 항문선 냄새는 많은 정보를 전달하고, 개의 감정이나 성적인 수용 태세에 대해서도 알려준다. 항문선은 그 개의 이력서와 같다. 즉, 꼬리를 높이 올리고 있는 개는 세상을 향해 정보를 공개하고 있는 셈이다. 근처에 있는 모든 개들에게 그 냄새를 맡게 하여 자신이 누구인가를 전하고 있는 것이다. 자신의 이름을 전등으로 비추거나, 자서전을 출간하여 널리 읽어달라고 하는 행위에 가깝다.

높은 꼬리의 위치가 항문선을 속속들이 드러내어 냄새를 발산한다면, 낮은 꼬리의 위치는 당연히 냄새의 발산을 억제한다. 뒷다리 사이에 단단히 꼬리를 감아 넣으면 생리적으로 항문선은 감추어지고, 향수병의 마개를 닫은 것처럼 냄새가 밖으로 풍기지 않는다. 즉, 개는 자신을 증명하는 냄새의 발산을 억제함으로써 자기 존재를 숨기는 것이다. 꼬리를 감아 넣는 행위는 불안한 사람(특히 아이)이 강한 존재나 두려운 상대를 앞에 두고 얼굴을 숨기는 행위와 비슷하다고 지적하는 학자도 있다. 냄새 신호 역시 꼬리에 의한 커뮤니케이션의 중요한 요소인 것이다.

그림 11-1은 꼬리의 위치를 비교한 그림이다. 지배성이나 공격성이 강해짐에 따라 꼬리의 위치는 높아지고, 공포나 복종의 정도가 강해짐에 따라 꼬리의 위치는 낮아진다.

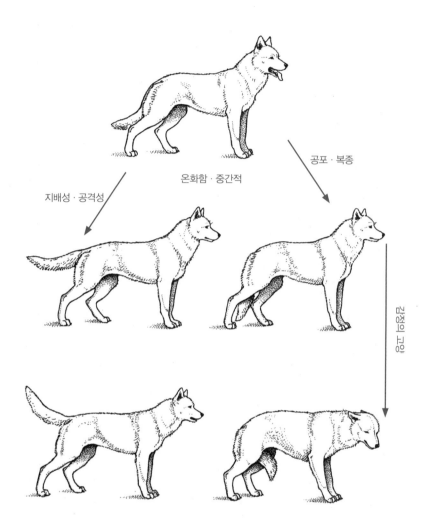

지배성 · 공격성

온화함 · 중간적

공포 · 복종

감정의 고양

**그림 11-1** 기본적인 꼬리의 위치

**위** : 온화하게 주목하는 개.

**왼쪽** : 지배성이나 공격성이 강할수록 꼬리가 높아진다.

**오른쪽** : 공포나 복종의 정도가 강할수록 꼬리가 낮아진다.

## 꼬리의 형태를 예의주시하라

앞에서 이야기한 대로, 꼬리의 위치가 전하는 정보는 몇 가지 요소로 달라진다. 그 하나가 꼬리의 형태이다.

### ● 꼬리털이 전체적으로 곤두서 있다

개가 꼬리 형태를 바꾸는 가장 손쉬운 방법은 털을 곤두세우는 것이다. 이는 공격의 표시이다. 또한 이것은 독립된 신호로, 꼬리 위치의 신호에 위협의 의미를 더하는 작용도 한다. 따라서 꼬리가 수평으로 돌출되어 있고 그 털이 곤두서 있으면 "누가 보스인지 분명히 가려보지 않겠나?"의 의미에서 "누가 보스인지 분명히 가리자. 덤빌테면 덤벼봐라"로 바뀐다. 꼬리가 높이 올라가고, 등 쪽으로 휜 상태로 털이 곤두서 있을 때는 "여기서는 내가 보스다. 너 같은 건 두렵지 않아. 거슬리면 공격할 거야"의 의미가 된다. 꼬리가 낮게 처지고, 털이 곤두서 있을 때는 "걱정되고 불안해. 저쪽이 시비를 걸어오면, 싸울 수밖에 없겠지"를 의미하고 있다.

### ● 꼬리 끝의 털만 곤두서 있다

꼬리털 전체가 곤두선 상태는 어김없이 공격을 의미하지만, 특별히 꼬리 끝이 올라가 있고 그 털이 곤두서 있을 때는 공격이 아닌 공포, 불안 또는 의존심의 요소가 가해진다. 따라서 꼬리가 처져 있고(단지 다리 사이에 감아 넣고 있는 것이 아니라), 끝의 털이 곤두서 있으면 "오늘 기분이 무거워"라고 말하고 있는 것이다. 이럴 때 개들은 잠시 상대해주면 대개 회복된다. 그것이 효과가 없는 경우에는 혹시 아픈 건 아닌지 살펴보아야 한다.

● **꼬리가 높이 올라가고, 꾸불꾸불한 느낌으로 구부러져 있다**

겉모습이 이리에 가까운 개에게서 흔히 볼 수 있는 변형된 꼬리 형태이다. 저먼 셰퍼드, 셰틀랜드 시프도그Shetland Sheepdog, 또는 북방계의 견종은 꼬리로 이런 형태를 만든다. 꼬리가 뱀처럼 구부러진 S자 형으로 보인다. 이것은 당장이라도 공격에 들어갈 작정임을 분명히 알리는 신호이다. 이 신호가 특히 다른 지배성이나 공격 신호와 겹치고 있다면, 사람이든 개든 물러나는 편이 좋다. 이 신호는 "꺼져! 꺼지지 않으면 공격이다! 지금 당장!"으로 해석할 수 있다.

● **꼬리의 끝이 굽어 있다**

이것은 다른 신호에 중간 정도 위협의 의미를 더하는 것이다. "물러나. 나를 화나게 하지 않는 게 좋아. 그렇지 않으면 공격이다"라고 말하고 있다. 따라서 꼬리가 굽어 있는지 여부를 주목하는 게 좋다. 눈에 잘 띄지 않는 경우도 많지만, 결코 간과해서는 안 된다. 개가 공격성을 띤다는 증거로 실제로 물려고 달려들지도 모르기 때문이다.

## 꼬리의 움직임에 따른 의미

꼬리의 여러 가지 움직임은 소리나 자세 등에 의한 다른 신호를 보충하거나, 별도의 의미를 덧붙인다.

### ● 재빨리 꼬리를 흔든다

이것은 흥분이나 긴장의 표시이다. 일반적으로 꼬리를 흔드는 강도나 속도는 흥분의 정도를 나타낸다. 흥분의 정도를 측정하는 데는 꼬리 흔들림의 크기와는 관계없고, 흔들리는 속도에 주목하는 것이 중요하다. 흔들리는 폭은 견종에 따라 다르기 때문에 주의해야 한다. 예를 들면, 긴 꼬리를 가진 사냥개는 당근 형태의 꼬리를 가진 테리어(꼬리를 흔들어도 찌르르 진동하는 정도로밖에 보이지 않는다)보다 꼬리를 많이 흔드는 것처럼 보인다. 그러나 어느 쪽이든 개의 흥분 상태를 나타내는 건 마찬가지다. 한편 꼬리의 흔들리는 폭은 개의 흥분 정도가 아니라, 감정이 긍정적인가 부정적인가를 나타내는 것이다.

### ● 좁은 폭으로 아주 약간 꼬리를 흔든다

이것은 인사할 때 흔히 볼 수 있다. 모르는 상대를 맞이할 때, 또는 주인이나 가족이 돌아왔을 때 개는 이런 인사를 한다. 사람이 개의 존재를 알아차리기 전에 나타내는 경우가 많다. 우선 "안녕" 또는 "저, 여기 있어요"의 의미로 해석할 수 있다.

주인이 방에 들어가기 전이나 일하던 중에 짬짬이 개에게 눈길을 주었을 때, 이런 식으로 꼬리를 흔드는 경우가 있다. "어? 저를 봐주시네요. 저를 좋아하는 거지요?"라고 말하고 있는 것이다. 이것은 상대에게서 주목받은 것에 대한 반응이고, 개가 사람의 우위성을 인정하면서 친밀감을 표시하고 있다는 신호이다.


● 꼬리가 크게 흔들린다

이것은 "당신에게 거슬리는 행동이나 위협을 하지 않겠습니다"
의 표현이다. "당신이 좋아요"의 의미로 사용되기도 한다. 개끼리 으
르렁거리고 짖으며 놀다가 이런 식으로 꼬리를 흔드는 경우도 많다.
소란스럽게 날뛰고 돌면서 꼬리를 크게 흔드는 것이다. 상대 개(또는
사람)에게 이것은 진짜 공격이 아니라 놀이라는 것을 확인시키는 것
이다. 아이가 경찰놀이를 하면서 도둑 역인 상대에게 손가락으로 권
총을 쏘는 흉내를 내며, "잡혔어! 너를 죽여주겠다!"고 외치면서도
얼굴은 즐거운 듯 웃고 있는 것과 같다.


● 크게 꼬리를 흔드는 것과 동시에 허리도 좌우로 흔들린다

이것은 특히 오랫동안 집을 비웠다가 돌아왔을 때 하는 인사이
다. 개에게 '특별한 사람'(개가 말을 가장 잘 듣는 상대)이 집에 돌아왔
을 때의 반응이기도 하다. 또 개가 처음으로 명령을 배울 때(예를 들
면, "이리 와"라는 말을 듣고 이쪽으로 걸어올 때)에도 이런 식이다. 이렇
게 꼬리를 흔드는 방식은 행복한 상태를 나타내는 것처럼 여겨지는
경향이 있지만 실제로는 좀 더 복잡하다. 최고의 겸양을 나타내는 신
호로 "위대한 리더님, 저 여기 있어요. 뭐든 분부만 하세요. 그리고
저를 괴롭히지 말고 소중히 대해주세요"라는 의미이다.

● 꼬리를 반쯤 올리고 천천히 흔든다

이것은 꼬리에 의한 다른 신호들처럼 사회적인 것은 아니다. 나는 개를 훈련할 때 이 행동을 "저는 당신을 이해하려 하고 있습니다. 하지만 뭘 원하시는 건지 알 수가 없네요"라고 해석하고 있다. 따라서 개가 질문을 해결하면 금세 꼬리 흔들기가 빨라지고, 급기야는 "위대한 리더님, 뭐든 분부만 하세요"라는 자세로 바뀐다.

꼬리의 위치가 특별히 지배적(높다)이거나 복종적(낮다)이지도 않으면서 천천히 흔들리는 경우는 불안을 느끼거나 다음에 해야 할 일을 알 수 없다는 신호이다. 누군가가 자신의 집이나 세력권에 접근하는 것을 알아차린 개가 흔히 그런 식으로 꼬리를 흔든다. 침입자 쪽으로 한두 걸음 발을 내딛으며 천천히 꼬리를 흔들고 나서 가족이나 무리 쪽을 뒤돌아보고, 또 한 번 천천히 꼬리를 흔들고 나서 침입자 쪽을 보는 식이다. 이는 망설이는 표정이다. 하지만 그것이 위협인지 아니면 기뻐해야 할 일인지를 분간한 순간, 그 꼬리는 올라가거나 내려가거나 하여 좀 더 명확한 신호로 바뀔 것이다.


## 견종에 따라 꼬리 신호가 다른 이유

실제로 꼬리 신호의 표현 방식은 다양하다. 견종에 따라 꼬리 형태가 다르고, 평소 때의 꼬리 위치도 다르기 때문이다. 또 꼬리를 낮은 위치에 유지하도록 요구되는 견종도 있지만, 높은 위치나 중간 위치에 유지하도록 요구되는 견종도 있다. 평소 때의 꼬리 위치가 규정보다 너무 높거나 낮은 개는 도그 쇼에서 마이너스 점수를 받는다. 천성적으로 곧게 뻗은 꼬리, 등에 감겨 올라간 꼬리, 또는 다리 사이로 처져 있는 꼬리가 좋다고 여겨지는 견종도 있다. 또한 탐스러운 장식 털이 있는 꼬리가 요구되는 견종도 있지만, 꼬리에 긴 털이 있어서는 안 되는 견종도 있다. 그리고 일정한 길이가 요구되거나, 아니면 꼬리가 없는 것이 좋다고 여겨지는 견종도 있다. 대개 이런 많은 요구는 단지 '쇼'나 '외모'를 위한 것에 지나지 않는다.

그러나 독특한 기능을 맡도록 교배 육종되고 있는 견종에 따라서는 그 기능을 위해 꼬리가 매우 중요한 경우도 있다. 특히 사냥개가 그렇다. 아이리시 세터는 그 조상인 포인터Pointer보다도 훨씬 빨리 지면을 이동할 수 있다. 그리고 꼬리를 흔드는 방향으로 사냥꾼이 사냥감과의 거리를 추측할 수도 있다. 사냥감에 다가갈수록 꼬리를 흔드는 속도가 빨라지는 것이다. 그렇기 때문에 꼬리가 눈에 잘 띄도록 장식 털이 풍성한 게 좋다. 세터는 일단 사냥감이 있는 장소를 알아내면 사냥감을 가리키기 위해 꼬리의 움직임을 딱 고정시킨다. 꼬리의 움직임이 멈추면 사냥꾼은 개가 새들 바로 가까이에 있다는 것을 알아차린다. 그리고 사냥꾼은 새가 놀라서 날아가지 않도록 발소리를 내지 않도록 접근하여 숨통을 끊어놓는다.

북방의 썰매개는 꼬리를 높이 올리고 있는 것이 보통인데, 이것도 기능적인 이유 때문이다. 썰매에 연결되어 있는 개들이 꼬리를 높게 올리고 있으면 마부가 그 신호를 분간하기 쉽다. 꼬리가 평소처럼 높은 위치에 있는지는 한창 썰매가 움직이고 있는 중에도 바로 알 수 있다. 모든 개의 꼬리가 올라가 있으면 팀은 긴장하여 달릴 준비가 되어 있다. 그러나 한 마리라도 꼬리가 내려간 기색이 보이면 금방 눈에 띄기 때문에 마부는 무슨 문제가 생겼는지 살펴볼 수 있다. 꼬리가 수평이 되어 있거나 굽은 기색이면, 마부는 팀 멤버 사이에 충돌의 기미를 느낀다. 만약 썰매개의 꼬리가 항상 중간 위치에 있다면 이런 신호를 분간하기가 어려울 것이다. 선두에 달리는 개의 꼬리가 그 뒤를 잇는 개들의 몸에 숨어버리기 때문이다. 꼬리의 위치가 높은 덕분에 마부는 팀에 대해 중요한 정보를 읽을 수 있는 것이다.

한편, 목양견의 꼬리 위치는 낮은 편이 좋다고 여겨진다. 대체로 그들의 꼬리는 움직이지 않고, 몸 방향에 따라 후방으로 늘어져 있다. 그것은 목양견이 가축의 무리를 특정 방향으로 이동시키려면 가축을 가볍게 물거나 노려보아야 하고, 뒤에서 기세 좋게 달리기도 해야 하기 때문이다. 무리를 이룬 가축은 개의 머리와 몸의 방향을 자신들이 이동해야 할 방향의 표시로 보고 있는 듯하다. 그런데 목양견이 썰매개처럼 꼬리를 높이 올리고 좌우로 흔들고 있다면 어떨까? 아마도 소나 양의 무리는 개의 시선이나 몸의 방향에서 주의를 놓치게 되고, 목양견의 메시지가 명확히 전달될 수 없었을 것이다.

문제는 견종의 표준이 된 꼬리의 형태나 위치가 사람이나 다른 개에게 나타내는 메시지를 애매하게 만들어버린다는 것이다. 예를 들면, 격하게 꼬리를 흔드는 아이리시 세터는 쉽게 흥분하고 또 너무 활달한 경향이 있어서 결코 침착하다든가 소심하다고 보지 않는다. 그러나 보더 콜리Border Collies와 같은 개의 경우, 실제로는 아이리시 세터와 같이 사교적인데도 꼬리의 위치가 낮고 그다지 활발하게 움직이지 않아 침착하고 소심하게 보는 경우가 많다. 따라서 중요한 것은 견종별 꼬리 차이에 따라 각각 신호를 읽는 방법이 달라야 한다는 것이다. 물론 개와 오랫동안 살고 있으면 꼬리의 표정 변화를 정확히 읽어낼 수 있고 신호도 쉽게 알아차릴 수 있게 될 것이다.


## 왜 꼬리를 자르는 걸까?

사람은 개의 '꼬리 자르기'를 통해 꼬리 신호에 가장 많이 개입하고 있다. 당연한 말이지만, 꼬리가 잘린 개는 꼬리에 의한 신호를 보낼 수 없다. 꼬리 자르기에 대해서는 지금까지도 뜨거운 논쟁이 벌어지고 있고, 나 또한 이 문제에 대해 여러 가지 생각을 갖고 있다. 몇몇 나라에서는 반대파의 의견(잔혹하고, 개에게 고통과 장애를 준다)으로 이 행위가 금지되었다. 그러나 도대체 왜 꼬리 자르기가 행해졌는지는 이해해둘 필요도 있을 것이다. 꼬리 자르기는 단순히 개의 외모를 위해 시작된 것은 아니었다. 사람이 개의 모습에 손을 대는 많은 경우와 마찬가지로, 꼬리 자르기가 시작된 것도 원래는 지극히 실제적인 이유 때문이었다.

그 이유 중 하나는 경호견의 잘린 귀와 같다. 침입한 적은 개의 꼬리를 잡으면 그 움직임을 봉쇄함과 동시에 개의 이빨을 피할 수가 있다. 그것을 막기 위해 경호견의 꼬리가 죽지 부근에서 절단된 것이다.

그러나 문제는 현재 꼬리가 잘리고 있는 개의 대부분은 경호견이 아니라는 점이다. 꼬리의 일부 내지 전부가 잘리고 있는 개는 50종 이상에 달하고 있다. 또한 사냥개의 경우, 이것은 원래 꼬리의 손상을 막기 위한 예방 조치였다. 사냥개는 사냥감을 쫓아 우거진 덤불이나 가시밭, 울퉁불퉁한 바위가 많은 지면을 달리기 때문에 도중에 부상을 입는 일이 많다. 특히 좌우로 격하게 흔들리는 꼬리는 스쳐서 껍질이 벗겨지거나 잘리기 쉽다. 이 상처는 통증이 심하고, 게다가 치료가 곤란하여 성장한 개는 꼬리를 자르는 것 이상의 위험을 수반하는 절단 수술을 받지 않으면 안 된다. 따라서 미리 절단해버리면 그런 위험을 피할 수 있다.

이러한 이유로 꼬리 자르기를 하는 것은 어느 정도 이해할 수 있지만, 일단 절단된 꼬리는 신호를 보내는 데 제약을 받기 때문에 역시 마음에 걸리긴 마찬가지다. 여기서 사실을 바탕으로 한 데이터와 일화 한 가지를 소개하겠다. 우리는 개를 풀어 자유롭게 놀 수 있는 마을 내 공원에서 개끼리의 관계를 관찰하는 조사를 한 바 있다. 관찰된 개들은 꼬리가 없는 개와 있는 개로만 분류했다. 꼬리가 있는 개가 76퍼센트, 꼬리가 없는 개가 24퍼센트였다. 그러나 공격적인 접촉에서는 꼬리가 없는 개가 26건(53퍼센트)에 달했다. 꼬리가 있는 개와 없는 개의 수의 비율로 보자면, 꼬리가 없는 개의 공격적 접촉 건수는 12건(24퍼센트) 정도였어야 한다. 그러나 실제 결과에서는 꼬리가 없는(또는 짧은) 개가 공격받을 확률이 눈에 띄는 꼬리를 가진 개의 두 배나 높았던 것이다. 충돌의 비율이 높은 것은 꼬리를 사용하는 신호가 적절하게 보내지지 않고, 상대의 기분을 진정시켜 공격을 피하지 못했기 때문이 아닐까 생각되었다.

다음은 잘린 꼬리에 관련한 일화이다. 트랜지트라는 이름의 래브라도 레트리버Labrador Retriever가 그 주인공이다. 그는 정이 깊은 전형적인 래브라도로, 사람을 잘 따르고 다른 개들과도 온화하게 접촉했다. 그의 주인 마크는 그를 가까운 공원에 자주 데려가 놀게 했다. 마크의 말에 의하면, 트랜지트는 그곳에서 만난 어떤 개와도 말썽을 일으키거나 싸움을 한 적이 없었다고 한다. 그런데 어느 날, 트랜지트는 자동으로 닫히는 차고 문에 끼어 안타깝게도 꼬리가 으깨져 버렸다. 곧바로 수의사의 처방은 받았지만, 꼬리를 거의 절단할 수밖에 없었다. 트랜지트는 그 후 완전히 회복되었고, 그로 인한 성격 변화도 없었다. 그러나 마크는 다른 개들이 트랜지트에 대해 이전보다 의심스러운 반응을 하는 데 신경이 쓰였다. 처음 만난 개를 보았을 때는 전보다 인사 의식에 오랜 시간이 걸리고, 자주 으르렁거리는 모습을 보였다. 싸움을 거는 것은 항상 상대 개였다. 트랜지트가 꼬리로 말하는 능력을 잃어버려 예전처럼 의사를 정확히 전달하지 못하고, 상대를 달래는 우호적인 신호를 명확히 전달할 수 없게 된 것이다.

이러한 통계와 일화에는 여러 가지 해석이 가능하다. 그러나 나로서는 예방조치로 꼬리 자르기를 하는 것은 이해할 수 있지만, 그 결과 발생하는 개의 감정 및 의사 전달 능력의 감퇴가 그저 안타까울 뿐이다.

# 몸으로 말한다

주위 사람들의 동작을 유심히 보라. 그 속에는 즐거움, 분노, 고민, 흥분…
많은 것을 담고 있다. 사람의 자세, 손 위치, 머리가 기운 방향, 걷는 방향
등을 보면 대강 그 사람의 심리 상태를 눈치 챌 수가 있다. 개 또한 몸의 자
세, 앞발의 위치, 걷는 방법 등 특유의 몸짓을 통해 자신의 감정을 드러낸다.

나는 언젠가 시의 공원위원회가 개최한 회의에 출석한 적이 있었다. 공원에서 개를 풀어놓는 것이 위법이라고 하는 조례에 관한 회의였다. 그 회의에서는 공원 내에 개가 자유롭게 달리고 놀 수 있는 장소를 설정하는 것에 대한 찬반 논의가 한창이었다. 논쟁은 꽤 격렬해졌고, 그러던 중 한 여성이 일어서서 격렬한 어조로 "개를 풀어놓는 구역을 설정하는 것에 단호히 반대다. 개는 더럽고 위험하기 때문"이라고 말했다. 내 옆에는 대학에서 절충법을 가르치는 교수가 앉아 있었다. 그는 나를 힐끗 보더니 이렇게 말했다. "새로운 조례는 세 번, 또는 네 번의 투표로 가결되겠군요. 개를 풀어놓을 수 있는 공원이 확보되겠어요."

　"어떻게 알 수 있지요?" 나는 물었다.

　"저 사람들이 그렇게 말하고 있잖아요." 그는 말하면서 내 앞의 긴 테이블에 있는 위원회의 멤버들을 눈으로 가리켰다.

　"회의가 시작되기 전에 들은 바가 있으신가요?"

　"아니, 지금 그렇게 말하고 있잖아요. 오른쪽 남자를 보세요. 몸

**그림 12-1** 여덟 사람의 행동을 보고 각자가 생각하는 바를 알아맞히는 능력을 시험해보자. 다음의 여덟 가지 말 중 부합한다고 생각되는 그림의 알파벳을 각각 연결하고, 정답과 비교해보자.

1. "우린 해냈어!" ☐
2. "아무도 마음에 들지 않아." ☐
3. "어서 오게." ☐
4. "여기서는 내가 보스라는 거, 잊지 않았겠지?" ☐
5. "정말 곤란하군." ☐
6. "좀 생각해보자." ☐
7. "뭐가 어떻게 된 건지 도무지 알 수가 없어." ☐
8. "전혀 뜻밖이야, 너한테 실망했어." ☐

196

을 내밀고 있지요? 그건 이 의견에 찬성이라는 겁니다. 그로부터 세 번째에 앉아서 턱을 쓰다듬고 있는 여성도 마찬가지죠? 다른 사람들은 어떨까요. 전원이 지금 저 여성의 의견에 호의적이 아니군요. 두 사람은 그녀로부터 멀리 있고 싶다는 듯이 몸을 뒤로 젖히고 있고, 한 사람은 천장을 바라보고 있고요. 또 그 옆의 남자는 팔짱을 끼고 있고, 그 옆의 여성은 양손을 꽉 쥔 채 입술을 앙다물고 있군요. 얼굴에 손가락을 대고 있는 여성도 이 의견에 반대입니다. 다만 한 사람, 찬성인지 반대인지 잘 모르겠는데, 수염을 기르고 있는 남자 말입니다. 턱을 괴고 있는 걸 보면 지루해하고 있다는 증거인데, 찬성도 반대도 될 수 있겠군요. 하지만 몸이 기운 방향으로 봐서는 저 여성의 발언을 바보 같다고 생각하고 있는 듯한데요."

그는 그 자리에 있는 사람들의 행동을 보고 그들이 생각하고 있는 바를 정확히 읽어내고 있었다. 그의 말대로 공원 내에 개를 풀어놓고 놀 수 있게 몇 군데를 지정해 놓고, 일정 기간 시도해본다는 안이 네 번의 투표로 가결되었던 것이다. 이처럼 위원들은 미리 의견을 공표하지 않았어도 자신의 기분이나 의향을 몸으로 정확히 전달하고 있었다.

전문 교섭인, 임상심리학자, 특수 경찰관, 사업가라면 대개 언어 이외의 몸짓 언어를 읽는 기술을 훈련으로 배운다. 그러나 보통 사람들도 특별히 그 기술을 배우지 않아도 대충 알 수 있다. 그림 12-1을 보아주기 바란다. 묘사되고 있는 사람의 모습은 각각 무엇을 말하고 있는 것일까? 제시된 여덟 가지 말과 연결된다고 생각되는 그림을 알파벳으로 답해보자.

맞는 답은, 1 - E, 2 - A, 3 - C, 4 - F, 5 - B, 6 - H, 7 - D, 8 - G이다. 독자들 대부분은 정식 훈련을 받지 않았더라도 무난하게 이 몸짓의 의미를 읽고 해석했을 것이다. 사람들의 이런 사소한 동작이 전하는 것은 인사, 분노, 고민, 흥분, 결백 등등 다양하고 복잡한 내용을 포함하고 있다. 이러한 정보가 사람의 자세, 손 위치, 머리가 기운 방향, 걷는 방향 등으로 나타난다.

개의 경우도 마찬가지다. 개는 몸의 자세, 앞발의 위치, 걷는 방법 등으로 중요한 정보를 전한다. 그리고 사람처럼 특유의 몸짓을 통해 감정이나 상대와의 관계에 대해 많은 말을 하고 있다.


## 기본적인 바디 랭귀지

행동 양상에 따른 사회적인 우위성, 공격, 공포, 복종의 표현에는 기본 원칙이 있다. 개는 공격적·지배적일수록 자신을 크게 보이려고 한다. 반대로 겁먹고 복종적일수록 자신을 작게 보이려고 한다. 이것은 특별히 새로운 학설은 아니다. 찰스 다윈은 1872년에 자신의 저서 《사람과 동물의 감정표현》에서 이미 그것에 대해 다루고 있다. 이 기본 원칙이 몸의 움직임과 연결되어 어떤 메시지를 발하는지 살펴보기로 하자.

## ● 사지를 긴장시키고 똑바로 서 있다, 또는 사지를 경직시켜 천천히 앞으로 나온다

이것은 우위의 개가 "여기는 내 영역이야"라고 말하고 있는 것이다. 또한 "너에게 도전하겠어"라는 의미도 있다. 이 자세는 다윈에 의해 묘사되기도 했다.그림 12-2

오랫동안 이 자세는 개의 전투 자세를 나타낸 것으로 공격은 피할 수 없다고 생각되어왔다. 그러나 사실은 완전히 다르다. 우위인 개가 실제로 싸우는 일은 좀처럼 드물다. 그럴 필요가 없기 때문이다. 공격의 위협은 실제로는 의식화된 행동이다. 중요한 것은 그 신호이지, 그것이 예고하는 현실적인 행위가 아니다. '의식ritual'이라는 단어는 '습관'이나 '의례'를 뜻하는 라틴어 '리튜알리스ritualis'에서 나왔다. 이 행동 패턴은 행위의 준비라는 원래의 기능을 잃고, 의사 전달

그림 12-2 찰스 다윈이 그린 우위성을 확립하려고 하는 개(《사람과 동물의 감정표현》, 1872년).

및 소통의 목적으로 변화했다. 사실 위협에 이어서 실제로 공격이 일어나는 경우는 거의 없다. 보통은 이 신호를 발하는 것만으로도 무리의 멤버에 대해 우위성을 확립하기에 충분한 효과를 갖기 때문이다.

그럼 왜 이 자세가 실제의 공격 준비를 의미하는 대신 하나의 의사 전달 유형이 되었던 것일까? 답은 진화와 종種의 존속에 있다. 무리 안에서는 사소한 싸움이 매일 일어난다. 그 원인은 누가 어디에서 자는가, 누가 손을 가로막는가, 누가 최초로 먹는가, 누가 놀이나 교미를 최초로 하는가 등 수없이 많다. 이 일상적인 옥신각신이 항상 전투로 연결된다면 개는 에너지를 다 소진해버려, 자신의 상처를 핥거나 치유하는 데 많은 시간을 빼앗겨야 할 것이다. 그래서는 개체로서도 생존 가능성이 낮아진다. 피곤하고 상처 입은 동물은 사냥을 잘할 수도 몸을 잘 지킬 수도 없기 때문이다. 그래서 진화가 작용했다. 우위성의 신호를 받아들이고, 복종하는 것을 배운 개는 살아남기가 쉬웠다. 또한 지배성을 과시하고, 상대의 복종을 기다리기를 배운 개 역시 실제로 싸움을 걸 필요가 없어 생존율이 높았다. 때문에 무리 전체가 살아남고 자손을 늘리는 것이 쉬워졌다.

두 마리의 개가 서로 위협적인 상대가 아님을 확인했을 때는 인사의 춤을 춘다. 개는 눈을 깜박이거나 한순간 시선을 피했다가 천천히 서로의 옆구리 쪽을 향하고, 그 이상 노려보지 않는다. 두 마리는 서로 이웃해 서서 둘 다 꼬리를 높이 올리고 서로 항문 근처의 냄새를 맡으며 돈다. 여기에는 두 가지 목적이 있다. 하나는 상대의 성별과 특징을 알기 위해서이고, 다른 하나는 서로 공격을 두려워하지 않고 자신감을 나타내기 위해서이다. 이 인사가 끝나면 두 마리는 서로 주변을 빙빙 돈 다음 함께 달려 나가 놀든가 서로 다른 방향으로 향한다.

그렇다고 해서 우위성을 과시하는 이 자세가 결코 공격으로 연결되지 않는다는 것은 아니다. 이것은 의사 전달에 있어 하나의 수단이기 때문에 일단 신호가 보내지면, 다음 행동은 상대편 개가 보내는 반응에 따라 달라진다.

### ● 몸을 약간 앞으로 내밀고 다리를 긴장시키고 있다

이것은 공격을 도발하는 신호이다. 이 자세를 취하는 것은 지배적인 개가 "내가 보스다"라고 한 선언을 받아들이려고 하지 않는 것이다. 즉, "너에게 도전하겠다, 싸우자!"라고 말하는 것이다. 이 시점에서는 무슨 일이 일어나도 전혀 이상하지 않다. 개가 뒤로 물러나거나, 적어도 자신의 우위성을 과시하는 자세만 취하고 있어도 대결은 피할 수 있다. 상대를 적어도 자신과 동등하다고 인정한 것이 되기 때문이다. 그런 의사 표시가 없는 경우, 두 마리는 접근을 계속하고, 실제로 싸움이 시작된다.

한편 신호의 사소한 변화에 따라서도 다음에 무슨 일이 일어날 것인지 읽을 수 있는데, 이 경우는 개 등의 털에 주목해야 한다.

### ● 목에서 등에 걸쳐 털이 곤두서 있다

몸을 경직시킨 채 똑바로 서 있는 자세를 수반하지 않았더라도, 이것은 공격의 가능성을 나타내는 신호이다. 곤두선 등줄기의 털은

"나를 건드리지 마!" "화났어!"를 의미하고 있다. 또 다른 상황에서는 공포나 불안을 나타내는 경우도 있다.

따라서 털이 곤두선 경우 주의 깊게 관찰할 필요가 있다. 개의 털은 끝이 거무스름한 경우가 많다. 그래서 목부터 등줄기에 걸쳐서 털이 곤두서면, 털 끝의 검은 것이 눈에 띄게 된다. 그럼으로써 개는 더 커 보이고, 지배적인 표현이 강조된다. 이리나 어떤 견종은 등에 검은 털의 줄기가 분명하게 나 있고, 어깨 부분도 거무스름하다. 이 털 색의 특징은 이런 신호가 눈에 띄도록 진화한 것이다.

등의 털이 곤두선 경우는 두 가지이다. 첫 번째는 목에서 등줄기에 걸친 털만 곤두섰을 때이다. 자신감 있는 우위의 개가 눈앞의 상황에 망설이고 있지 않을 때는 그런 식으로 등줄기만 곤두세운다. 두 번째는 등 전체의 털이 곤두선 경우이다.(꼬리의 털도 동시에 곤두선 경우가 많다.) 이것은 "도전에 응하겠다"는 의미로, 당장이라도 공격을 개시할 수밖에 없다는 신호이다. 원인이 분노이든 불안이든 간에 이와 같이 털을 곤두세우고 있는 개는 상대 개가 도망가거나 꺾이거나 하지 않는 한 실제로 싸우는 것 외에는 방법이 없다고 여겨질 때가 많다.

### ● 움츠리듯이 몸을 낮춘 채 상대를 올려다본다

몸을 낮추고 자신을 작게 보이려고 하는 이 자세는 분명히 복종을 표현하고 있다. 자신을 크게 보이려고 하는 지배적인 표현의 반대이다. "싸움은 그만두자" "당신이 리더이고, 순위가 높다는 것을 인정한다"라고 말하고 있는 것이다. 다윈은 이 자세를 그림으로 묘사하고

있다. 그림 12-3

　개가 몸을 낮추는 것은 두려운 동물이나 사람을 눈앞에 두고 있을 때의 감정 표현이라고도 한다. 그러나 공포에는 몇 가지 종류가 있다. 가장 알기 쉬운 것이 생명이나 몸의 안전이 위협받은 경우의 '생존의 공포'이다. 이런 경우 개의 행동은 두 가지밖에 없다. 두려운 상황에서 도망가거나, 자신을 위협하는 상대와 싸우는 것이다. 영리한 개는 자신이 위협받으면 도망갈 것이다. 상처를 입을 위험성을 적게 하려면 도망가는 것이 최고이다.

　많은 개들에게서 볼 수 있는 가늘고 잘록한 허리는 빨리 달리기에 적합하고, 위험을 느꼈을 때 빨리 도망가기에 유리하다. 그러나 개가 곰이나 퓨마 같은 적에게 막다른 곳까지 몰렸을 때는 목숨 걸고 싸울 수밖에 없다. 적어도 도망가는 길이 열릴 때까지는 말이다. 예를

그림 12-3 　찰스 다윈이 그린 복종을 나타내는 개(《사람과 동물의 감정표현》, 1872년).

들면, 개가 체중 180킬로그램의 회색 곰과 우연히 맞닥뜨려 도망갈 곳이 없는 경우를 가정해보자. 개는 그림 12-3과 같은 자세를 취할 것인가. 물론 그렇지는 않다. 이 자세를 취해도 곰은 공격할 테니까.

또 다른 공포로 '사회적 공포'라고 부를 만한 것이 있다. 이것은 개와 같이 무리를 이루는 동물이 같은 무리의 멤버와 대립했을 때의 공포이다. 이 경우도 개에게 주어진 선택은 도망갈 것인가 싸울 것인가, 이 두 가지 길밖에 없다. 그러나 싸움이 선택되는 경우는 그리 많지 않다. 앞에서도 서술했듯이 달리 방법이 없을 때 외에는 무리 속에서 싸움은 가능한 한 피하도록 진화해왔다. 도망가는 것은 언제라도 가능하다. 순위가 높은 상대로부터 도망가면 불안은 사라지지만, 동시에 상대와의 연결은 그것으로 단절된다. 이리의 무리에서는 멤버가 힘을 합쳐 일할 필요가 있고, 그러기 위해서는 서로의 인연이 확립되어 있지 않으면 안 된다. 도망간 자는 사회적인 끈을 잃는다. 그렇다면 순위가 높은 이리를 앞에 두고 겁먹고 있을 때는 어떻게 할까?

그 대답은 '커뮤니케이션'에 있다. 신호나 몸짓으로 상대의 순위가 높다는 것을 인정하면 충돌을 피할 수 있다. 복종의 신호를 보낸 개는 상대의 지배를 받아들이는 것이 된다. 상대가 그 신호를 받아들이고 다가와서 인사의 몸짓을 했다면 싸움을 피할 수 있을 뿐만 아니라 서로의 사이에 끈이 맺어질 가능성도 있다. 이때의 인사는 순위가 동등한 두 마리가 행하는 춤보다 소극적이다. 우위의 개만이 열위의 개에게 다가가 엉덩이 냄새를 맡는다. 열위의 개는 순위가 높은 상대에게 자신의 입장을 인정받고, 상대에 대한 신뢰감을 깊게 한다.

이렇게 하여 자신이 낮은 순위인 것에 만족하면 무리에 머무는 것이 가능하고, 게다가 공격당하지 않게 된다는 것을 배우는 것이다.

자세를 낮추는 등의 의식화된 신호는 실제로 공포를 나타낸다기보다 두려운 상황을 피하기 위한 수단이다. 국왕 앞에 선 평민은 절을 하여 왕의 지위를 인정하고 경의를 표한다. 그렇게 하여 예를 갖추면, 자신의 몸에 위험이 닥치지 않고 비호 받는 등의 은혜를 입을 수 있다. 개도 마찬가지다. 몸을 낮추는 자세는 우위에 선 존재에 대한 경의의 표시와 다름없는 것이다.

사실 이 행동만으로도 화해를 청하는 신호가 되지만, 실제로는 복종적인 행동을 몇 가지 더 수반하는 경우가 많다. 예를 들면, 몸을 낮추는 것과 동시에 다음과 같은 화해 신호도 보내는 것이다.

### ● 코로 가볍게 쿡쿡 찌른다

개는 몸을 낮추면서 강아지처럼 코로 상대를 쿡쿡 찌르는 경우가 많다. 열위의 개는 우위의 개에게 접근하면 상대의 코를 자신의 코로 가볍게 쿡쿡 찌른다. 이 신호는 몸을 낮추는 자세와 같이 열위의 개가 상대의 순위가 높음을 받아들이겠다는 것을 뜻한다.

이 신호는 앞에서 이야기한 강아지와 어미개의 관계에서 진화된 것으로 여겨진다. 강아지는 코로 쿡쿡 찔러 먹을 것을 조른다. 새끼 때는 어미개의 젖꼭지에서 우유가 흘러나오도록 코로 쿡쿡 찔러 자극한다. 조금 커서는 어미개나 다른 성장견의 얼굴을 핥아서 먹을 것을 토해내게 한다. 이 강아지의 행동이 의식화되어 신호가 되고,

"당신이 나에게 해를 가하지 않고 보살펴준다는 것을 알고 있습니다"란 의미를 나타내게 되었다. 흔히 복종적인 개는 다른 개와 몸을 접촉할 때 이 동작을 한다. 상대 쪽을 향한 채 공기를 코로 쿡쿡 찌르는 동작은, 우리가 누군가를 향해 멀리서 키스를 던지는 것과 비슷하다. 개는 이 동작을 사람에게도 사용한다. 먹을 것을 달라거나 산책하자고 조를 때 주인의 손이나 발을 코로 쿡쿡 찌른다. 가족 중에 순위가 확실히 확립되어 있는 경우, 어루만져 달라는 등의 단순한 애정 표현이기도 하다.

● 상대가 다가왔을 때 제자리에 눌러앉아 움직이지 않은 채 상대에게 냄새를 맡게 한다

몸을 낮추는 것 외에 복종의 신호로 다른 방법도 있다. 자신에 찬 두 마리의 개가 만났을 때 한쪽의 우위성이 분명한 경우, 자신이 열위라고 느껴도 평소 다른 개들에게 지배적이었던 개는 완전히 몸을 낮추는 신호를 보내지 않는다. 대신 열세한 개는 눌러앉아 있다. 그럼으로써 서서 앞뒤로 나아가는 것이 필요한 위협이나 도전의 신호는 방기된다. 개는 상대에게 접근을 허용하고, 자신의 냄새를 맡게 하여 상대의 우위를 받아들이지만, 동시에 서로 간에 '왕과 평민'만큼 커다란 차이는 없다는 것도 나타낸다. 사람으로 말하자면, 왕자가 왕 앞에 선 것과 같은 정도이다. 왕자는 예를 취하고 눈을 내리깔아 국왕의 지위를 인정하지만, 평민과 같이 행동하지 않는다.

이 신호의 의미를 알고 있으면, 가죽끈을 걸어 개를 산보시킬 때

다른 개와의 충돌을 피할 수 있다. 적의를 드러내는 개가 다가오면 자신의 개에게 "앉아!" 하고 명령하는 것만으로도 좋다. 당신의 개가 그 명령에 따르면, 충돌은 일어나지 않을 것이다. 다가온 개는 자신의 우위를 당신의 개가 인정한 것으로 알아차렸기 때문에, 더 이상의 실력 행사는 하지 않으려고 한다. 그리고 당신의 개도 명령에 기쁘게 따를 것이다. 낯선 자 앞에서 약함을 드러내지 않아도 되기 때문이다.

### ● 옆이나 위를 향해 드러누운 채 완전히 상대의 시선을 피한다

몸을 낮추는 자세가 사람의 절에 해당한다면, 이것은 꿇어 엎드린 행위와 비슷하다. 개가 나타내는 최대한의 항복 신호로, 공격적인 행동을 완벽하게 방기하겠다는 자세이다. 이 자세를 소리로 나타낸다면 낑낑거리는 소리이고, 지배적인 개에게 "나는 비천한 종이옵니다. 당신의 권위를 완전히 인정합니다"라고 말하는 것과 같다. 이 무력한 자세는 "절대로 거스르지 않겠사오니, 저를 당신 뜻대로 하소서"라는 뜻이다.

심지어 자신의 공포심을 나타내고 순위가 낮다는 것을 강조하기 위해 오줌을 싸는 경우도 있다. 바닥에 굴러 가능한 한 자신을 작게 보이면서 오줌을 누는 행위는 지배적인 개에게는 강아지를 연상시킨다. 어린 새끼는 배설물을 핥아주어야 하기 때문에 어미개가 강아지에게 위를 향해 드러눕게 한다. 따라서 꿇어 엎드린 개는 "나는 당신 앞에서 무력한 강아지와 같습니다"라고 호소하고 있는 것이다.

이와 같은 극도의 신호를 보내면, 우위의 개는 대개 바닥에 드러누운 개의 엉덩이 냄새를 맡는다. 항복한 개는 우위의 개가 등을 보이거나 시선을 피할 때까지 가만히 움직이지 않고 있다. 드디어 해방되면 그림 12-3의 복종적인 자세를 취하며 상대와의 관계를 회복하려고 한다.

우리는 일상에서 이보다 좀 더 긴장이 적은 행동 유형(완전히 시선을 피하려고 하는 것도, 오줌을 싸는 것도 아닌)을 흔히 볼 수 있다. 많은 개가 무리의 리더 곁에서 만족스러운 듯 태평하게 드러누워 있다. 우위의 개는 상대의 목이나 배, 생식기를 코로 쿡쿡 찌르거나 얼굴을 핥아서 받아들인다는 신호를 보낸다. 개는 이것을 사람에게도 행한다. 당신은 개가 위를 향해 드러눕는 것을 보면서 "배를 쓰다듬어 달라는 것이구나"라고 생각할지도 모른다. 그러나 실제로는 개가 당신을 무리의 강력한 리더로서 인정했다는 신호인 것이다.(배를 쓰다듬어 달라는 것은 기꺼운 덤이다.)

의식화된 동작으로 개가 우위성을 나타내기 위해 사용하는 접촉의 유형도 있다. 가장 알기 쉬운 것이 '상대의 위에 가로막고 서는' 것이다. 이것은 "내가 더 크고 세다"고 하는 노골적인 표현이다. 성장한 개는 강아지 위에 가로막고 서서, "아직 너희들에게는 지지 않겠다"라고 얘기하는 것이다. 이것과 유사한 조금 독특한 접촉 유형이 몇 가지 있다. 우위의 개나 무리의 리더, 또는 리더가 되고 싶어 하는 개는 여러 가지 방법으로 "알았나? 여기서 보스는 나다"라고 주장한다. 체격이 클수록 지배성이 강하기 때문에 그 방법도 몸의 상대적인 크기에 호소하는 경우가 많다. 흔히 눈에 띄는 것이 '자신의 머리를 상대의 어깨에 얹는' 유형이다. 그 변화형으로 '우위의 개가 열위인 개의 등에 앞발을 얹는' 경우도 있다. 어느 경우나 상대의 몸 위에 자기 몸의 일부를 얹는 동작이다. 당연히 체격이 큰 개가 작은 개에게 접촉할 때는 상대의 지위가 생리적으로 낮기 때문에 저절로 그런 형태가 된다. 이런 동작이 의식화되어 우위의 개가 열위의 개를 물리적으로도 작다(실제로는 크더라도)고 간주하여 그와 같이 취급하는 것이다.

이리 등 야생 개과동물의 세계에서는 무리의 리더가 다가가면 다른 멤버는 길을 비킨다. 리더가 자신이 가고 싶은 장소로 이동할 때 멤버는 그 앞길을 가리지 않는다. 때로는 우위의 개가 강인한 동작으로 길을 비키게 한다. 그중 눈에 띄는 것이 어깨를 부딪치는 행위이다. 재빨리 상대의 옆구리로 다가가 어깨를 쿵 하고 부딪치는 것이다. 이때 우위인 개는 "내가 너보다 세다. 비켜!"라고 말하는 것이다. 이렇게 하여 개는 상대의 반응을 기다리지 않고 강인하게 의사를 전달함과 동시에 자신의 우위성을 확립한다. 두말할 것도 없이 이것은 강인하고 자신감에 넘친다는 의사 표시이다.

이런 식의 행동에도 변화형이 있는데, 이상하게 사람들은 이를 간과하는 경향이 있다. 그것은 바로 기대는 행위이다. 기대는 것은 어깨를 부딪치는 행동의 소극적이고 온순한 형태에 지나지 않는다. 자신의 우위를 나타내고 싶은 개는 다른 개 옆에 서서 자신의 몸을 기댄다. 그랬을 때 상대가 조금이라도 이동하면 기댄 개의 우위성을 인정받는 것이 된다. 가령 조금 물러났을 뿐이라고 해도 이런 행동은 상대의 우위성을 인정하는 것이다. 이것은 의사 전달 방식이지 충돌이 아니다. 그리고 주고받은 메시지는 상징적인 것이다. 사람이 자신보다 지위가 높은 상대나 왕족, 고위 성직자 앞에서 가볍게 머리를 숙이는 것으로 서로의 지위 관계를 나타내는 것과 같다. 이때는 큰 소리도 과장된 몸짓도 필요 없다. 행동 유형을 읽는 법만 알고 있으면 된다.

사람이 개와 함께 있을 때는 이런 신호에 반드시 주의해야 한다. 기대는 것은 개가 사람보다 우위에 서려고 할 때 흔히 사용하는 방법이다.(1장의 블루토 이야기를 기억해보라.) 커다란 개가 주인과 함께 서 있을 때 몸을 기대거나, 주인과 같은 침대에서 자다가 개가 주인의 몸을 짓누르는 일은 흔하다. 이때 사람이 자리를 비키면 그것으로 지위를 잃게 되고, 개는 더욱 기댈 것이다. 이 행동이 빈번하게 되풀이되면, 드디어 개는 자신의 지배성을 확립하기 위해 별도의 방법을 취하기 시작한다. 즉, 명령에 따르지 않거나 공격적인 신호까지 발하게 되는 것이다. 대형견이 앞발을 들어 주인의 어깨에 얹는 행위 또한 우위의 개가 열위의 개 어깨에 앞발을 얹고 지배성을 나타내는 것과 같다.

한편 적의가 없음을 나타내는 가장 간단한 방법은 '상대에게 옆을 보이고 서는' 행동이다. 열위의 개가 공포나 불안을 드러내지 않는 온건한 동작이라 할 수 있다. 옆을 보이고 서 있는 개는 상대의 우위를 인정함과 동시에 자신감과 냉정함을 잃지 않고 있다. 두 마리는 그림 12-4처럼 T자 형을 취하는 경우가 많고, 대체로 이 만남이 공격으로 발전하는 경우는 거의 없다.

이 행동의 변화형이 '상대에게 자신의 엉덩이를 보이는' 자세로, 이것은 보통 인사 행동이다. 옆을 보이는 행동보다도 자신감의 정도가 낮고, 두 마리 사이에 순위 차가 클 경우에 많이 나타난다.

다가오는 상대에게 이미 옆을 향하는 자세를 취하다가 거리가 가까워졌을 때 상대에게 얼굴을 향하는 것은 지배성과 자신감의 표현이다. 개의 커뮤니케이션에 있어 대부분의 경우와 마찬가지로, 지배성을 나타내는 이 자세의 결과가 놀이가 되느냐 대결이 되느냐는 상대가 어떻게 반응하는가로 결정된다.

먼저 상황을 평화롭게 처리하기 위해 개가 완전히 무관심을 가장하는 경우가 있다. 다른 개가 위협하듯이 다가와도 상대 개는 오로지 땅 냄새만 맡고 있는 장면을 나는 여러 번 목격했다. 땅 냄새를 맡고 있는 개는 협박을 해오는 상대를 마치 알아차리지 못하고 있다는 듯이 반응한다. 물론 땅바닥에 흥미를 끌 만한 것은 아무것도 없다. 오로지 상대의 주의를 다른 데로 돌리기 위한 수단에 지나지 않는다.

**그림 12-4** T자 형의 배치. 옆을 보이고 있는 개가 화해를 청하고 있다.

냄새를 맡는 데 열중하고 있는 듯한 이 행동에서는 공격 반응이나 도전은 전혀 느껴지지 않는다. 싸울 생각이 없음을 드러냈기 때문에 시비를 걸던 개가 더 이상 위협을 계속해도 의미는 없어진다.

이처럼 무관심을 가장하여 상대의 주의를 돌리려고 하는 신호는 이 외에도 몇 가지가 더 있다. 그중 하나는 '도전받은 개가 그것을 무시하고 엉뚱한 방향을 물끄러미 응시하는' 것이다. 이것은 오로지 땅 냄새만 맡고 있는 행동의 변화형이다. 다른 곳을 멀리 바라보아도 위협하는 개가 그것을 알아차리지 못하면 보고 있는 방향을 향해 한두 번 짖는다. 그러면 위협하던 개는 주의를 다른 곳으로 돌리고, 위협은 거의 확실하게 끝났음을 알린다.

한편 위협에 대해 무관심을 가장하는 가장 단순한 유형이 '도전받았을 때 자신의 몸을 긁는 행위'이다. 이것은 꽤 지배적인 개의 반응일 경우가 많다. 나는 공원에서 젊은 아키타Akita가 나이 많고 몸집이 큰 아키타에게 다가갔을 때 이런 행동을 취하는 것을 목격했다. 젊은 개는 몸을 경직시키고 눈을 번쩍이면서 상대에게 접근했다. 그러자 나이 많은 개는 그 자리에 눌러앉아 아무 신경도 쓰지 않는다는 듯이 태평하게 귀를 긁기 시작했다.

그것을 본 젊은 개는 상대로부터 몇 미터 떨어진 곳에서 허리를 떨구었다. 귀를 긁는 동작은 싸울 의사는 없지만 젊은 개를 두려워하고 있지 않음을 전달하는 것이다. 두 마리 모두 앉은(온건한 복종의 신호) 다음에는 거리낌 없이 일어서서 적의 없이 가벼운 인사를 나누었다. 서로 여기저기 몸 냄새를 맡고, 춤추는 듯한 행동을 보였다.

이 외에도 개의 기본적인 행동 유형 중에는 다음과 같이 미묘한 감정을 전하는 것도 있다.

### ● 앉아서 한쪽 앞발을 가볍게 올린다

이것은 스트레스의 신호이다. 공포심에 꽤 강한 불안이 섞여 "걱정스럽고 불안해서 침착할 수가 없다"를 의미한다. 복종 훈련대회에서는 개가 기르는 주인으로부터 12미터 정도 떨어진 위치에서 1분간 계속 앉아 있어야 한다. 이때 이것에 익숙하지 않은 신경질적인 개가 흔히 이런 동작을 한다. 그러고는 결국 바닥에 엎드리거나 규정 시간이 되기 전에 주인에게 달려 나가버리는 일이 많다. 불안해서 참을 수 없기 때문이다. 또한 이 동작은 강아지에게서도 자주 볼 수 있다. 가벼운 스트레스를 나타냄과 동시에 "저 좀 도와주세요"라고 호소하고 있는 것이다.

### ● 위를 향해 드러누워 바닥에 등을 비벼댄다

이 행동에 앞서 '코를 문지르는' 동작이 행해지는 경우도 있다. 개가 얼굴이나 때로는 가슴까지 바닥에 비벼대는 것이다. 또 앞발로 얼굴을 문지르는 경우도 있다. 나는 이것을 만족감을 나타내는 의식의 하나로 생각하고 있다. 이 의식은 식사 등의 즐거움이 끝난 직후에 흔히 볼 수 있다. 흔한 일은 아니지만 주인이 식사를 갖다 주는 등 한창 기쁜 일이 일어나고 있는 중에 보이는 경우도 있다. 그러나 이 의식은 대개 즐거운 활동 전이 아니라 후에 행해진다.

## 개의 놀이 신호

어린 강아지에게서 놀이는 무의미한 하찮은 행동이 아니라 아주 중요한 일이다. 강아지는 놀이를 통해 많은 것을 배운다. 우선 수많은 방법을 시도하고 실패를 경험하며 자신의 육체적인 능력에 대해 배운다. 이렇듯 놀이에는 위험에서 도망가고, 자신의 몸을 지키며, 사냥을 하고, 게다가 교미에 관련된 행동까지 포함되어 있다. 그중에서도 중요한 것은 다른 개와의 교제 방법을 배우고 개 언어를 익히는 것이다. 놀이는 지배성에 대해 가르치고, 강아지는 무리 속에서 자신의 순위를 인식하는 일의 중요성을 배운다. 또 상대에게 뭔가를 전하는 방법(원하는 것은 손에 넣고, 싫은 것은 피하는 방법)을 배워나간다.

개는 놀이를 통해서 지나친 공격이 무리 내에서는 절대 허용되지 않는다는 것도 배운다. 한창 놀던 중에 다른 강아지에게 물렸을 때, 힘을 가하지 않고 부드럽게 물지 않으면 나쁜 일이 생긴다는 것을 알게 된다. 예를 들어, 동료의 귀를 물면 상대는 비명을 지르고 놀이는 끝나버리며 자신은 어미개로부터 야단맞는다는 것을 알게 된다. 놀이를 통해 동료와 사이좋게 놀기 위해서는 진짜로 공격해선 안된다는 것을 배우는 것이다.

놀이에는 쫓아가고, 물고, 뛰어오르고, 서로 짓누르고, 맞붙어 싸우고, 으르렁거리는 등 싸움 흉내를 내는 행동이 포함되어 있어 이것들이 모두 진심이 아니라 놀이라는 것을 상대에게 전하는 것이 중요하다. 그 때문에 개는 여러 가지 놀이 신호를 사용한다.

● 앞발을 죽 늘려 몸을 낮추고 허리와 꼬리를 올려 놀이 상대의 얼굴을 똑바로 바라본다

이것은 전형적인 놀이의 몸짓으로 "놀자!"를 의미한다. 뛰면서 같이 놀자고 유혹할 때 사용하며, 이 동작 다음에는 갑자기 맹렬한 기세로 달려 나가기도 하고 놀이 상대에게 덤비기도 한다. 그리고 쫓아가거나 가짜 격투를 시작한다. 이 몸짓은 놀이를 유도하는 것만은 아니다. 놀던 중에 이것은 단지 놀이라는 것을 모두에게 환기시키는 역할을 한다. 예를 들면, 공격 흉내로 상대에게 돌진하기 전에 이런 몸짓을 한다. 또 상대에게 너무 심하게 몸을 부딪치거나 상대를 넘어뜨려 버린 후에도 곧바로 이런 몸짓을 하여 그것은 장난일 뿐 진심으로 공격한 것이 아니라고 전한다.

이 놀이 신호는 사냥감을 유인하기 위해 사용되는 경우도 있다. 개를 열린 장소에 풀어놓으면 미친 듯이 달리고 도는 경우가 있다. 날듯이 달리거나, 지그재그로 달리거나, 다리 사이로 꼬리를 끼워 넣고 빙글빙글 격렬하게 달리기도 한다. 원래 이 날뛰는 행동은 이리나 여우가 사냥을 할 때의 전략이었다. 마구잡이 춤을 추어 사냥감이 되는 동물의 주의를 끌기 위한 것이다. 왜 미친 듯이 움직이며 도는 것인지 확인하려고 동물이 다가오면, 느닷없이 덮치거나 매복해 있던 무리가 달려드는 것이다. 겁 많은 강아지는 성장견이 몸짓으로 유인해도 놀려고 하지 않는 경우가 있다. 나이 많은 개는 그것이 안타까워 어떻게든 강아지를 놀게 해주려고 애쓴다. 그래서 등장한 것이 '안심시키기 위한 신호'이다. 흔히 볼 수 있는 것으로, 지배적인 개가

어린 개에게 다가가 직접 위를 향해 드러눕고 완전하게 복종적인 자세를 취해주는 행동이다. 이렇듯 순위가 낮다는 행동을 취함으로써 "나와 노는 동안은 네가 리더가 될 수 있다"고 강아지에게 전달하는 것이다. 자신보다 크고 나이 많은 개가 복종적인 행동을 취해주자 기분이 좋아진 강아지는 옆으로 다가간다. 강아지가 다가가면 나이 많은 개는 놀이의 몸짓을 하고, 함께 뛰고 돌기 시작한다.

개가 취하는 놀이 방법의 종류는 그리 많지 않다. 아마 가장 인기 있는 게임은 '술래잡기'로, 이것은 뭔가를 물고 힘차게 달려 나가 상대가 뒤쫓아 오기를 기대하는 놀이이다. 놀이 상대로부터 몇 센티미터밖에 떨어져 있지 않은 곳에 일부러 물건을 떨어뜨려 놓고, 상대가 그것을 노리고 달려오기를 기다리는 경우도 있다. 상대가 달려 나가면 그 순간 곧바로 다시 그것을 물고 뒤쫓아 오게 한다. 물건을 상대도 같이 물게 되면 잡아당기기가 시작된다. 누가 누구를 쫓는가는 교대로 하는 경우가 많고, 일단 잡히면 게임은 레슬링으로 바뀌어 개를 잘 모르는 사람이 보면 큰 소동이 일어난 듯 보인다. 또 다른 게임인 '돌격!'은 한 마리가 다른 한 마리를 목표로 쏜살같이 달려 나가다가 상대방 코 끝이 닿을락 말락 한 곳에서 휙 방향을 바꾸는 놀이이다. 이것은 매우 험악하게 보이지만 이것이 성공하면 금세 게임은 술래잡기로 바뀌어 이번에는 돌격 당한 개가 상대를 쫓기 시작한다.

놀고 있는 개들을 바라보는 것은 즐겁다. 동시에 개의 심리에 대해서도 깊이 이해할 수 있게 된다. 개에게 달리는 것은 사람의 춤과 같다. 그럼으로써 개는 자연의 리듬을 익히는 것이다.

# 13장

# 개도 사물을 가리킬 수 있을까

손가락으로 사물을 가리키는 행동은 어린아이의 기본적인 의사 전달 수단임과 동시에 복잡한 몸짓 언어로까지 발달할 수 있다. 개도, 그들의 야생 사촌들도 이런 언어 능력을 갖고 있어 사물을 나타내는 행동에서부터 복잡한 의사를 전달하는 것까지도 가능하다. 그들은 몸과 머리로 사물을 가리킬 수가 있고, 상대의 행동을 이해할 수도 있다. 다만 몸과 머리로 나타내는 것은 본능적으로 자연스럽게 반응할 수 있지만, 사람의 손가락으로 가리키는 행동을 이해하는 데는 특별한 훈련이 필요할 뿐이다.

4장에서도 살펴봤듯이 개에게는 뛰어난 언어 능력이 있으며, 들은 단어를 꽤 많이 이해하고 사람의 작은 몸짓에도 민감하게 반응한다는 것을 알 수 있었다. 개는 사람으로부터 명령받은 행동이나 방향을 사람의 사소한 몸짓과 시선으로 읽어낸다. 또한 개는 상대가 뭔가를 가리키는 행동 유형을 이해할 뿐만 아니라 스스로도 기본적인 의사 전달의 목적으로 사물을 가리키는 동작을 한다. 바꾸어 말하면, 사물을 가리키는 것은 그들의 수용언어임과 동시에 생산언어이기도 한 것이다.

　몸짓으로 사물을 '가리킨다'는 건 포인터나 세터 같은 사냥개가 머리와 몸을 경직시켜서 사냥감이 있는 장소를 가리키는 행동을 뜻하는 게 아니다. 여기서 '가리킨다'고 말하는 것은 사람이 상대에게 뭔가를 전달할 때 사용하는 동작 같은 것이다.

　이해하기 쉽게 우선 사람의 행동을 살펴보자. 보통 사람들은 뭔가를 가리키는 행동을 단어라고 생각하지 않지만, 인간의 언어 발달에 대해 연구하는 학자는 가리키는 행동에서 언어와의 공통점을 많이 발견하고 있다. 아이가 처음으로 말하는 언어는 단어가 아니라 소리에 지나지 않는다고 지적하는 학자도 있는데, 이는 '동작'이자 구체적으로는 '손가락으로 사물을 가리키는 행동'이라고 한다.

아이가 태어날 때부터 의미를 갖고 사물을 손가락으로 가리키는 능력을 갖고 나오는 것은 아니다. 생후 9개월인 아이에게 완구나 과자를 보여주면 다섯 손가락을 펼쳐서 손을 뻗는다. 아이는 자신이 바라는 것을 바라보지만 손이 닿지 않으면 욕구 불만의 행동을 취한다. 즉, 의자나 테이블을 두들기며 시끄러운 소리를 내는 것이다.

그런데 여자아이의 경우는 생후 10개월에서 11개월, 남자아이의 경우는 13개월에서 15개월 때 돌연 변화가 일어난다. 아이는 손을 펼치지 않고 한 개의 손가락으로만 사물을 가리키게 된다. 이것이 의사 전달의 기본 행동이라는 증거를 대자면, 아무도 없을 때 아이는 손가락으로 사물을 가리키지 않는다는 것이다. 아이는 손가락으로 가리킴과 동시에 단어 비슷한 소리를 발음하기 시작한다. 그 소리는 사물을 단어로 표현하기 위해서이거나, 가까이에 있는 부모의 주의를 끌어 자신이 손가락으로 가리키고 있는 것을 알아차리게 하고 싶어서일 것이다. 이처럼 아이는 특정 장소에 있는 것을 손가락으로 가리켜 "저것을 갖고 싶다"고 의사를 전달하려 한다. 즉, 손가락으로 가리키는 것이 사물의 이름과 같은 기능을 하고 있다. 아이가 과자를 가리키면 부모는 과자를 준다. 그것은 아이가 "과자"라고 입으로 소리 내어 말한 것과 같은 효과를 낸다. 따라서 '사물을 가리키는 동작'은 '최초의 언어' 또는 일종의 '원시적 언어'라고 말할 수 있다.

## 몸을 움직이지 않고 지시한다면

나는 아이의 언어 발달에 대해 연구하고 있는 한 심리학자와 대화를 나눈 적이 있다. 그는 손가락으로 가리키는 동작에 대한 반응을 조사한 결과, 개가 언어를 갖고 있지 않다는 것을 확신했다고 한다.

"개에게 뭔가를 가리킬 때, 그것이 가령 개가 몹시 좋아하는 비스킷이라 할지라도 개가 어떻게 행동할 거라고 생각하십니까? 내 손을 보는 겁니다. 죽 그대로 가리키고 있으면 개는 내 손이 미치는 범위까지 와서 손가락에 코를 문질러댑니다. 몇 번 되풀이해도 그저 혼란스러워할 뿐, 가리킬 때마다 내 손으로 다가오지요. 내가 손가락으로 '저기 맛있는 것이 있네'라고 말하고 있다고는 생각지 않는 것 같습니다."

그러나 이 분석에는 두 가지 오류가 있다. 첫째, 어떤 결과에 도달하기 위해 개나 그 밖의 동물이 사람과 같은 행동, 같은 수단을 사용한다고 가정하는 것이다. 개는 사람처럼 앞발을 자주 사용하지 않는다. 앞발을 재주 있게 사용하지도 못하고, 물론 앞발로 사물을 가리키지도 않는다. 사물을 가리킬 때는 앞발이 아니라 머리나 몸을 사용한다. 우리 집의 오딘은 밖에 나가고 싶을 때 내 얼굴을 본 다음 머리와 몸을 문 쪽으로 향한다. 이것은 사람이 손가락으로 가리키는 것과 같은 행위이다. 내가 응하지 않으면 나를 바라보면서 조르듯이 한 번 짖고 또 문 쪽을 바라본 뒤 몸을 그쪽 방향으로 향한다.

개는 손가락으로 가리키는 사람의 동작에 반응할 수도 있지만, 자연스러운 본능으로 사람의 머리와 몸의 방향을 보고 있다. 나는 오딘에게 그것을 실험해보았다. 복종 훈련대회에서는 '지시 받고 점프하기'라는 과제가 있다. 개가 명령에 따라 12미터 정도 앞쪽을 향해 달리다가 지시를 받으면 조련사 쪽을 향해 앉는다. 링의 양쪽에 장애물이 준비되어 있고, 조련사의 지시대로 개는 오른쪽 또는 왼쪽의 장애물을 뛰어넘어 조련사가 있는 곳까지 돌아온다. 보통은 커다란 몸짓으로 오른쪽이나 왼쪽을 가리켜 지시를 주고, "점프!" 하고 말(지시어)로도 명령을 전달한다.

이 실험을 했을 때는 내가 오딘에게 점프를 막 가르치기 시작했을 때라 그때까지 겨우 한 번 성공했을 뿐이었다. 나는 실험을 위해 우선 두 개의 장애물을 링의 좌우로 3미터 정도씩 떼어놓았다. 링의 맞은편 끝에 있던 오딘에게 내 얼굴과 몸을 오른쪽으로 향하여 점프해야 할 방향을 알려주면서 "오딘, 점프!" 하고 소리질렀다. 그러자 아무 망설임도 없이 커다란 검은 개는 링을 쏜살같이 달려 지시받은 쪽 장애물을 뛰어넘고, 내 앞에 와서 멈춰 섰다. 오딘은 왼쪽 장애물을 지시받았을 때도 역시 정확하게 행동했다. 얼굴과 몸으로 방향을 지시하면, 개는 무엇을 해야 하는지 분명히 이해한다는 것을 알 수 있었다.

다음에는 링의 맞은편 끝에 있는 오딘에게 얼굴과 몸은 움직이지 않고 눈만으로 점프해야 할 방향을 향하면서 지시해보았다. 오딘은 천천히 일어서서 두 개의 장애물을 비교해보고, 심각한 듯이 내 얼굴을 쳐다보았다. 내 눈의 신호를 알아들을 수 없었던 것이다. 오딘은 내 쪽으로 걸어와 두 개의 장애물 사이에서 곤혹스러워했다. 나는 오딘을 곤란한 상태에 오래 두고 싶지 않아 곧바로 테스트를 중지하고 그를 불러들였다. 그 다음에는 원래대로 얼굴과 몸으로 점프해야 할 방향을 지시하여 오딘이 내가 지시한 쪽 장애물을 뛰어넘게했다. 이와 같이 오딘은 아무런 훈련을 받지 않고도 몸이 지시하는 방향은 읽어냈지만, 눈에 의한 지시는 읽어내지 못했다.

나는 오딘이 그 외에 어떤 것에 반응하는가를 조사하기 위해, 링 중간까지 가서 몸은 움직이지 않고 얼굴만 점프해야 할 방향으로 향해 보았다. 이때도 오딘은 망설이듯 일어서서 정보를 알아내느라 내 얼굴을 보았다. 내가 점프해야 할 방향으로 얼굴을 계속 향하고 있자, 그는 가까이 와서야 자신감을 얻은 듯 장애물로부터 불과 몇 센티미터 떨어진 지점에서 내가 바라는 방향으로 진로를 바꾸었다.

오딘은 내 얼굴이 향하는 방향을 보고 자신이 해야 할 일을 알아듣긴 했지만, 얼굴과 몸을 동시에 사용한 신호보다는 힘들게 알아들었던 것이다. 그러나 이리는 멀리 떨어져 있어도 리더의 머리를 향해 주목하고, 그것이 가리키는 방향으로 이동했다. 나는 이리의 기록 영화에서 그것을 확인했다.

그렇다면 왜 내 얼굴은 신호로서 그만큼 유효하지 않았던 것일까. 그 순간 문득 떠오른 것이 있었다. 이리의 코는 길고 끝이 뾰족하다. 그래서 얼굴이 가리키는 방향을 분명히 알 수 있는 것이다. 그에 비해 사람의 코는 작다. 사람이 얼굴을 옆으로 향하고 있어도 다가와서 보지 않는 한 개에게는 우리의 코가 나타내는 방향을 알기 힘들다. 12미터나 떨어져 있으면 어렴풋이 보일 뿐이다. 그러나 코가 크다면 멀리 떨어져 있는 개라도 지시하는 방향을 쉽게 알아볼 수 있을 것 같았다.

그래서 나는 집에서 개코를 만들어보았다. 하얀 종이로 만든 30센티미터 정도의 원추형을 고무밴드로 연결해 귀에 걸었다. 여기에 좀 더 개코처럼 보이도록 뾰족해진 코 끝 부분에 검은 펜으로 색칠을 했다. 그러고 나서 다시 오딘을 링의 맞은편 끝에 앉게 했다. 그리고 커다란 코가 붙은 얼굴을 옆으로 향하고 나서 "오딘, 점프!" 하고 소리질렀다. 이번에는 오딘이 망설임 없이 잰걸음으로 내 얼굴이 향하고 있는 방향을 가리켰다. 다른 쪽의 점프도 시도하여 그것이 우연히 들어맞은 것이 아님을 확인했다. 그는 어렵지 않게 내 얼굴이 향하고 있는 방향을 읽어냈던 것이다.

나는 이 사소한 실험 결과를 바탕으로 그 심리학자에게 개에게는 대상물 쪽으로 몸을 향하거나 내밀거나 혹은 그것이 있는 장소를 지그시 보는 것이 사람이 손가락으로 가리키는 것과 같은 효과가 있음을 알려주었다.


## 몸과 머리를 사용하여 사물을 가리킨다

또한 그 심리학자의 말에 오류가 있다고 생각한 두 번째 이유는, 손가락으로 가리키는 행동에는 학습을 수반하는 면이 있다는 것이다. 우리는 아이에게 손가락으로 가리켜서 의사를 전달하는 경우가 많다. 부모는 가까이 있는 고양이를 가리키며, "저기, 고양이가 있네"라고 말한다. 손님이 있으면 그 사람을 손가락으로 가리키며 "실비아, 숙모님이 오셨네"라고 말할 것이다. 식사시간엔 아이의 눈앞에 있는 먹을 것을 손가락으로 가리키며 "이 당근이 좋아?"라고 말하고 나서, 다른 것을 또 가리키며 "아니면 이 콩이 좋아?"라고 말하기도 할 것이다. 이런 수많은 주고받기를 통해 아이는 손가락으로 가리키는 것의 의미를 배워 나간다.

손가락으로 가리키는 행위가 학습을 수반한다는 것은 '벽장 속 아이'라고 불리는 아이들을 조사해보아도 알 수 있다. 이 꼬리표는 서구 사회에서 증가하고 있는 하나의 현상을 여실히 나타내고 있다. 돌봐주는 사람 없이 사회와의 접촉도 단절된 채 부모와 떨어져 지내는 아이들, 즉 '가정 내 버려진 아이'라고 불리는 이들이 좁은 방 또는 심지어 벽장에 갇혀 지내는 것이다. '자신이 회사에 나가 있는 동안 아이를 지키기 위해' 또는 '자신이 없을 때 위험한 일을 저지르지 않고, 방을 어지럽히지 않도록' 하기 위한 거라는 게 그들 부모의 변명이다. 하지만 이런 아이들은 하루 종일 사회적·감각적 자극을 빼앗긴 상태로 보내야만 한다.

이것은 감성과 사회성 측면에서 심각한 장애를 일으킬 뿐만 아니라, 이 잔혹한 양육 방법으로 인해 아이는 언어 발달에 필요한 환경을 빼앗겨버린다. 단어를 배우려면 바로 옆에서 항상 구어를 사용해주는 사람, 그리고 아이의 말에 반응해줄 사람이 필요하다. 벽장 속의 아이에게는 말하는 것을 포함해 어떠한 언어 능력도 길러지지 않는다. 또한 이런 아이들은 네댓 살이 되어서까지도 손가락으로 사물을 가리키는 행동을 못하는 경우가 있다. 손가락으로 가리키는 대신 여전히 큰 소리로 외치면서 자신이 원하는 것을 향해 다섯 손가락을 쫘악 펼치며 손을 뻗는다.

우리는 이 사실에서, 사람이 손가락으로 가리키는 행동은 다른 의사 전달 행동과 마찬가지로 학습을 통해 익힌 것임을 알 수 있다. 벽장에 갇혀 있던 아이가 밖으로 나오게 되어 정상적인 사회적·감각적 자극을 받으면 우선 손가락으로 사물을 가리켜서 언어 습득 능력을 잃지 않았음을 보여준 예가 그 사실을 뒷받침해준다.

이와 같이 사람은 배우지 않으면 손가락으로 사물을 가리킬 수 없다. 그렇다면 개 역시 훈련을 받지 않고 손가락으로 가리키는 신호에 반응할 수 있을 것인가. 학습시키면 개도 손가락으로 가리키는 신호에 반응할 수 있다는 것은 앞에 소개한 '지시 받고 점프하기'의 과제가 증명해주고 있다. 일단 학습되면 점프시키고 싶은 방향을 팔로 나타내기만 해도 개는 어느 쪽의 장애물을 뛰어넘어야 할지 알아듣는다.(방향을 얼굴과 몸으로 지시하는 것은 대회에서는 규칙 위반이고 실격이다.)

때로는 손가락으로 가리키는 편이 구어보다 나은 경우도 있다. 소리를 내지 않기 때문이다. 야생 개과동물이 사냥할 때 소리를 내면 무리의 멤버만이 아니라 사냥감까지 그것을 알아차려 경계하고 도망가버린다. 그러나 손가락으로 가리키는 행위는 소리를 수반하지 않기 때문에 메시지가 다른 곳으로 샐 일이 없다. 메시지를 알아듣는 것은 그 지시를 눈으로 쫓는 개체뿐이다. 게다가 발신하는 쪽이 지시 동작을 최소한으로 억제하면 메시지가 다른 곳으로 샐 가능성도 더 적어진다.

따라서 손가락으로 사물을 가리키는 행동은 어린아이의 기본적인 의사 전달 수단임과 동시에 복잡한 몸짓 언어로까지 발달할 수 있다. 개도, 그들의 야생 사촌들도 이런 언어 능력을 갖고 있어 사물을 나타내는 행동에서부터 복잡한 의사를 전달하는 것까지도 가능하다. 아이가 손가락으로 사물을 가리킴으로써 의사를 전달하여 대상물을 "저거"라고 부른다면, 개에게도 역시 사물을 가리키는 기본적인 능력이 있다고 봐야 할 것이다. 그들은 몸과 머리로 사물을 가리킬 수가 있고, 상대의 행동을 이해할 수도 있다. 다만 몸과 머리로 나타내는 것은 본능적으로 자연스럽게 반응할 수 있지만, 사람의 손가락으로 가리키는 행동을 이해하는 데는 특별한 훈련이 필요할 뿐이다.

14장

# 성적인 행동으로 말한다

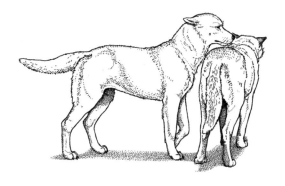

마운팅은 주도권의 신호이고, 생식과는 무관하기 때문에 상대가 암컷이든 수컷이든 관계치 않는다. 상대에게 도전하거나 자신의 사회적 지배성을 확립하기 위한 것이기 때문에 상대의 성별과는 관계없이 행해진다. 따라서 수컷이 다른 수컷의 등에 올라타는 것은 동성애 경향을 나타내는 것이 아니라, 단지 "여기서는 내가 보스다"라고 말하고 있는 것이다.

언젠가 아델이라는 여성이 몹시 난처한 표정으로 나를 만나러 왔다.

"심리학자이신 선생님께 상담하고 싶어서 왔습니다."

나는 그 말을 듣고 곧바로 그녀나 그녀의 가족에게 무슨 문제가 있는 거라고 생각했다. 내가 심리학자라고 불릴 때는 주로 사람 문제를 상담하러 오는 경우가 대부분으로, 그렇지 않을 때는 대개 '개 전문가'로 불리기 때문이다.

"사무엘 때문인데요. 혹시 게이가 아닌가 걱정돼요. 어떻게 하면 좋을지 선생님이 가르쳐주셨으면 해서요."

사실 이런 상담을 받는 게 처음은 아니었다. 나는 이런 때를 대비해 준비해둔 단어를 머릿속에서 찾기 시작했다. '젊은 사람은 이성애에 빠지기 전에 동성애를 먼저 시도하기도 하는 경향이 있답니다. 게다가 설령 아들이 동성애자라고 해도, 옛날과 달리 요즘 사회는 그런 행동에 훨씬 관대해져 있습니다. 실제로 많은 동성애자들이 매우 행복하게 생산적인 인생을 구가하고 있습니다….' 거기까지 생각하고 나서 문득 정신을 차렸다. 아델에게는 아이가 없다. 게다가 그녀의 남편 이름은 로저이다. 그렇다면 새미라고 불리는 그녀의 애완견? 나는 시험 삼아 이렇게 물어보았다. "새미는 구체적으로 어떤 상태인가요?"

"그게, 이삼일 전 공원에서 그가 그걸 하려고… 아시지요?" 그녀는 한숨을 쉬었다. "친구 낸시가 기르고 있는 골든 레트리버 Golden Retriever인 벤지한테… 붙으려고 했던 거예요. 우리 둘 다 몹시 충격을 받았죠. 내가 새미를 잡아채 벤지의 등에서 떼 내어 그것으로 마무리된 것처럼 보였어요. 그런데 다음 날, 또 공원에 나갔는데 이번엔 처음 보는 래브라도 레트리버의 등에 올라타서는… 아시지요? 상대가 수컷인데도 교미하려고 했던 거예요. 나는 새미가 상대를 암컷이라고 잘못 알고 그랬거니 하고 생각했어요. 그런데 그 개의 주인이 달려오더니 '우리 월터는 정상적인 수캐예요. 당신의 더러운 호모 개 저리 치워요! 누구 좀 도와주세요!' 하면서 비명을 지르고 난리가 났죠. 심지어 그 개 주인은 소리를 지르면서 들고 있던 가죽끈으로 새미를 때리기 시작했어요. 이 소란 때문에 많은 사람들이 모여들었고, 나는 두 마리를 떼어놓은 후 새미를 데리고 돌아왔어요. 오늘은 공원에 데리고 나가지 않았어요. 또 그런 짓을 할까 봐서요."

다른 개의 등에 올라타는 새미의 행동은 완전히 오해받고 있었다. 두 여성과 또 그 주변의 사람들도 모두 성적 행위에 대한 자신들의 견해를 그대로 개에게 적용하고 있었던 것이다. 개의 섹스에 대해 사람들이 알고 있는 것은 대개 '개의 체위'뿐이다. 그러나 개의 섹스에는 여러 가지 사항들이 갖추어져야 하고, 등에 올라타는 행위는 섹스 외에도 여러 가지 의미가 있다.

## 개의 발정기

개의 섹스에 대해서는 누구나 알고 있는 사실이 몇 가지 있다. 우선 수컷과 암컷의 교미 시기에 분명한 차이가 있다. 사람이나 일부 유인원은 암수 모두 일 년 내내 성교가 가능하다. 그 외 동물의 대다수는 교미 태세가 갖추어지는 짧은 기간이 있다. 그러나 개의 경우 수컷은 일 년 내내 교미가 가능한 데 비해, 암컷은 한 해에 두 번 발정기가 있을 뿐이다.

그렇다면 암컷을 상대로 수컷은 일 년 내내 성적 욕구 불만 상태로 보내는 것인가. 그렇지는 않다. 수컷은 항상 섹스에 관심이 있긴 해도 실제로 성욕을 돋굴 수 있는 것은 발정기의 암컷이 눈앞에 있거나, 적어도 그 냄새를 맡았을 때뿐이다. 발정기에는 암컷의 난소가 수정을 가능케 하는 여러 가지 성호르몬을 분비함과 동시에 수컷을 끌어들이는 독특한 냄새를 만들어낸다. '발정기'(Estrus)라는 단어는, '광기'를 의미하는 라틴어에서 나왔다. 그것은 이러한 호르몬이 암컷을 평소보다 활동적으로, 때로는 지배적·공격적으로 만들기 때문이다.

발정기는 무려 21일간 계속되며, 세 단계가 있다. 1단계는 발정전기前期로서 9일 정도 계속된다. 이 시기에 암컷은 몹시 안절부절못하게 되고 평소보다 왕성하게 돌아다닌다. 물을 먹는 양도 늘어서 가는 곳마다 방뇨한다. 이 오줌 냄새가 수컷을 끌어들이는 것이다. 수컷은 그 냄새를 맡으면, 머리를 쳐들고 먼 곳을 물끄러미 바라보며 마치 심오한 명상에라도 잠긴 듯한 얼굴을 한다. 수컷은 암컷 냄새를 아주 멀리서도 맡을 수 있기 때문에 발정기의 암컷이 있는 집 주위로 열렬한 구애자 무리가 몰려드는 일도 드물지 않다. 한편 발정 전기 단계가 끝 무렵에 가까워지면 질 분비물에 피가 섞여 거무스름해지기 시작한다. 많은 사람들이 그것을 생리라고 잘못 알고 있는데, 사람의 생리가 배란 후에 일어나는 데 반해 개의 경우 배란 전에 일어난다. 그것은 질 벽에 변화가 생겨 배란 준비가 갖추어졌다는 증거가 된다.

수컷 입장에서 보면 이 시기의 암컷은 속된 말로 '암캐' 그 자체이다. 주변에 성적 매력이 듬뿍 든 향수를 오줌과 함께 마구 흩뿌리며 수컷을 유인한다. 그러나 암컷은 제정신이 아닌 수컷들을 딱 잘라 거절한다. 다가오는 수컷에게 으르렁거리기도 하고, 위협하며 쫓아가서 물어뜯기도 한다. 또 그다지 공격적이지 않은 암컷은 그냥 도망가거나 수컷이 등에 올라타려고 하면 획 방향을 바꾸어버린다. 그리고 누구든 가리지 않고 닥치는 대로 무서운 표정의 얼굴을 들이민다.

그렇다고 암컷이 일부러 수컷을 애태우는 건 아니다. 아직 배란을 안 한 것뿐이다. 배란은 참된 의미에서의 발정기에 들어간 뒤 이틀째 정도에 일어난다. 분비물의 수분이 많아지고 색이 투명해지면 질이 교미를 받아들일 준비가 갖추어졌음을 알 수 있다. 그리고 배란이 일어났다 해도 난자가 정자를 받아들일 태세를 갖추기까지는 대개 72시간이 걸린다. 배란기는 이삼일밖에 지속되지 않기 때문에 그때까지 자신의 주변에 가능한 한 많은 수컷을 끌어들여 유사시에 선택할 수 있게 해두는 것이 중요하다.

구애 행동이나 신호는 놀이할 때의 모습과 매우 흡사하며, 유혹하기 위한 독특한 행위도 있다. 대개의 경우, 선택권은 암컷에게 있다. 그도 그럴 것이 암컷은 수태, 임신, 출산, 출산 후의 새끼 돌보기에 엄청난 에너지를 빼앗기기 때문이다. 야생의 세계에서 수컷 후보는 강한 거절에 맞서는 자와 끈질기게 요구하는 자로 나누어진다. 진화는 뛰어난 유전자를 남기려면 강한 수컷을 선택하는 편이 좋다는 지혜를 암컷에게 준 것이다.


## 마운팅은 놀이이다

여기서 집개와 야생 개과동물의 성행동 차이에 대해 설명해보자. 가축화의 과정에서 사람은 개의 생식을 크게 변화시켰다. 구체적으로 말하면, 본래보다 훨씬 다산하게 된 것이다. 야생 개과동물의 발정기는 한 해에 한 번뿐이지만, 바센지Basenji를 제외한 집개는 한 해에 두 번 발정기를 맞는다. 집개는 또 야생과 가까운 무리일수록 교미 상대를 엄격하게 선택하지 않는다. 이것은 사람이 의도적으로 계획한 결과이고, 어떤 종류의 특징을 가진 개를 만들어내기 위해 필요한 것이었다.

현재의 견종은 어느 것이나 선택 교배를 거쳐 생산된 것이다. 선택 교배를 위해서는 어떤 종류의 특징(독특한 털색, 체형, 사냥감을 회수하거나 가축의 무리를 모으거나 하는 행동 능력 등)을 가진 개를 같거나 혹은 다른 바람직한 특징을 갖춘 개와 교배시킬 필요가 있었다. 이때 발정기의 횟수가 많을수록 여러 개와 교배시켜 유전자를 섞음으로써 사람이 원하는 개를 만들어내기 쉽다는 것은 분명하다. 그러나 동시에 이와 같은 의도적인 교배는 선택된 암수의 개가 서로를 교미 상대로서 받아들이지 않는 한 성공할 수 없다. 집개가 엄격하게 한정하여 선택된 상대를 거절하면 현재의 견종을 만들어내기도, 그것을 유지하기도 어려워진다. 그런 이유로 상대를 선택하지 않는 것이 집개의 바람직한 특징이 되었다.

한편 야생의 세계에서는 사정이 다르다. 야생 개과동물 사이에서 상대를 선택하지 않는 교미는 파멸로 연결된다. 수가 늘어나면 그만큼 자신들의 먹이 자원이 압박받기 때문이다. 이리의 무리에게는 대개 네 마리에서 여섯 마리의 한배 자식밖에 없다. 그리고 그것은 대개 암컷의 리더와 수컷의 리더 사이의 새끼이다. 기후의 영향으로 식량이 궁핍할 때는 새끼를 낳지 않는다.

야생 개과동물의 구애 행동은 몇 시간이나 계속되고, 일단 중지했다가 다음 날 계속하는 경우도 있다. 보통은 암컷이 구애의 도화선에 불을 붙이고, 수컷을 향해 달려가는 행동을 되풀이한다. 대개의 수컷이 이 행동에 부응하지만, 때로는 수컷 쪽에서 먼저 "붙잡아 봐라" 하면서 달리면 암컷이 수컷 주변을 날뛰고, 때로는 수컷을 앞발로 때리기도 한다. 이것으로 효력이 없으면, 게임의 진짜 의미를 알리려는 듯이 실제로 수컷의 등에 올라타려고 하는 암컷도 있다. 그런 식으로 서로 쫓아가고, 도는 행위가 언제 끝날지 모르게 계속된다. 그 틈틈이 놀이를 유도하는 두 마리의 개들은 상체를 낮추어 서로 마주보고 레슬링 하듯 상대의 가슴이나 어깨에 앞발을 걸치고 찍어 누르는 경우도 있다.

명랑하게 날뛰는 이 시기가 지나면, 부부 후보가 된 두 마리는 가까이 다가가 서로의 몸을 탐색하기 시작한다. 우선은 서로의 코를 몇 번 비벼서 냄새를 맡은 후 귀를 서로 핥는다. 그리고 드디어 생식기 쪽으로 이동하여 서로의 엉덩이 냄새를 시간을 들여 천천히 조사한다. 여기서 신호를 보내는 것은 암컷 쪽이다. 알맞은 타이밍이 되면 암컷은 수컷 쪽으로 엉덩이를 돌린 후 꼬리를 한쪽으로 기울여 준비가 되었음을 알린다. 그러면 수컷은 암컷의 옆구리로 돌아가 턱을 암컷의 등에 얹어서 다시 한번 그녀의 의사를 확인한다. 이것이 결정적인 순간이다. 암컷이 그대로 가만히 움직이지 않고 있으면, 수컷은 뒤로 돌아가 교미 흉내(마운팅)를 시작한다. 암컷의 등에 올라타 앞발로 암컷의 뒷몸을 안고 피스톤 운동을 시작한다. 이것이 개가 실제로 교미 때에 취하는 자세이다.

그럼 실제로 행해지는 성 관계와 교미 흉내(마운팅)는 어떻게 다른 걸까? 강아지의 경우를 통해 알아보자. 사춘기(생후 6개월부터 8개월 무렵)를 맞기 훨씬 전부터 강아지는 마운팅과 유사한 행동을 시작한다. 강아지는 보통 걷기 시작하면서 동료와 놀게 되면 곧바로 마운팅을 한다. 이것은 성적인 행동이 아니라 사회적으로 중요한 행동인 것이다. 어린 강아지는 마운팅을 통해 자신의 육체적 능력과 무리 속에서의 가능성에 대해 배워나간다. 기본적으로 이 행동은 지배성의 표현이다. 강하고 튼튼한 강아지는 단순히 주도권이나 지배성을 나타내기 위해 복종적인 형제나 자매의 등에 올라탄다. 이런 행동은 성장해서도 계속된다. 따라서 이 경우는 섹스가 아니라 힘의 강함과 우위성을 의미하는 것이다.

이 마운팅은 주도권의 신호이고, 생식과는 무관하기 때문에 상대가 암컷이든 수컷이든 관계치 않는다. 상대에게 도전하거나 자신의 사회적 지배성을 확립하기 위한 것이므로 상대의 성별과는 관계없이 행해진다. 따라서 수컷이 다른 수컷의 등에 올라타는 것은 동성애 경향을 나타내는 것이 아니라, 단지 "여기서는 내가 보스다"라고 말하고 있는 것이다. 암컷 역시 사회적 지위를 표명하기 위해 마운팅을 한다. 암컷은 다른 암컷, 또는 수컷에게도 마운팅으로 지배성을 나타내기도 한다. 이것은 성도착증이 아니다. 개의 사회 구조는 성별만으로 결정되지 않는다. 개의 세계에서 순위는 몸의 크기나 육체적 능력, 그리고 기질, 동기 부여, 추진력이라는 특징에 보다 강하게 좌우된다.

개의 사회 구조에는 세 종류의 순위가 있다. 우선 무리의 정점에 있는 리더부터 최하위의 개에 이르는 전체적인 순위가 있다. 그리고 수컷 리더와 암컷 리더라는 암수 각각의 최고가 있고, 둘 중 하나가 무리의 리더가 된다. 그리고 그 외의 수컷끼리, 암컷끼리 사이에도 각각 순위가 매겨진다. 마운팅은 이런 순위를 확립할 때 행해진다. 즉, 수컷이 수컷 위에, 암컷이 암컷 위에, 수컷이 암컷 위에, 암컷이 수컷 위에 올라가는 일도 있을 수 있다. 이런 경우는 모두 섹스를 위한 접근이나 유혹과는 다르다. 위에 올라간 개의 명확한 사회적 야심의 표현으로 봐야 할 것이다. 우위인 개가 머리나 앞발을 상대의 목이나 어깨에 얹음으로써 지배성을 나타내는 행동도 마운팅의 한 요소로 간주될지도 모른다. 지배적인 '상위의 개'가 문자 그대로 '위에 올라가는' 것이다.

마운팅은 대개의 경우가 상대에게 자신의 우위를 나타내는 행동이기 때문에 거세하면 마운팅을 하지 않게 된다고 하는 학설은 희망사항에 지나지 않는다. 물론 거세하면 섹스와 관련된 수컷 성호르몬이 감소해 개의 공격성이 저하되고, 지배적인 행동도 억제되어 마운팅이 줄어들 수도 있을 것이다. 그러나 거세로 개의 기본적인 성격이나 성질이 바뀌는 것은 아니기 때문에 지배적이고 리더 지향이 강한 개는 변함없이 마운팅을 계속한다. 또한 거세 시기가 늦을수록 지배적인 특징은 그대로 남는다.

하지만 수캐를 거세하면 생식 능력을 잃게 되어 발기는 가능하지만 정자는 생출되지 않는다. 즉, 발정기의 암컷에게 흥미를 나타내긴 하지만 교미를 시도해도 아무 소득이 없다. 흔히 사람들은 개의 마운팅을 몹시 싫어하는 경향이 있는데, 솔직히 이빨을 드러내며 격렬히 공격하는 광경에 비하면 이는 온건하고 무해한 행동인 것이다.

## 마운팅을 그만두게 하려면

개가 사람에게 마운팅을 시도하는 예도 많다. 앞에서 이야기한 대로, 마운팅은 대개의 경우 지배성의 표명이다. 개가 당신의 무릎을 감싸고 즐겁게 허리를 움직이는 것은 "당신이 좋아"라고 말하고 있는 것도, 성적으로 흥분해 있는 것도 아니다. 개가 사람에게 마운팅을 할 때는 자신이 우위라고 주장하고 있는 것이다. 그러나 이와 같은 개 언어를 허용해서는 안 된다. 사람이 개 위에 있어야 한다는 무리의 순서를 유지하는 게 중요하므로 그런 행동을 그만두게 할 필요가 있다. 그럼 사람에게 하는 마운팅을 그만두게 하려면 어떻게 해야 할까?

마운팅은 사회적 우위성의 신호이기 때문에 무엇보다 당신이 지배성을 명확히 나타내든가 그 행위의 사회적 의미를 버리게 하는 것이 중요하다. 지배성을 나타내는 데 손쉽고 빠른 방법은 기본적인 복종 훈련이다. 초급 수준의 복종 훈련을 받게 하는 것만으로도 놀랄 만큼 좋은 효과를 볼 수 있다. 훈련의 기본이 개를 당신의 명령에 따르게 하는 것이므로 당신 쪽이 우위에 서게 된다. 개는 자신보다 우위라고 느끼는 개체에게는 마운팅을 하지 않는다. 다시 마운팅을 시작하는 일이 있다면, 개에게 강하게 "안 돼"라고 말하고 나서 곧바로 끌고 나가 "앉아"나 "엎드려"의 명령에 따르게 하고, "기다려"라고 말하고 나서 1, 2분 정도 그 상태를 유지한다. 이 명령에 강제적으로 복종케 하면, 사람 쪽의 우위가 재확인되어 개의 마운팅은 사라질 것이다.

때때로 아주 온순한 개 주인과 지배성이 강한 개 사이에 이런 행동이 쉽사리 사라지지 않는 경우가 있다. 그럴 때 가장 좋은 방법은 마운팅을 했을 때, 개와의 육체적인 접촉을 완전히 끊는 것이다. 개에게 육체적인 접촉과 사회적인 주목은 매우 커다란 포상이기 때문이다. 구체적으로 짧은 가죽끈을 개의 목에 걸쳐두는 것만으로도 좋다. 개가 당신이나 아이, 또는 손님에게 마운팅을 한다면 가죽끈을 쥐고 아무도 없는 방으로 개를 데리고 가서 문을 닫고 3분 정도 접촉을 끊는다. 그 후 문을 열고 아무 말도 하지 않은 채 개를 사람이 있는 장소로 데리고 돌아온다.

언젠가 나는 트랙커라는 이름의 폭스 테리어Fox Terrier를 기르고 있는 여성에게 이 방법을 가르친 적이 있다. 트랙커는 남편이 집에 있을 때는 얌전한데, 남편이 없는 낮이면 그녀에게 몇 번이나 마운팅을 되풀이한다는 것이다. 그녀는 개를 다른 방에 가두어 놓는 방법을 실천한 지 하루 만에 나에게 전화를 걸어왔다.

"소용없어요. 오늘은 트랙커를 25분이나 가둬두었는데도 안 고쳐져요."

그래서 나는 말했다.

"그대로 계속 해보세요. 트랙커는 1년 이상이나 자신의 우위를 주장해왔는데, 하루 만에 고쳐지지 않을 것입니다."

이삼일 후 다시 그녀로부터 전화가 왔다.

"훨씬 줄었어요. 하루에 5, 6회 정도로요. 하지만 다른 문제가 생겨버렸어요. 트랙커가 소파의 쿠션을 안고 허리를 움직이는 거예요!"

그녀의 말을 듣고 나는 이렇게 대답해주었다.

"그건 치환 행동이라는 겁니다. 당신에게는 잘 안 되니까 대신 지배할 수 있는 것을 찾는 겁니다. 가령 쿠션 같은 거요. 하지만 그럴 때도 역시 마찬가지로 다른 방에 3분간 가두어 두세요."

그 후 트랙커는 마운팅을 하여 갇히는 횟수가 날마다 줄어들면서, 3주 정도 지나면서부터는 전혀 하지 않게 되었다고 한다. 다시 한번 강조하지만 마운팅은 개에게 사회적 지배성을 전하는 행동이라는 것을 잊지 마시길. 따라서 그것을 할 때마다 무리로부터 떼어놓고, 주변에 아무도 지배해야 할 상대가 없는 상태로 만들어두면 개에게서 마운팅은 헛된 행동이 된다. 즉, 신호는 유용하고 바람직한 결과를 낳지 않게 되면 그 의미를 잃게 된다. 당연한 얘기지만 바람직하지 않은 결과를 낳는 신호는 차츰 사용하지 않게 될 것이다.

15장

# 수화와 키보드로 말한다

동물이 '사람과 같은 목소리'를 내어 말할 수 없는 한, 언어를 가졌다고 볼 수 없다는 사고방식에서 해방되면 동물 언어에 대해 보다 열린 사고를 갖게 된다. 이미 살펴본 대로, 동물에게는 확실한 몸짓 언어가 있다. 동물 중에는 수화와 같은 복잡한 동작이 가능하지 않은 종도 있지만 가능한 종도 있다. 게다가 일단 구어의 속박을 벗어나 버리면 근육을 자유자재로 움직일 수 없는 동물의 한정된 동작은 기술의 힘을 사용하여 보충할 수도 있다.

개 언어에 대해 초기 학자들이 어떻게 생각했는가는 이미 2장에서 소개한 바 있다. 그들은 동물의 생산언어를 연구하는 데 있어 항상 구어를 기본으로 했던 것 같다. 즉, 사람처럼 의미 있는 소리로 말하지 못한다면, 동물에게 진짜 언어가 없다는 것이 그 주장의 원칙이었다. 그러나 이미 아는 바와 같이, 개도 확실하게 의사를 전달한다. 다만 그 수단은 고도로 단련하여 완성된 소리가 아닌 신호의 형태를 취하고 있는 경우가 많다. 개와 기타 동물의 행동 유형과 동작을 '생산언어'라고 한다면, 동물에게는 초기의 학자들이 생각했던 것보다 훨씬 높은 언어 능력이 있다고 할 수 있을 것이다. 그것은 언어학자가 '진짜 언어'라고 인정할 수 있을 만큼 고도의 수준에 이르러 있는 것일지도 모른다.

　미리 말해두지만, 이러한 사고방식은 결코 혁신적인 것이 아니다. 언어는 소리를 수반하지 않고도 성립한다. 귀가 들리지 않는 사람이 사용하는 의사 전달 수단이 그 예이다. 청각장애인은 일상적인 소리를 느끼지 못하고, 다른 사람들의 말을 들을 수 없다. 그러나 동작을 바탕으로 한 언어, 즉 수화를 배우는 것은 가능하다.

그럼 동작에 의한 이 복잡한 시스템을 언어라고 말할 수 있을 것인가. 이는 기존의 언어를 완벽히 재연한 것은 아니지만, 문법을 포함한 언어가 갖춰야 할 요소를 모두 가지고 있는 건 확실하다. 게다가 수화는 단순히 사물을 가리키는 것만은 아니다. 머리 속의 생각을 표현하고, 과거에 일어난 일, 앞으로 일어날 일도 묘사할 수 있다. 또한 현실에 존재하지 않는 것에 대해서도 표현하고 이야기할 수 있다. 수화를 사용해서도 구어와 마찬가지로 복잡한 대화가 가능한 것이다.

수화는 아이가 구어를 배울 때와 같이 저절로 배울 수 있다. 수화를 사용하는 양친 밑에서 자란 아이는 간단하게 수화를 익힌다. 아이 자신은 청각장애가 아니더라도, 또 정식으로 가르침을 받지 않아도 부모의 일상적인 접촉을 통해 수화를 배우는 것이다. 이는 구어에 둘러싸여 양육되어 부모의 언어를 배우는 보통의 아이와 같다. 언어의 발달 방법도 보통과 다를 바 없고, 서투른 말로 옹알거리기도 한다. 다만 목소리로가 아니라 동작으로 옹알거리는 것이다. 따라서 언어를 입에서 나오는 것이라고만 한정할 수는 없다. 손이나 몸의 다른 부분을 사용한 동작도 언어가 될 수 있다.

동물이 '사람과 같은 목소리'를 내어 말할 수 없는 한, 언어를 가졌다고 볼 수 없다는 사고방식에서 해방되면 동물 언어에 대해 보다 열린 사고를 갖게 된다. 이미 살펴본 대로, 동물에게는 확실한 몸짓 언어가 있다. 동물 중에는 수화와 같은 복잡한 동작이 가능하지 않은 종種도 있지만 가능한 종도 있다. 게다가 일단 구어의 속박을 벗어나 버리면 근육을 자유자재로 움직일 수 없는 동물의 한정된 동작은 기술의 힘을 사용하여 보충할 수도 있다.

## 수화로 대화하는 동물들

신세대 연구자들이 동물 언어에 대해 조사하기 시작했을 때, 그들이 최초의 조사 대상으로 선택한 것은 개가 아니었다. 초기 학자들이 했던 대로 사람에게 가장 가까운 동물, 즉 유인원을 선택했던 것이다. 그 편이 성공률이 높다고 생각했기 때문이다. 그러나 사람의 가정에서 길러진 침팬지의 이야기에서 이미 밝혀졌듯이 사람의 아이와 똑같은 상황에서 언어 교육을 받은 침팬지가 의미 있는 소리를 내어 말하는 것은 가능하지 않았다.

한편 1925년 영장류 행동심리학자 로버트 여키즈Robert Yerkes는, 유인원은 말하고 싶은 것이 많지만 다만 말을 하지 못할 뿐이라고 추론했다. 그는 유인원에게 수화와 비슷한 것을 가르치는 건 가능할 거라고 생각했다. 이 추론이 실제로 시도된 것은 1966년의 일이었다. 실험을 행한 사람은 네바다대학의 알렌과 비트리스 가드너 부부였다. 두 사람은 유인원의 손이 대단히 유연하여 수많은 동작이 가능하다는 점에 주목했다.

가드너 부부는 1세 정도의 암컷 침팬지를 데려와 와슈라는 이름을 붙였다. 와슈는 생후 2, 3개월까지 어미에게서 길러진 침팬지로,

실험을 위해 1,500평 정도 되는 가드너 씨 집 정원에서 살게 된 것이다. 필요한 설비를 갖춘 훈련장을 지어 그곳에 화장실과 부엌, 침실도 갖추었다. 연구자들은 그런 환경에서 4년 동안 수화만을 이용해 와슈와 의사소통을 했다. 수화를 통한 그저 일상적인 의미 전달 외에 영장류를 위한 수화 언어교실 같이 체계적으로 가르치려는 시도도 했다.

낮 동안은 연구팀의 멤버가 교대해가며 와슈와 함께 시간을 보냈다. 그들은 와슈와 수화로 수다를 떨었다. 와슈는 근처에 외출하는 일도, 손님을 맞이하는 일도 많았다. 달리면서 돌기도 하고, 나무에 오르기도 하고, 가드너 씨 집의 정원에 있는 놀이 기구를 이용하기도 했다. 또 틈틈이 레슨 시간을 정해 수화를 가르쳤다. 선생님의 동작을 흉내 내게 하는 것 외에 스스로 여러 가지 신호를 만들어보게도 했다. 와슈의 학습 의욕을 북돋기 위해 사물이나 상황에 대해 바른 신호를 보내면 보상을 주었다.

와슈는 수화를 기억하기 시작했고, 사람의 유아가 언어학습 최초의 단계에서 보이는 종알거림을 동작으로 나타내기도 했다. 그리고 최종적으로는 132종류의 수화를 기억했다.

가드너 부부와 함께 이 연구에 참여했던 로저 푸츠Roger Fouts는 와슈를 센트럴 워싱턴대학의 영장류센터로 데려가 연구를 계속했다. 그는 와슈가 사람의 아이와 마찬가지로 언어를 사용하고 있다는 분명한 증거를 '자발적인 손의 수다'에서 찾아냈다. 언젠가 그는 와슈가 들어가서는 안 되는 방에 몰래 들어가는 것을 목격했다. 그때 와슈는 자신을 향해 '조용히'라고 신호하고 있었던 것이다.

와슈의 '생산언어' 능력을 조사하던 중에 몇 가지 멋진 발견을 했다. 와슈가 사람의 아이와 같은 실수를 하는 경향을 보인 것이다. 단어에 대한 동작을 틀리게 하는 것이 아니라, 사물의 의미를 잘못 받아들이는 것이다. 고양이 사진을 보고 '개'라고 하거나, 빗을 보고 '브러시'라고 하고, 고기 사진을 보고 '음식'이라고 신호를 보내기도 했던 것이다. 그리고 틀렸을 때는 그것을 바로잡기도 했다. 언젠가 와슈는 잡지에 실린 음료수 사진을 보고 '음식'이라고 신호를 보냈다. 그런 다음 이상하다는 듯 자신의 손을 보고 떨떠름한 얼굴을 하더니 다시 '음식'이라고 신호를 보냈다. 이것은 아이가 "아니야! 그게 아니고, 그건…" 하고 자신이 잘못 말한 것을 고쳐서 말하는 것과 닮았다.

또한 와슈는 수화로 단어를 기억할 뿐만 아니라, 두세 마디를 조합한 신호까지 익혔다. "사과 주세요"라든가 "바나나 더"라고 부탁하기도 하고, '사과 빨갛다' '공 크다' 등으로 표현하기도 했다. 상대에게 행동을 요구하기도 했다. "너, 나, 긁는다"라고 말하기도 하고, 방을 나올 때 "밖에 나간다"라고 방향을 나타내기도 했으며, 졸릴 때는 "침대, 속, 들어간다"라고 부탁하기도 했다.

이후 와슈 외에도 수많은 침팬지들에게 수화를 가르쳤다. 놀랍게도 그들의 단어 사용법이나 구성 능력은 두 살에서 세 살 아이의 수준과 비슷했다. 침팬지는 기존의 신호를 사용해 사물에 새로운 이름을 붙이기도 했다. 예를 들면, 수박을 "마시는 과일", 백조를 "물새"

라고 불렀던 것이다. 어떤 사물을 부르는 데 적합한 신호가 없을 때는 새로 만들어냈다. 그 흥미로운 한 예로서, 와슈는 "턱받이"라고 말할 때 자신의 가슴에 턱받이 형태를 손가락으로 그렸다. 그러나 '턱받이'보다 '냅킨'이라고 하는 것이 맞기 때문에 가드너 부부는 와슈에게 '냅킨'을 의미하는 신호를 가르쳤다. 한 달 후쯤 캘리포니아 농아학교의 청각장애아들이 와슈의 영상을 보았다. 와슈가 '턱받이'를 '냅킨'이라고 신호하는 것을 보고, 그들은 연구자들에게 그 신호가 틀렸다고 했다. 그러고 나서 아이들은 수화로 '턱받이'의 신호를 보냈다. 자신의 가슴 위에 턱받이의 윤곽을 손가락으로 그려 보였던 것이다. 그것은 와슈가 스스로 생각해낸 신호와 거의 같았다.

그뿐만이 아니다. 어찌된 일인지 침팬지는 욕도 익힌 듯했다. 그것을 처음으로 알았던 것은 와슈가 오클라호마 주 노먼에 있는 영장류 연구소로 옮겨졌을 때였다. 이때 와슈는 넓은 곳에서 다른 침팬지나 원숭이들과 함께 살았다. 관찰된 바로는 와슈는 여기서도 수화를 계속 사용하며 다른 침팬지들에게도 수화를 가르쳤다. 가르치는 방법 또한 어른이 아이에게 단어를 가르치거나, 자신의 모국어를 외국인에게 가르칠 때의 방법과 거의 닮아 있었다. 그 무렵 와슈는 오줌이나 똥을 가리킬 때 "더럽다"고 하는 신호를, 자신의 요구를 들어주지 않는 사람에게도 사용하게 되었다. 사람과 완전히 같은 욕을 생각해낸 것이다.

로저 푸츠는 와슈를 몇 마리의 젊은 침팬지와 함께 가족처럼 살게 한 뒤 아내 데비와 함께 침팬지끼리의 대화를 45시간에 걸쳐 비디오로 촬영했다. 그 결과 사람의 가족과 마찬가지로 침팬지들도 평소 잡담을 나눈다는 것을 알게 되었다. 게임하면서 놀거나 모포를 서로 나누거나 아침 식사를 하거나 잠자리에 들 때 서로 수화를 교환했다. 심지어 수화를 사용하여 문제를 해결하려고까지 했다. 두 마리의 젊은 침팬지, 루리스와 달이 싸웠을 때 루리스는 달이 나쁘다고 비난했다. 그는 달을 향해 "나, 좋은 아이, 좋은 아이"라고 신호했다. 그래서 와슈가 달을 야단치러 왔다. 달은 상황을 파악하고, 다가오는 와슈에게 달려들더니 맹렬한 기세로 "빨리 안아줘"라는 신호를 되풀이했다. 와슈는 기분을 누그러뜨리고 대신 루리스를 야단치면서, 출구 쪽을 가리키며 "저리 가"라고 신호했다.

사람 이외의 동물 중 수화를 배우는 것은 침팬지뿐만이 아니다. 어느 오랑우탄은 50가지 이상의 동작을 기억했고, 심리학자 패터슨 Francine Patterson은 코코라는 이름의 고릴라에게 300종류의 동작에 의한 신호를 가르쳤다. 와슈와 마찬가지로 코코도 욕을 사용하기도 하는 것 외에, 뭔가 보상을 받을 것 같으면 때때로 거짓말도 했다.


## 개는 타이핑을 할 수 있을까?

회의적인 사람들은 위에서 말한 것들이 모두 참된 의미의 언어가 아니라고 말할지도 모른다. 유인원의 언어는 항상 뭔가에 대한 요구이고, 어떤 동작을 하면 보상을 받을 수 있다는 기계적인 기억에 지나지 않는다는 것이다. 즉, 개가 "앉아!" 하는 명령에 반응하여 허리를 내리고 앉는 자세를 취하면 먹을 것을 얻거나 쓰다듬을 받는다. 그래서 개는 어떤 소리와 동작 사이의 관계를 배우는 것이지 "앉아"라는 단어의 의미를 배우는 게 아니라는 것이다. 마찬가지로 침팬지가 "뭘 원하지?" 하는 신호에 대해 "사과 주세요"라고 답변했다고 해도 거기에 단어의 의미나 배열 개념은 없고, 단지 어떤 동작을 하면 포상을 얻을 수 있다는 것을 알 뿐이라는 게 그들의 주장이다.

그러나 이 의견은 몇 가지 점에서 그다지 설득력이 없다. 첫째, 사람 언어의 대부분이 표현상으로는 요구의 형태를 취하지 않아도 실제로는 문맥상 무엇을 요구하는 내용이라는 사실이다. 예를 들어 "다리가 아프다"라고 말했다고 하자. 이것은 어떤 상태의 서술일 뿐 "사과 주세요"와 같은 요구는 아니라고 생각할 수 있다. 그러나 '다리가 아프다'는 말이 듣는 쪽에서는 요구로 받아들여지는 상황이 많이 있다. 병원 진료실에서 이 말을 들었다면 그것은 치료하여 아픔을 없애달라는 요구가 된다. 등산하던 중이었다면 잠시 쉬어가고 싶다는 요구로 해석할 수 있을 것이다. 또한 퇴근시간에 친구에게 했다면 차에 태워달라는 말로 해석될 수도 있다. 집에 돌아와 사랑하는 사람에게서 그 말을 들었다면 따뜻한 말을 해달라는 표현일지도 모른다.

한편 동물의 언어가 단순한 기계적 기억이 아니라 사람 언어의 특징을 갖추고 있다는 증거도 있다. 사람의 언어에는 같은 내용을 전하는 데도 여러 방식이 있다. "소년이 공을 쳤다" "공이 소년에게 맞았다" "소년이 친 것은 공이었다" "소년에게 맞은 것은 공이었다" 하는 식으로, 표현은 다르지만 모두 같은 내용을 전달하고 있다. 와슈도 그와 같이 다양한 표현을 사용할 줄 알았다. 예를 들어, 문이 닫혀 있을 때 "열쇠 주세요" "열쇠 열어요" "열쇠 넣어요" "제발 열쇠 열어요" "더 열어요" "넣고 열어서 도와줘요" "열쇠 열어요, 빨리 도와줘요" 등 한 가지 상황에 대해 13종류의 전달 방식을 알고 있었다. 어떤 결과를 낳는 신호를 기계적으로 기억하고 있을 뿐이라면, 포상으로 연결되는 표현 하나만 기억해 오로지 그것만 되풀이해서 사용할 것이지 굳이 변화형을 사용할 필요는 없을 것이다.

일상적인 침팬지의 대화를 담은 비디오테이프에는 뭔가를 요구하는 것 이상의 단어도 제시되어 있었다. 침팬지들은 그날 있었던 일이나 자신의 머릿속에 있는 생각들에 대해 곧잘 수다를 떨었다. 자기가 좋아하는 음식에 대해서도 이야기했는데, 그것은 먹을 것을 손에 넣기 위해서가 아니었다. 그때는 사람이 곁에 없었기 때문에 단지 먹을 것에 대한 평가를 하고 있었던 것이다. 한 마리가 "사과 좋아"라고 말하면, 다른 한 마리가 그 의견에 반대라도 하듯 "바나나 좋아"라고 주장했다. 근처에 먹을 것이 없어도 서로 싫어하는 음식에 대해 이야기하는 경우도 있었다. 유리창 저쪽에서 커피 잔을 들고 지나가는 사람을 보고 한 마리가 "커피"라고 말했고, 다른 한 마리는 "커피, 나빠"(커피는 쓰다고 느끼고 있다)라고 응수했다. 비록 쓰이는 어휘가 적고 문장은 극히 짧지만 청각장애아들과 똑같은 수화를 사용하고 있었던 것이다.

연구자의 입장에서 보면 이러한 결과는 매우 흥미롭긴 하지만 수화를 사용하는 것이 유인원에게 언어가 있다는 증거로 간주되기에는 약간 문제가 있다. 침팬지와 말을 주고받은 관찰자가 과잉 해석하여 그 반응에 너무 의미를 담았을 가능성도 있다. 무의식중에 침팬지의 행동을 유도하거나 제어하여, 실제 이상으로 언어 능력이 있는 것처럼 만들어버렸을 수도 있다는 것이다. 그것을 피하기 위해 유인원에게 도구를 사용하여 읽고 쓰기를 가르치려고 시도한 연구자도 있다.

유인원에게 처음으로 도형적인 언어를 가르치려고 한 사람은 데이비드 프리맥David Premack이었다. 처음에 그는 캘리포니아대학에서, 나중에는 펜실베이니아에서 이 연구를 계속했다. 프리맥이 가르친 최초의 학생은 연구실에서 양육된 여섯 살짜리 침팬지 사라였다. 프리맥은 문자 대신 여러 가지 색과 형태를 가진 플라스틱 조각을 이용해, 각각 안쪽에 금속을 붙여 자석판에 붙였다. 플라스틱 조각의 형태는 통일되어 있지 않았고, 그것으로 표현하는 대상물의 형태와도 아무 연관이 없었다. 그리고 단어에는 "아니다" "없다" "만약… 한다면" 등 추상적인 것도 다수 포함되어 있었다. 사라는 이러한 형태들을 단어로서 '읽는' 법을 배웠다. 다음에 단순한 학습을 통해 대답을 쓰는 것도 가르쳤다. 플라스틱 조각을 골라내 질문이나 요구에 대한 답이 되도록 늘어놓는 것이다. 사라는 130개 정도의 단어를 기억했다. 이것은 와슈가 기억한 수화의 수와 거의 같았다. 게다가 사라는 플라스틱 조각을 늘어놓고, 꽤 복잡한 문장을 '쓰기'도 했다. '만약'이라는 경우를 상정하여 거래까지 했던 것이다. 예를 들면 이런 식으로 썼다. "사라 메리에게 사과 준다. 만약 메리 사라에게 초콜릿

준다면."

이 연구는 한발 더 나아간 형태로, 조지아 주 애틀랜타 교외의 여키즈 영장류 연구소(기하학적 도형을 사용한 사람과 침팬지와의 커뮤니케이션용 인공언어 연구)에서 일하는 드웨인 럼보Duane Rumbaugh와 수 사베지 럼보Sue Savage-Rumbaugh에게 계승되었다. 두 사람은 동물 중에서도 말의 천재라고 할 수 있는 침팬지 일종에게 이 실험을 시도해보았다. 절멸의 위기에 처해 있는 판 파니스커스Pan paniscus, 별명은 피그미 침팬지로, 이 명칭은 오해를 불러일으키지만 실제의 체격은 보통 침팬지와 같은 정도였다. 이 종種은 '보노보'라고도 불린다. 그들은 기본적으로 프리맥과 같은 방법으로 침팬지에게 단어를 가르쳤는데, 다만 완전히 컴퓨터화하고 있었다. 실제로 75에서 90키짜리 키보드가 이용되었고, 어느 키에도 통일되지 않은 심볼이 표시되어 있었다. 키가 눌러지면 라이트가 켜져 그 심볼이 화면에 나타났다. 그리고 침팬지는 그 심볼을 서로 연결하여 '문장을 쓰는' 것이었다.

보노보가 실제로 보여준 것은 그야말로 감동이었다. 때로는 연구자가 요구하지 않은 단지 그때 눈에 들어온 것을 심볼을 사용하여 묘사하거나 이름을 쓰기도 했다. 또 키를 두들겨서 과거에 있었던 일을 서술하기도 했다. 예를 들면, 어떤 보노보는 자신의 손에 나 있는 상처 자국에 대해 엄마에게 맞았다고 설명했다. 매우 창조적인 요구를 하는 경우도 있었다. 상대, 즉 자신 이외의 누군가에게 뭔가를 하도록 부탁하기도 했던 것이다. 어떤 보노보는 연구자에게 다른 보노보를 쫓아간 곳을 자신에게 보여달라고 부탁하기도 했다.

이 침팬지들은 수화가 아니라 연구자가 말하는 영어 환경에 둘러싸여 살았다. 연구자는 새로운 심볼을 가르칠 때, 목소리 음향도 심볼과 연결되도록 보노보에게 말을 걸었다. 그리고 일상적으로 사람의 아이가 구어에 둘러싸여 교육받는 것과 같이 보노보에게도 말을 걸었다. 그 때문에 보노보의 수용언어 능력도 발달하고, 들은 영어를 아주 잘 이해하게 되었다. 그들은 처음으로 단어를 조합해 나열한 명령에도 반응할 줄 알았다. 예를 들면, "열쇠를 갖고, 냉장고에 들어가세요"라고 말한 경우이다. 각각의 단어는 알고 있지만, 이 문장에는 그들이 경험하지 않은 내용도 포함되어 있었다. 그래도 보노보는 정확히 반응했던 것이다.

보노보가 단어를 배우는 방법은 사람의 아이와 실로 흡사했다. 다른 보노보가 단어를 사용하는 모습을 관찰하고, 단어를 개입시킨 일상적인 접촉을 통해 배워나갔던 것이다. 칸지라는 이름을 가진 보노보는 어릴 때 어미가 단어를 배우는 장면을 보고 키보드로 문장을 칠 수 있게 되었다. 연구자는 어미에게 가르치는 것을 중도에 포기했다. 기억력이 나쁘고, 별로 영리하지 않았기 때문이다. 그러나 어미가 연구실을 떠난 후, 칸지가 수용언어뿐만 아니라 생산언어도 꽤 습득하고 있다는 사실이 증명되었다. 그는 이미 먹을 것을 요구할 때의 키보드 사용법을 정확히 아는 것 외에도, 텔레비전 보기, 게임하고 놀기, 친구 방문하기 등 자신이 하고 싶은 행동을 키보드로 요구할 줄도 알았다. 그중에서도 가장 놀랄 만한 것은 칸지가 키보드를 사용하여 자신의 의사를 전달한다는 사실일 것이다. "칸지 사과 먹는다.

그러고 나서… 침대로 간다" 하는 식이다. 이 같은 칸지의 언어 사용법은 세 살 아이의 수준에 필적한다고 서술한 학자도 있었다.

## 컴퓨터로 시를 쓰는 개

이런 유인원의 언어 능력에 관한 연구는 기대를 갖게 하지만, 그것을 개에게 적용하기에는 한계가 있는 것 같다. 확실히 연구를 통해서 보자면, 동물에게는 어떤 종류의 몸짓(수화도 그중 하나이다)이 소리로 내는 단어보다 배우기 쉬운 것 같다. 수화에 의한 실험을 개에게서 그다지 기대할 수 없는 것은, 개가 단어를 말할 수 있을 만큼 목소리를 제어할 수 없는데다가 손도 자유자재로 움직일 수 없기 때문이다. 개에게는 유인원과 같은 재주가 없어서 동작을 만들어낼 수 없다. 비록 앞발을 유연하게 움직일 수 있다 해도 손가락이 없어서 수화나 복잡한 신호에 필요한 형태를 만들 수 없다. 다만 개는 가르치면 사물을 코로 문지르거나 앞발을 이용해 사물을 짓누르는 것은 할 수 있을 것이다. 그러나 기본적으로 개가 뭔가를 조작할 때 사용하는 것은 주로 입과 턱이다.

하지만 최근에는 컴퓨터의 키보드로 인해 그 성과가 기대된다. 개에게 코로 키보드를 누르게 하는 훈련이 가능하고, 앞발로 특정 키를 누르게 하는 것도 가능하다고 한다. 그리고 심볼에 따른 반응이 가능해지면, 사람 언어의 일정 부분을 가르치는 것도 가능하리라 여겨진다.

여기서 엘리자베스 만 보르헤스와 알리의 이야기가 떠오른다. 그것은 프리맥이나 럼보 부부가 심볼을 사용한 실험보다, 가드너 부부가 와슈에게 수화를 가르치기보다도 훨씬 이전의 일이었다. 엘리자베스는 독일의 작가로 1929년에 노벨 문학상을 수상한 토마스 만의 막내딸이었다. 그녀는 작가이자 환경보호 활동가로, 동물행동학을 열심히 배웠다. 1962년 10월 엘리자베스는 3년에 걸친 실험의 첫걸음을 내디뎠다. 그녀는 자신이 키우는 알리에게 읽고 쓰기를 가르치려고 했던 것이다. 그것도 최신의 커뮤니케이션 시스템이 아니라 사람의 언어로 말이다. 그녀는 네 마리의 잉글리시 세터English Setter 중에서 가장 머리가 좋고 학습 효과가 높을 듯한 알리를 선택했다. 마침내 이 실험이 끝났을 무렵 알리는 엘리자베스가 말하는 단어를 타이프로 칠 수 있게 되었다.

가르치는 방법은 지극히 단순했다. 그 도구에는 여러 개의 플라스틱 컵 위에 놓인 플라스틱 받침접시가 사용되었다. 받침접시에는 각각 도형이 그려져 있다. 개의 역할은 지시 받은 도형이 어느 것인지 알아내어 그 받침접시를 코로 치우는 것이었다. 답이 맞으면 컵에 들어 있는 간식을 보상으로 주었다. 이런 식으로 엘리자베스는 우선 까만 점이 하나 내지 두 개 표시된 받침접시부터 시작했다. "하나"라고 말하면 점이 하나 있는 받침접시를 선택하고, '둘'이라고 말하면 점이 두 개 있는 받침접시를 선택해야 된다. 이 언어 학습의 첫 번째 단계는 꼬박 4주가 걸렸다.

그녀는 개가 도형에 대해 민감해지도록 삼각과 사각 등 두 개의 다른 도형을 구별하는 훈련도 했다. 개가 여러 가지 도형을 식별할 수 있게 되자, 그녀는 숫자를 늘려가면서 답을 선택하는 훈련에 들어갔다. 먼저 개에게 점이 각각 한 개, 두 개, 세 개 표시된 세 종류의 컵을 보여주었다. '하나, 둘, 셋'이라는 새로운 명령을 들으면 새로 추가한 세 개의 점이 있는 받침접시를 선택해야 한다. 컵의 배열 순서는 매번 바꾸었기 때문에 표시된 받침접시를 맞추려면 반드시 점을 세어야 했다. 알리는 타고난 천재는 아니었지만, 매일 훈련을 계속하자 3개월 후에는 셋까지 셀 수 있게 되었다.

학습에 짧은 휴식 기간을 가진 후, 알리는 그때까지보다 훨씬 더 빨리 배워나가게 되었다. 불과 한 달 만에 넷까지 기억하고, '개'와 '고양이'라는 두 단어도 구별하게 되었다.

엘리자베스는 이렇게 말했다.

"'개'라고 말하면 개라고 씌어진 받침접시를 넘어뜨리고, '고양이'라고 말하면 고양이라고 씌어진 받침접시를 넘어뜨리는 식으로 해서 알리가 '읽는' 것을 확인했습니다."

그 후로 알리는 몇 주 만에 여섯까지 셀 수 있게 되었고, 개, 고양이, 새, 알리, 공, 뼈 등의 단어를 읽을 수 있게 되었다. 두 가지 수를 보여주고 그중 많은 수를 알아맞히는 것도 가능했다. 그렇게 되기까지 엘리자베스는 "많은 시간이 걸렸고, 수없이 실수를 거듭하며 실망과 좌절을 되풀이했다"고 회고했다.

알리에게 주어진 다음 임무는 문자의 철자를 배우는 일이었다. 엘리자베스는 'DOG'와 같이 알리가 이미 알고 있는 단어를 택해 각각 D, O, G의 철자가 씌어진 세 장의 받침접시를 보여주었다. 받침접시가 ODG 또는 GDO 등의 순번으로 배열되어 있어도 과제로 나온 단어의 바른 철자대로 D, O, G 순으로 받침접시를 넘어뜨릴 것을 요구했다. 드디어 엘리자베스는 DCOAGT와 같이 여러 가지 철자가 섞여 있는 문자를 보여준 다음 알리에게 'DOG' 또는 'CAT'을 넘어뜨리게 했다.

하지만 훈련이 항상 순조롭게 진행되었던 것만은 아니었다. 알리가 피곤해 있을 때나 과제가 특별히 어려울 때는 몹시 곤혹스러운 표정으로 서서 내내 도움을 기다리기도 했다. 또 받침접시를 닥치는 대로 넘어뜨리는 경우도 있었다.

이렇게 알리가 철자가 표시된 받침접시를 꽤 정확하게 집어낼수 있게 될 무렵, 전동 타이프라이터가 운반되어 왔다. 키보드에는 21종류의 문자 키와 공백 키가 달려 있었고, 알리가 코로 눌러 칠 수 있게 되어 있었다. 당시 컴퓨터의 보급이 활발하지 않았던 터라 알리는 자신이 친 것을 화면 대신 한 글자마다 종이에 찍혀 나오는 것을 보고 확인할 수밖에 없었다. 엘리자베스는 그런 알리를 돕기 위해 확대경을 종이 앞에 고정시켜 놓고 새겨진 글자가 확대되어 보이도록 했다. 그러나 이것은 결국 사용되지 않았다. 알리는 글자가 새겨진 종이에는 전혀 관심을 보이지 않았고, 인쇄된 글자와 키를 친 작업을 끝까지 연결해 생각하지 못했던 것이다. 알리는 일단 글자를 치고 나면(그렇다기보다 문자를 '행동에 옮기면') 그것으로 끝이었다. 그에게 글자가 인쇄된 종이는 기껏해야 이빨로 찢을 수 있는 놀잇감 정도의 가치밖에 없었던 것이다.

알리는 상당한 속도로 단어를 칠 수 있게 되었다. ARLI, PLUTO(엘리자베스가 기르고 있는 또 다른 개의 이름), DOG, CAT, BIRD, CAR, ROME MEAT, BONE, EGG, BALL, GOOD, BAD, POOR, GO, COME, EAT, GET, AND, NO 등 이러한 단어들을 "아 아아— 알리이이이—" 하는 식으로 분명하고 길게 늘인 발음으로 알리에게 가르쳤다. 하지만 유감스럽게도 알리는 각각의 단어와 의미를 연결짓지는 못했다. 읽는 방법을 배운다기보다 받아쓰기를 하고 있는 느낌이었다. 그러기를 얼마나 했을까. 17개의 글자, 6개의 단어를 외우게 되어 '좋은 알리 차가 간다. 그리고 나쁜 개를 본다'(good arli go car and see a bad dog)라고 하는 문장을 바르게 칠 수 있게 되었다. 엘리자베스는 1년간의 이 같은 성과를 자랑스럽게 여겼다. 그리고 알리의 실력을 믿고, 자신의 크리스마스 카드까지 치도록 했다.

알리는 자신이 쓴 문장의 의미를 이해하고 있었던 것일까. 엘리자베스는 확신이 없었지만, 그녀에게 희망을 준 한 사건이 있었다. 알리를 데리고 여행에 나섰는데, 알리가 위장에 탈이 나서 건강이 안 좋은 적이 있었다. 그러던 어느 날, 엘리자베스는 그를 불러 글자를 치게 했다. 알리에게 "좋은 개 뼈를 받는다"라고 받아쓰게 하려고 해도 그저 건성일 뿐 영 내켜하지 않는 것 같았다. 그녀가 가만히 서서 보고 있자, 알리는 간신히 컴퓨터 자판에 다가가더니 코로 키를 눌러 'a'를 쳤다. 받아쓰게 하려던 문장에 'a'는 포함되어 있지 않았지만 그녀는 굳이 그만두게 하지 않았다. 알리는 천천히 단어와 단어 사이를 바르게 띄우면서 '나쁜 나쁜 개'(a bad a bad doog)라고 썼던 것이다. 엘리자베스는 갑자기 희망이 보였다. 어쩌면 개와 문자를 사용하여 진짜 대화를 할 수 있을지도 모른다는 기대를 가지게 된 것이다.

엘리자베스는 알리의 건강이 완전히 회복됨과 동시에 새로운 실험에 들어갔다. 받아쓰기는 그만두고 자유롭게 글을 쓰게 했던 것이다. 알리의 머리에(또는 코에) 떠오르는 것을 무엇이든 치게 해보았다. 그 결과를 보고 그녀는 알리가 쓴 것은 산문이 아니라 시라고 생각했다. 알리는 문장을 길게 이어서 쳤는데, 엘리자베스가 단어 사이에 주의 깊게 띄어쓰기를 하여 단락을 짓고, 운을 띠고 있는 듯한 부분을 강조했다. 그리고 어느 시에나 제목을 붙여 완성시켰다.

알리가 쓴 시 중에서 이해 가능한 단어는 조금밖에 없다. 이것은 그의 시 중 내가 가장 좋아하는 것이다.

*BED A CCAT*

*cad a baf*
*bdd af dff*
*art ad*
*abd ad arrli*
*bed a ccat*

엘리자베스는 개가 썼다는 사실을 숨긴 채 알리의 작품을 몇몇 유명한 현대시 평론가에게 보냈는데, 그 평론가들에게서 이런 답장을 받았다고 한다. "시가 매력적입니다. 브라질, 스코틀랜드, 독일의 '콘크리트 포에트리'(글자의 회화적 배열로 표현을 하는 시)파와 공통된 점이 아주 많습니다. 그들과 접촉이 있었습니까?" 그리고 그의 재능을 잘만 살리면, 현재 이런 종류의 시를 쓰고 있는 미국 시인 e. e. 커밍즈의 영역에 도달할 것이라는 지적도 함께 받았다고 했다. 엘리자베스는 알리의 재능을 발전시킬 수도 있었지만, 그렇게 하지 않았다. 나중에 그녀는 이렇게 쓰고 있다.

"이미 상당히 풍부해진 어휘나 단어의 조합을 알리가 자유롭게 선택하게 하고, 바르게 적은 단어에만 포상을 줌으로써 단순한 문자의 나열이 아닌 올바른 단어를 쓰도록 훈련할 수도 있었을 것이다. 그러면 그의 시에서 콘크리트 포에트리풍은 없어지고 훨씬 시다워졌을 것이다. 그러나 나는 그렇게 하지 않았다. 알리에게 자발적으로 글을 치게 하는 것은 괴로운 일이었기 때문이다. 그는 안정을 잃고, 키를 앞발로 치며 낑낑, 끄응 하면서 울거나 신음하기 시작했다. 마치 '나로서는 알 턱이 없지요'라고 말하고 있는 것 같았다."

안타깝지만 지금까지 살펴본 바로 개에게 문자는 의사를 나타내는 고도의 수단이라고는 할 수 없을 것 같다. 알리는 연구 보고서를 워드프로세서로 입력해주던 내 비서와 닮았다. 나는 연구 보고서를 열심히 입력하고 있던 비서에게 내용에 흥미가 있냐고 물어보았다.

그러자 그녀는 이렇게 대답했다.

"모르겠어요. 그냥 치고 있을 뿐이지 읽거나 이해하고 있는 게 아니니까요."

마찬가지로 알리도 엘리자베스의 비서 역할을 하고 있었던 것 같다.

16장

# 냄새로 말한다

개가 무슨 냄새를 맡고 있는지, 그 냄새로부터 어떤 정보를 얻고 있는지, 인간으로서는 알 수 없다. 개는 자신이 알고 있는 정보를 알리고 주장하기 위해 오줌을 이용한다. 이때 바위나 떨어져 있는 나뭇가지, 관목 밑동에 가까운 잎사귀 등 지면에서 어느 정도 높이 있는 곳에 오줌을 보는 경우가 많다. 이는 자신의 메시지를 담은 냄새를 가능한 한 멀리까지 풍기게 하기 위해서이다.

개 언어에 대해 알게 되면, 우리는 개를 이해하고 개와 대화하는 것까지 가능하다. 다만 그것은 사람의 감각이 받아들일 수 있는 개의 신호에 한해서이다. 우리는 개가 소리로 보내는 메시지를 알아듣고, 얼굴 표정을 읽거나 접촉에 의한 신호를 해석하고, 의사를 전달하는 춤이나 몸동작을 눈으로 보고 해석한다. 그러나 보통 사람은 영원히 읽어낼 수 없는 개의 중요한 의사 전달 수단이 또 한 가지 있다. 그것은 '냄새'에 의한 언어이다.

사람의 후각 수용체는 약 500만 개로, 냄새에 대한 민감함으로 보자면 포유동물 중 최하위에서 세 번째 정도이다. 반면 개의 후각 수용체는 평균 약 2억 2천만 개로 냄새에 대한 민감함은 사람의 44배이다. 더구나 개의 코는 그 방대한 후각 수용체를 최대한 활용할 수 있도록 진화되어왔다. 무엇보다 개의 콧구멍은 움직일 수가 있어 냄새의 방향을 확인하는 데 유용하다. 또 냄새를 맡는 방법도 사람과 다르다. 개는 폐까지 숨을 들이마시지 않고, 코로 냄새를 맡을 수 있다. 개의 코 내부에는 사람에게는 없는 뼈와 같은 것이 있다. 들이

마신 공기는 이 뼈의 층을 통과하여 많은 냄새의 분자가 그곳에 부착된다. 이 층의 위쪽은 내뱉는 숨으로 세정되지 않기 때문에 냄새의 분자가 부착된 채 그곳에 모인다. 개가 평소에 호흡할 때는 공기가 코를 통과하여 폐로 내려간다. 그러나 킁킁 냄새를 맡을 때는 공기가 코 안에 머물고, 냄새는 농도를 높인다. 즉, 아주 미세한 냄새라도 식별할 수 있게 되는 것이다.


## 냄새 맡기, 개 코를 따라갈 수 없다

개의 코가 어느 정도 민감한가를 실증하는 것으로, 군대에서 지뢰 탐사시 개가 이용되고 있는 것을 보아도 알 수 있다. 어느 날, 육군 관계자는 개에게 대단히 어려운 과제를 주었다. 지뢰를 지하에 매장하여 수개월 방치한 후에 개에게 찾게 했다. 지면에 기름을 두르고 불을 질러, 그 냄새를 분간하기 어렵게 만들기도 했다. 하지만 개의 코를 착각시키지는 못했다.

막 태어난 개는 거의 냄새와 촉각에만 의지하여 살아간다. 그들을 제일 먼저 끌어들이는 것은 어미개의 따뜻한 체온이지만, 어미개의 젖꼭지를 찾기 위해 후각을 이용한다. 그리고 며칠이 지나면 어미개의 냄새를 식별할 수 있게 된다. 방 안에 소리를 내지 않고 어미개를 넣어주면 강아지는 보지 못하는데도 낑낑거리다가 갑자기 조용해진다. 어미의 냄새가 안정감을 주고 기분을 좋게 하기 때문이다.

민감한 개의 후각은 어느 시대에나 경탄을 자아내게 했다. 예전에 나는 미국 국립위생연구소의 지원을 받아 공동연구를 했던 리차드 시몬즈에게서 뉴욕에 사는 마릴린 주커맨과 그녀의 셰틀랜드 시프도그 트리시아의 이야기를 들은 적이 있다. 트리시아에게는 버릇이 하나 있는데, 마릴린이 앉으면 그 허리 근처에 코를 문질러 냄새를 맡는 것이었다. 마릴린의 남편이 그 원인을 조사해보니, 트리시아가 흥미를 나타낸 것은 마릴린 등에 생긴 까만 사마귀라는 것을 알았다. 마릴린은 개가 그 사마귀에 신경을 쓰는 게 이상하긴 했지만, 아프거나 가렵지도 않았기 때문에 그대로 방치해두었다. 그러던 어느 날 마릴린이 수영복을 입고 발코니에 엎드려 일광욕을 하고 있을 때였다. 느닷없이 등을 물린 마릴린은 "아파!" 하고 소리치면서 벌떡 일어섰다. 알고 보니 트리시아가 사마귀를 물어뜯으려고 했던 것이다.

마릴린의 남편은 개가 사마귀에 신경을 쓰는 데는 무슨 이유가 있는 게 틀림없다고 생각했다. 결국 마릴린은 남편이 신경 쓰지 않도록 사마귀를 떼기 위해 병원을 찾았다. 그리고 그날 마릴린은 피부암이라는 진단을 받았다. 위험한 흑색종양으로 조기에 치료하지 않으면 생명을 잃을지도 모른다는 것이었다. 트리시아가 일찍 발견하여 마릴린의 생명을 구했던 것이다.

시몬즈는 이렇게 말했다. "이와 비슷한 이야기가 몇 가지 더 있기 때문에, 우리는 개의 병 발견 능력에 대해 조사를 시작했습니다. 초기 통계에 의하면 흑색종양을 비롯해 몇 가지 암에 대해서 이상이 발견되기 훨씬 전에 개가 미리 알아차린다는 사실을 알게 되었지요. 아마도 암 환자가 어떤 냄새를 발산하고, 그것을 개의 코가 감지하는 것 같았습니다. 그중에는 암 환자가 방에 들어온 순간, 갑자기 안절부절못하는 개도 있었습니다. 언젠가는 일부 암 검진에 개를 이용한 검사가 포함될지도 모르겠어요."

그러나 어떤 개나 이처럼 예리한 후각을 갖고 있는 건 아니다. 우선 수컷의 후각이 암컷보다 더 민감하다. 그것은 수컷이 더 경쟁심이 강하고, 다른 수컷이 풍기는 냄새에 민감한 탓일 것이다. 또한 견종에 따라서도 차이가 있다. 발바리처럼 찌그러진 얼굴의 개는 냄새를 맡는 데 그리 능숙하지 못하다. 얼굴 형태 때문에 호흡기에 문제가 생기기 쉽고, 공기가 정상적으로 코를 통과하기 힘들기 때문이다. 가장 냄새를 잘 맡는 것은 역시 사냥개로, 블러드하운드Bloodhound는 아마 영원한 챔피언이라고 할 수 있다. 실험 결과에 의하면, 블러드하운드는 추적하는 상대가 고무 장화를 신고 있어도, 또 자동차에 타고 있어도 냄새를 맡고 알아냈다고 한다.

메인 주 바 하버에 연구실을 가진 존 P. 스콧John P. Scott과 존 L. 풀라John L. Fuller는 견종별로 후각의 민감함을 조사했다. 두 사람은 4제곱킬로미터의 빈터에 쥐를 한 마리 놔주고 여러 마리의 비글을 풀어놓았다. 이 후각이 예리한 개들은 불과 1분 만에 조그마한 설치류를 찾아냈다. 같은 실험을 폭스 테리어에게도 시도해보았더니 쥐를 발견하는 데 15분이 걸렸고, 스코티시 테리어Scottish Terrier는 아예 냄새로는 쥐를 찾아내지 못했다. 한 마리가 우연히 쥐를 밟아버려 비명을 지르자 그제야 쥐의 존재를 알아차렸다. 스코티시 테리어가 범인의 수사나 미아 찾기에 사용되지 않는 것도 그 때문일 것이다.

## 냄새 묻히기는 세력권의 메시지

개는 사람과 다른 감각으로 세상을 파악하고 있다고 해도 과언이 아니다. 개에게 냄새를 맡는다는 것은 신문을 읽는 것과 같다. 개나 그 밖의 동물은 감정 표현을 위해 페로몬이라 불리는 특별한 냄새를 분비한다. 페로몬의 어원은 그리스어로 '운반하다'를 의미하는 '페레인'과 '흥분시키다'를 의미하는 '호르만'에서 파생되었다. 예전에는 페로몬이 동물의 수컷에게 암컷의 발정을 알리고 흥분시켜 교미시키는 역할을 한다고 알려졌다. 그러나 오늘날에는 개체 특유의 이 화학물질이 발정에 한하지 않고 많은 정보를 나누는 데 쓰이는 것으로 밝혀졌다. 동물이 화내거나 겁먹거나 자신감을 가짐에 따라 여러 가지 다른 호르몬이 분비되는데, 이런 화학반응 물질은 개체의 성별과 연령을 알려준다. 암컷의 경우는 발정기에 있는지 아닌지, 임신 중인지 아닌지, 최근 출산을 경험했는지 안 했는지 등 생식에 관한 정보를 많이 포함하고 있다.

냄새를 맡는 것이 종이에 씌어진 메시지를 읽는 것이라고 한다면, 개가 사용하는 잉크는 오줌이다. 즉, 개의 오줌에는 그 개에 관한 정보가 대량으로 포함되어 있다. 개들에게 인기가 있는 가로수의 냄새를 맡으면 최신 정보를 입수할 수 있다. 나무는 말하자면 개 세계의 타블로이드판 신문과 같다. 연재 소설은 게재하지 않지만, 가십난이나 개인광고란은 확실하게 있다. 다른 개들이 자주 방문하는 장소나 나무의 냄새를 우리 집의 개가 맡고 있는 모습을 보면, 뉴스를 읽는 소리가 들려오는 듯한 기분이 든다. 조간의 발문은 이런 식이다.

'지지, 젊은 암컷 미니어처 푸들Miniature Poodle. 이 근처에 막 이주했고, 친구 모집 중. 거세된 수컷은 거절' '로스코, 건강한 중년 저먼 셰퍼드. 그는 현재 자신이 넘버원이고, 이 마을은 전부 자신의 세력권이라고 선언하고 있음. 이에 불만이 있는 개는 자신의 의료보험이 유효한지를 알아두는 편이 좋다고 말하고 있음.'

그럼 개와 사람이 신문 기사를 읽을 때 다른 점은 무엇일까? 사람은 기사를 꼼꼼히 읽을 수 있는 반면, 개는 대개 '발문'을 읽자마자 목줄이 당겨져 다른 곳으로 끌려 가버린다는 점이다. 왜냐하면 개 주인은 대부분 다른 개가 남긴 오줌 냄새를 맡는 것이 불결하고 꼴사나운 행위라고 생각하기 때문이다. 그런 개의 행동을 보면 발로 걷어차 꾸짖는 주인도 있다.

나무가 방뇨 장소로서 적합한 것은 수캐가 수직으로 서 있는 것에 '냄새 뿌리기'를 하는 경향이 있기 때문이다. 지면에서 높은 곳일수록 뿌려놓은 냄새가 멀리까지 날아간다. 그리고 수직으로 서 있는 것이 표적으로 사용되는 가장 큰 이유는, 냄새 뿌리기의 높이가 자신의 몸 크기를 다른 개에게 전달하기 때문이다. 개의 세계에서 몸 크기는 지배성의 중요한 수단이다. 지배성은 암컷보다 수컷에게 더욱 중요한 요소이기 때문에 수컷은 방뇨할 때 한쪽 발을 들고 오줌을 높이 날리는 버릇이 있다. 게다가 그 위치가 높으면 높을수록 다른 개가 그 위에 냄새 뿌리기를 하여 메시지를 없애버릴 가능성이 적어진다.

대개 수컷이 한쪽 다리를 올리고 용무를 보지만, 암컷에게서도 종종 볼 수 있다. 그것은 그 암컷의 기가 강하고 자신감에 차 있음을 나타낸다. 지배성이 강한 암컷은 방뇨 때 한쪽 다리를 드는 경우가 많고, 자신감이 없는 암컷은 한쪽 다리를 올리지 않는다. 이것은 생식 기능과도 관련이 있다. 피임 수술을 받은 암컷은 대부분 다리를 들지 않는다.(다만 지배적인 암컷의 경우, 아이를 낳을 수 없게 되어도 다리를 든다.) 근처에 생식 능력이 높은 암컷들이 많이 있는 경우, 대개의 암컷들이 한쪽 다리를 든다. 피임 수술을 잘 시키지 않는 덴마크의 암캐들은 피임 수술을 많이 받는 미국이나 캐나다의 암캐들보다 한쪽 다리를 들고 방뇨하는 경우가 많다.

이리나 개는 세력권이나 세력권 내에서의 중요한 장소를 주장하기 위해 오줌만이 아니라 변도 이용한다. 개과동물의 항문선은 배설물에 독특한 냄새를 풍긴다. 그것은 변을 본 자와 그 변이 남긴 장소에 대한 정보원이 된다. 개들은 이 표시에 많은 구애를 받는다. 개가 변을 보기 전에 사람의 눈에는 무의미하게 보이는 복잡한 의식을 행하는 것도 바로 그 때문이다. 대부분 개는 배설 장소를 찾아 냄새를 맡으며 돌아다닌다. 아마 자신의 세력권과 다른 개의 세력권을 분명히 구분하기 위해서일 것이다. 그리고 바위나 떨어져 있는 나뭇가지, 관목 밑동에 가까운 잎사귀 등 지면에서 어느 정도 높이가 있는 곳에 변을 보는 경우가 많다. 이것도 역시 냄새를 가능한 한 멀리까지 풍기게 하기 위해서이다.

변도 오줌도 마킹으로서 매우 중요하고, 개도 이리도 그 장소에 온 침입자가 확실하게 그것을 알아차리도록 후각만이 아니라 시각에도 호소할 수 있는 표시를 남긴다. 또한 대부분의 수캐, 그리고 꽤 많은 암캐가 냄새 뿌리기를 한 후 뒷다리로 땅을 판다. 긁은 흙을 뒤로 흩날려 배설물 위에 덮는다. 혹자들은 이 행위가 배설물을 감추고 냄새를 없애기 위한 것으로 보기도 한다. 고양이는 분명 그런 목적으로 땅을 긁는다. 그러나 개는 다르다. 개는 그렇게 해서 변을 근처에 흩뿌리려는 것이라는 설도 있다. 그렇다고 하면, 개는 효율적이지 못한 습관을 발달시켜온 셈이다. 실제로 땅을 긁는 것으로는 변이 흩뿌려지지 않기 때문이다.

하지만 최근에는 땅을 긁는 행위가 자신이 배설해놓은 장소에 시각적인 표시를 남기기 위해서라는 설이 있다. 그곳을 지나가는 개는 다른 개가 땅을 긁어놓은 흔적을 유심히 보고, 그 장소의 냄새를 맡고 돌아다닌다. 그럼으로써 최신 뉴스를 읽고, 상대의 세력권을 존중하는 것이다.


## 냄새를 묻히는 또 다른 이유들

이런 마킹에서 중요한 요소는 냄새의 신선도이다. 시간이 지나 비바람에 사라진 냄새는 다시 흩뿌리기를 하지 않으면 안 된다. 냄새의 신선함으로, 침입자들은 그 지역의 최근 상황이나 그곳 거주자가 그 장소를 빈번하게 이용하고 있는지 아닌지를 알 수 있다. 세력권 다툼이 벌어지는 장소나 때에 따라 다른 개에게 사용되는 장소에서는 냄새 묻히기 전쟁이 일어난다. 라이벌이 묻혀놓은 냄새를 발견할 때마다 그 위에 자신의 표시를 남기는 것이다. 뉴욕이나 로스앤젤

레스에 사는 갱들이 세력 범위를 둘러싸고 다툴 때 벽에 스프레이로 자신들의 이름을 휘갈겨 써놓으면, 다음 날은 다른 패거리가 와서 그 위에 표시를 남겨서 도전하는 것과 같은 식이다.

확실히 사람들은 개가 남긴 냄새에 별로 신경 쓰지 않는다. 그러나 사람이 오줌을 사용하여 개에게 뭔가를 전하려고 시도한 예가 있다. 다음 네 가지 경우를 통해 개가 냄새를 묻히는 이유를 알아보자.

첫 번째는 캐나다의 자연학자이자 작가인 팔레이 모와트Farley Mowat의 연구 결과가 말해준다. 그는 이리를 관찰하는 한편 자기 야영지의 안전을 확보할 목적으로 자신이 생활하는 장소의 경계선을 나타내는 바위 위에 신중하게 오줌을 날렸다. 이리들은 그가 묻혀놓은 냄새를 알아차리고 바위 반대쪽으로 돌아가 자신들의 냄새를 묻혔다. 나란히 있는 바위에 모와트의 세력권과 이리 세력권의 경계선이 표시되었던 것이다. 모와트의 보고에 의하면, 이리는 냄새가 나는 경계선 근처를 곧잘 헤매고 다녔는데, 분명히 메시지를 받아들이고 모와트의 세력권을 존중했다고 한다.

두 번째는 무리의 다른 멤버에게 알려줄 '메시지의 기록'을 의미한다는 것이다. 개나 이리는 냄새는 나쁘지만 아직 먹을 수 있는 것의 위를 구르고 돈다. 그리고 무리가 있는 곳으로 돌아온다. 무리의 멤버는 곧바로 그 냄새를 알아차리고, 근처에 먹을 것이 있다는 것을 알게 된다.

세 번째는 개가 더러운 냄새를 모으는 것이 아니라, 그 냄새 위에 자신의 냄새를 묻히려고 한다는 것이다. 분명히 개도 이리도 나뭇

가지나 새로운 침상 등에 몸을 문질러서 그곳에 자신의 냄새를 묻히려고 한다. 어느 심리학자는 개가 사람에게 몸을 문지르는 것은 자신의 냄새를 묻혀 상대에게 무리의 멤버로서 표시를 남기기 위해서라고 한다. 즉, 고양이가 사람에게 몸을 비벼서 자신의 냄새를 남기는 것과 같은 것이다.

마지막 네 번째는 진화론적으로 가장 설득력이 있는 것인데, 이 묘한 행동이 개의 변장을 위한 것이라는 설명이다. 이는 개가 아직 가축화되지 않았을 때, 즉 생존을 위한 수렵을 하던 시대부터의 흔적이라는 것이다. 영양은 근처에서 야생개나 재칼, 또는 이리의 냄새를 맡으면 신변의 위험을 느끼고 곧바로 도망갈 것이다. 때문에 야생 개과동물은 영양의 배설물 위를 굴러 냄새를 속이는 법을 배웠다. 영양은 자신들의 배설물 냄새에 친숙해져 있기 때문에 그 냄새를 묻힌 동물이 다가와도 겁먹거나 의심하지 않는다. 그렇게 하여 개들은 사냥감 바로 가까이까지 갈 수 있었다는 것이다.

여기에 나는 또 다른 생각을 덧붙여보는데, 이것은 과학적인 내용은 아니다. 그건 바로 개도 사람과 마찬가지로 감각적인 자극을 원하며, 극단으로 치닫고 싶은 경향 때문일지도 모른다는 것이다. 사람이 때론 컬러풀하고 화려한 하와이언 셔츠를 입고 싶어 하는 것처럼 개들이 심한 악취가 나는 유기물 위를 구르는 원인도 정도正道를 벗어나고 싶은 욕구 때문은 아닐까.

## 사람의 페로몬에 개도 반응한다

개는 냄새를 통해 사회적인 정보를 대량 받아들이는데, 사람의 경우는 어떨까? 사람도 다른 동물과 마찬가지로 페로몬(같은 개체 사이의 커뮤니케이션에 사용되는 체외분비성 물질)을 분비한다. 진화는 쓸모없는 것을 남겨두지 않는다. 현재 알려진 바로는, 많은 경우 사람이 다른 사람의 페로몬을 통해 정보를 받아들이긴 하지만, 자신이 냄새의 신호를 파악하고 있다는 사실은 의식하지 못한다는 것이다. 한편 과학자들은 최근 들어 사람의 사회행동에도 냄새가 중요한 역할을 한다는 사실을 입증했다.

냄새를 인식하는 사람의 능력에 관한 연구에서 '냄새나는 티셔츠'를 사용하는 예가 많다. 실험 결과는 아주 흥미로웠다. 피험자는 며칠 동안 비누, 향수 등의 사용을 중지하고 물로만 몸을 씻고 몸에 다른 냄새가 나지 않게 했다. 그러면서 멸균한 티셔츠를 일정 기간 착용했다. 실험자는 그들이 벗은 티셔츠를 기밀성 높은 용기에 넣어 냄새가 흩어지지 않도록 한다. 그리고 다른 사람들에게 일정 시간 냄새를 맡게 했다.

위와 같은 실험 결과, 우선 사람은 자신의 몸 냄새와 다른 사람의 몸 냄새를 구분한다는 것을 알 수 있었다. 남성과 여성의 냄새 차이를 표현해달라고 했더니 남성은 '사향' 냄새, 여성은 '달콤한' 냄새라는 대답이 많았다. 또 남성의 냄새는 강하고 약간 불쾌하며, 여성의 냄새는 상쾌하고 그다지 강하지 않다는 의견도 눈에 띄었다.

그리고 냄새를 맡아 알아차리는 능력은 남성보다 여성 쪽이 높왔다. 여성은 냄새만으로 성별을 알아맞혔을 뿐만 아니라, 그 냄새의 주인이 갓난아기인지 젊은 사람인지 중년인지도 판별해냈다. 남성은 그 정도의 식별 능력은 없었지만 갓난아기의 냄새는 구분해냈다. 매우 어린 갓난아기도 엄마의 유방 냄새는 식별할 수 있었고, 약간 크면 엄마의 체취나 입 냄새도 구분할 수 있었다. 부모는 자기 아이의 냄새를 알아냈고, 형제나 자매 역시 서로의 냄새를 알 수 있었다.

연구에 의하면, 일반적으로 사람들은 어떤 냄새에 대해 거의 무의식적으로 반응하는 듯했다. 사람이 무의식적으로 맡는 냄새의 정보로 가장 두드러진 것은 생식에 관한 것이다. 특히 생식기 부분에는 페로몬의 분비선이 밀집해 있다. 남성도 여성도 성적으로 흥분하면 그 부분에서 강한 냄새를 발산한다. 이런 냄새가 사람의 성 행동에 주요한 역할을 한다는 것은 여러 연구에서 이미 실증되었다. 후각을 잃은 사람(후각 상실로 불리는 상태)을 조사했더니, 절반 정도는 성적 흥미가 대폭 감퇴되어 있고, 4분의 1 정도는 성행위가 곤란하며 섹스에 기쁨을 느끼지 못한다고 보고되었다. 바꾸어 말하면, 이런 생식에 관련된 냄새는 실제로 의식하는 경우는 적지만 사람의 성적 행동에서 빠뜨릴 수 없는 요소라는 것이다.

그렇다면 향수 회사가 제품을 보다 섹시하게 만들기 위해서 페로몬을 섞는 것도 이상한 일은 아닐 것이다. 이것은 새로운 수법은 아니다. 몇 세기 전부터 여러 동물의 성적인 분비선에서 추출한 냄새가 향수로 이용되어왔다. 머스크는 중앙아시아 사슴의 성적인 냄새이고, 시비트는 살쾡이의 생식기에서 추출된 냄새이며, 카스토륨은 비버가 성적으로 흥분했을 때 나는 냄새이다. 이러한 냄새를 향수에 섞은 이유는 그것이 사람을 흥분시킨다고 생각했기 때문이다. 그 냄새는 상대만이 아니라 향수를 묻힌 당사자도 흥분시켜 성적 페로몬의 분비를 촉진하기 때문에 한층 효과가 올라간다.

여기에는 중요한 요소가 두 가지 있다. 사람이 생각하는 것 이상으로 냄새에 민감하다는 것, 그리고 다른 포유류가 분비하는 페로몬에도 민감하게 반응한다는 사실이다. 그 때문에 현재는 향수 제조자들이 돼지로부터 추출한 성적 페로몬으로, 사람의 겨드랑이 밑의 땀에도 포함되어 있는 알파 안드로스테놀을 사용하고 있다.

그럼 이러한 냄새들이 실제로 사람의 성적 흡인력을 높이는 것일까? 다음의 실험 결과들은 매우 흥미진진하다. 어느 실험에서, 남성들에게 알파 안드로스테놀을 의식되지 않을 정도로 살짝 내뿜었다. 그리고 냄새가 감돌고 있는 동안 그들에게 한 여성의 사진을 보여주었다. 남성들은 이 페로몬이 뿜어지지 않았을 때보다 사진의 여성을 매력적이라고 평가했다. 같은 페로몬을 밤새도록 몸에 뿌린 여성은 남성에 대해 적극성을 보였다.(그러나 여성에게는 아니었다.) 다른 연구에서는 취업을 준비하는 사람들에게 이 페로몬을 소량 몸에 바르게 하고 면접시험을 보게 했더니 면접 결과에 영향을 미쳤다고 한다. 그러나 주의해야 한다. 면접 담당관이 남성인지 여성인지에 따라 영향을 미치는 쪽이 바뀔 테니까. 이처럼 사람이 냄새를 의식하지 않고 있더라도 실제로 효과가 나타난다는 것을 알 수 있다.

사람이 이렇듯 무의식적으로 동물의 페로몬에 반응한다면, 개가 사람의 페로몬에 반응한다 해도 놀랄 일은 아닐 것이다. 개는 다른 개의 생식기나 항문의 냄새를 맡는다. 그럼으로써 그들은 배설물 같은 냄새와 더불어 성적인 냄새도 받아들이는 것이다. 그래서 개가 집에 온 손님의 냄새를 맡고 다녀서 주인이 난처해지는 사태도 일어날 수 있는 것이다. 개는 섹스한 후에 나는 사람의 겨드랑이 냄새를 맡고 싶어 하는 경향이 있다. 또한 배란기의 여성이나 막 출산한 여성(특히 아기에게 수유하고 있는 여성)에게도 끌리는 것 같다. 어떤 종류의 약이나 음식도 사람의 냄새를 바꾼다. 당신의 래브라도 레트리버가 마틸다 아줌마의 스커트에 코를 비비기 시작한다면, 그것은 아줌마가 분비하고 있는 페로몬에 이끌려 정보를 모으려고 하는 것일 뿐이다. 그것이 버르장머리 없는 짓이라는 것을 개로서는 알 턱이 없다.

## 냄새에 따라 짖는 소리도 다르다

개가 무슨 냄새를 맡고 있는지, 그 냄새로부터 어떤 정보를 얻고 있는지 사람으로서는 알 수 없다. 그러나 개가 자신이 맡고 있는 냄새에 대해 가르쳐주는 경우도 있다. 사냥개 중에는 그것을 특히 잘하는 개가 있다. 그런 사냥개를 내가 처음으로 만난 것은 켄터키 주 포트 녹스에서 육군 교련을 받을 때였다.

소문을 듣자 하니 그 근처에 '세계 제일의 블루틱 하운드Bluetick Coonhound'를 기르고 있는 침례교회 목사가 있다고 했다. 그는 '존 목사' 또는 '존 형제'로 불리고 있었다. 어느 토요일, 정오가 조금 지났을 무렵 나는 존의 집을 방문했다. 집 근처까지 가자 두 마리의 개가 눈에 들어왔다. 대형 사냥개로 코끝이 검고, 귀도 검고 짧게 잘려 있었다. 털은 거의 하얗고, 대조적인 검은 반점이 등에 흩뿌려져 있었다. 햇빛이 비치자 그 검은 반점이 남보랏빛으로 보였다. 블루틱 하운드의 명칭도 거기서 유래된 듯했다. 한 마리는 나이가 훨씬 많은 수컷으로, 기선을 제압하듯 짖은 후 나에게 인사를 하느라 천천히 다가왔다. 개 짖는 소리를 듣고 존 형제가 안에서 얼굴을 내밀고 나에게 손을 흔들었다.

"우리 개를 보고 싶으신 겁니까?"

"네. 세계 제일의 블루틱 하운드를 데리고 있다고 해서요. 개들이 당신에게 말을 걸고, 사냥감에 대해 가르쳐준다고 들었습니다만."

나는 그 고장 술인 버번을 홀짝이면서 그로부터 개 이야기를 들었다.

"블루틱 하운드를 기르기 시작한 지 어언 30년이 됩니다. 냄새를 잘 맡고 머리가 좋고, 사냥을 좋아하는 개를 만들고 싶었어요. 무슨 냄새를 맡았는지 가르쳐줄 수 있는 개를 만들고 싶었지요. 그래서 노래부르지 않는 개는 교배시키지 않았어요." 그는 수컷 쪽을 가리키며 말을 이었다.

"저 지크가 대표 선수예요. 토끼를 쫓을 때는 "캥 우우우우", 다람쥐를 쫓을 때는 "캥", 미국너구리 냄새를 맡았을 때는 "우우우우", 곰 냄새를 맡았을 때는 으르렁거리듯 짖지만 큰 소리는 내지 않아요. 그리고 이쪽 베키는…" 하고 그는 가까운 양지 쪽에서 기분 좋은 듯이 웅크리고 있는 암캐를 가리켰다.

"곰은 쫓지 않아요. 곰 냄새를 맡으면 그 자리에 멈춰 서서 으르렁거릴 뿐 쫓지는 않아요. 다른 동물에게는 "캥"과 "우-우-우"를 정확히 구분해서 짖지죠. 하지만 산고양이를 발견했을 때는 지크와 짖는 법이 달라요. 짖을 때마다 마지막 쪽만 약간 올려요. 수컷들의 새된 소리와는 다르죠. 사슴 냄새를 맡았을 때는 흡사 노래하듯 짖습니다. 진짜 사냥개의 소리지요. 불량배라든가 탈주범을 쫓을 때의 블루틱 하운드처럼요. 사슴 냄새를 맡았을 때는 살며시 다가가거나 하지 않아요. 사냥개도 종류에 따라 사냥에 사용하는 단어가 다릅니다. 레드본과 블루틱 하운드도 서로 차이가 있긴 한데 서로의 단어는 아는 것 같아요. 언젠가 나는 브라운즈빌 근처에서 스티븐이 해밀턴을 데리고 커다란 산고양이를 쫓고 있는 것도 보았어요. 당신도 아는 그의 커다란 레드본 말입니다. 해밀턴이 산고양이를 쫓고 있을 때의 소리는 우리 개들이 사슴을 쫓고 있을 때의 소리랑 꼭 닮았어요. 다만 좀더 조급하고 끊기는 느낌이었지요. 지크는 해밀턴의 소리가 나는 쪽으로 달려가고 있었는데, 자신이 산고양이를 쫓을 때처럼 소리를 지르고 있었어요. 아마 개도 방언을 쓰나 봅니다. 아니면 개들이 다른 개의 단어를 머리 속에서 번역하는 걸까요." 존 형제는 나에게 웃어 보이며 이렇게 말했다.

"사람을 혼란시키기 위해 일부러 그렇게 하는 것일지도 모르지요."

이처럼 자신의 개를 짖는 소리로 선택하여 교배시킨 사람은 존 형제가 최초는 아니다. 몇 세기 전부터 후각 사냥개는 체계적으로 교배되어 왔는데, 거기에는 민감한 코와 사냥감을 쫓는 능력만이 아니라 사냥할 때 짖는 소리도 중요한 요소가 되었다. 사냥감을 쫓을 때 사냥개의 짖는 소리는 사냥꾼에게 중요한 표식으로서 개의 무리가 있는 위치를 가르쳐준다. 요소요소에서 개들은 짖고, 그 소리의 크기로 사냥꾼은 사냥감의 상태를 알 수가 있다. 자신이 맡고 있는 냄새에 대해 가르쳐주는 개들의 신호를 이용하여, 사냥꾼은 사냥감과의 거리를 측량하는 것이다. 무리의 움직임을 통솔하기 위해 사람이 사냥용 나팔을 부는 경우도 있다. 개들은 그 소리를 또 다른 형태의 짖는 소리로 받아들인다.

　사냥할 때 짖는 소리는 사람에게만이 아니라 다른 사냥개에게도 중요한 역할을 한다. 왜냐하면 냄새를 맡는 능력에는 한계가 있는데, 이는 후각 적응이 일어나기 때문이다. 방에 막 들어섰을 때는 향수 냄새나 방에 장식된 꽃 냄새, 커피 냄새 등을 금방 알아차리지만 조금만 지나도 후각 적응이 일어나 그 냄새를 의식할 수 없게 된다. 그것은 후각 세포가 피로해지기 때문인데, 코가 특정 냄새를 일정 시간 계속 맡으면 이런 현상이 일어난다. 이와 같은 일이 사냥을 하는 동안의 사냥개에게도 일어난다. 사냥개는 어떤 냄새를 막 맡았을 때 짖기 시작한다. 그 소리는 무리의 다른 멤버에게 "나를 따라와. 사냥감 냄새를 맡았어"라고 알리는 신호가 된다. 그러나 강한 냄새를 맡은 지 불과 2분만 지나도 후각 적응이 작용하여 더 이상 그 냄새를 의식하지 못하게 된다. 그러면 개는 짖기를 멈추고 머리를 들어

'냄새가 묻어 있지 않은' 맑은 공기를 흡입하고 코의 수용기관이 다시 작용하도록 한다. 이 과정은 냄새의 강도에 따라 적게는 10초에서 1분 정도 걸린다. 사냥개가 무리를 이루어 행동하는 것은 바로 그 때문이다. 그러면 어느 때나 냄새를 맡고 짖는 개와 잠자코 달리면서 코를 조정하는 개가 있게 된다. 전원이 동시에 코를 쉬는 순간이 없도록 개들은 교대로 냄새를 나누어 맡는 것이다. 코를 잠시 쉬고 있는 개는 자신이 어느 개의 뒤를 따라야 할지 알고 있다. 이 짖는 소리를 신호로 무리는 계속 통제된 행동을 취하면서 사냥감에게 접근해 간다.

보통의 짖는 소리와 마찬가지로 사냥할 때의 짖는 소리도 유전자의 영향을 강하게 받는다. 유전학자 L. F. 휘트니Whitney는 냄새를 추적할 때 짖는 습성이 있는 블루틱 하운드 중에도 짖지 않는 개가 있다는 사실을 알아냈다. 그리고 짖지 않는 개를 선택하여 교배시켜 묵묵히 추적하는 블루틱 하운드를 만들어냈다. 그 견종은 소리를 내지 않고 범인을 쫓기에는 적합하지만, 사냥에서는 별로 쓸모가 없다. 짖지 않기 때문에 개가 사냥감의 냄새를 발견하고 추적하고 있는 중인지, 아니면 단지 숲을 헤매고 다니는 것인지, 자연의 냄새를 즐기고 있는지를 판단하기가 힘들다. 이처럼 사냥할 때 짖는 소리는 개가 맡고 있는 냄새를 이를 맡지 못하는 사람에게 전달하기 위한 중요한 수단인 것이다.

# 17장

# 개 언어와 고양이 언어

개와 고양이가 인간의 언어를 어느 정도 배울 수 있는 것처럼 같은 집에 사는 두 동물은 상대의 신호 역시 배울 수 있다. 개와 고양이가 새끼 때부터 함께 자란 경우에는 의사소통에 문제가 거의 없는데, 이는 둘 다 어릴 때 서로의 오해에 대해서 알게 된 덕분이다.

개는 왜 고양이를 싫어하게 되었을까? 우리 할머니는 그 이유를 이야기로 들려주셨다. 물론 할머니가 들려주셨던 다른 얘기처럼 이 이야기도 아마 리투아니아나 라트비아에서 전해 내려온 것일 것이다.

이 이야기는 아담과 이브가 에덴동산에서 쫓겨난 직후로 거슬러 올라간다. 이때만 해도 아직 동물들이 말하는 법을 알고 있던 특별한 때였다. 하느님이 동물들에게 말하는 능력을 선사하셨기 때문에 각 동물은 아담에게 자신의 이름을 속삭일 수 있었으며 그렇게 전해진 이름이 아마도 인간 언어의 일부가 되었을 것이다. 하지만 시간이 지나면서 동물들은 말하는 법을 잊어먹었다.

에덴동산 밖의 세계는 호락호락하지 않은데다 위험했기 때문에 아담은 큰 어려움에 처했다. 먹을 것을 구하려고 하루 종일 사냥을 하고 농사를 지었다. 심지어는 밤에도 쉴 틈이 없었다. 숲에 있던 짐승들이 얼마 안 되는 그의 식량을 훔쳐 가거나 기르고 있는 가축을 잡아먹을지도 모르고 심지어는 아담네 가족을 위협할지도 모르기 때문이었다. 뜬눈으로 밤을 보내야 하는 생활로 그의 심신은 지칠 대로 지쳐갔다.

개는 원래 숲 속에서 사냥을 하고 죽은 동물의 고기를 먹으며 배를 채웠던 야생 동물이었다. 그러다 아담이 사는 모습을 보면서 지금 이때야말로 아담과 자신이 힘을 합치면 함께 잘살 수 있는 기회라는 생각이 들었다. 그래서 아담에게 다가가 이런 제안을 했다.

"내가 밤에 당신 집을 지켜주면 당신은 잠을 잘 수 있을 거요. 게다가 사냥을 도와주고 가축을 보호해주면 재산도 모을 수 있을 것이오. 내가 이렇게 해주는 대신 당신은 내게 음식을 주고 집 안의 따뜻한 불가에서 쉴 수 있게 해주고 나이가 들어서 하루 종일 일할 수 없을 때에도 날 돌봐주시오."

아담이 개의 말을 들으면서 그 모습을 살펴보니 개는 꼬리를 흔들고 있었다. 아담은 개가 꼬리를 흔들면서 하는 말은 진실이라는 것을 알고 있었다. 그래서 그 개의 제안을 받아들이기로 하면서 둘 사이의 거래가 성사되었다.

거래는 공평했다. 아담은 밤에 잠을 잘 수 있었고 개는 짐승이 가까이 오면 신호를 줘서 아담과 함께 힘을 합쳐서 짐승을 쫓아냈다. 또, 개가 사냥감을 몰아주어서 사냥에 걸리는 시간이 더 짧아지는 것은 물론이고 가축을 돌보던 일도 개가 대신하여 시간을 많이 절약할 수 있게 되었다. 그리고 아담은 약속대로 그 개에게 먹을 것을 주고 따뜻한 잠자리를 제공하면서 돌봐주었다.

그 당시에는 고양이도 숲 속에 살고 있었다. 고양이는 종일 잠자는 것이나 좋아하는, 천성적으로 게으른 동물이었다. 그런데 쥐를 잡거나 새를 잡으려고 무성한 덤불 속에서 몇 시간을 기다리며 살아야 했기 때문에 불만이 많았다. 그러다 아담의 집을 보게 된 고양이는 그곳이 좋아 보였다. 음식을 저장해두는 공간에는 고양이의 먹이인 쥐도 모여들었기 때문에 고양이는 아담네 근처에 있는 편이 좋았다. 그러니 따뜻하고 안락한 아담의 집이 욕심나는 것은 당연했다. 게다가 이브가 새들의 노랫소리를 들으려고 땅에다 곡식을 던져 새 모이를 주니 금상첨화였다. 차갑고 축축한 수풀 속에서 몇 시간을 기다리지 않아도 새를 잡을 수 있기 때문이었다. 그래서 고양이는 아담을 찾아가 이런 같은 제안을 했다.

"여보시오 아담, 제가 당신네 집의 음식을 축내는 쥐를 잡아줄 테니 당신은 내게 집 안의 따뜻한 자리와 쉴 곳과 크림이나 우유를 주는 게 어떻겠소?"

하지만 아담은 고양이의 말을 믿기가 힘들었다. 햇빛에 고양이의 동공이 수직으로 가늘어진 이유도 한몫했다. 그런 고양이 눈을 보고 있으니 자신과 가족을 에덴동산 밖으로 쫓겨나게 만든 뱀이 생각났기 때문이었다.

"이브의 노래하는 새는 어떻게 하려고? 나는 네가 숲에서 새를 사냥하여 잡아먹는 것을 본 적이 있다네."

고양이는 아담에게 거짓말을 했다.

"난 쥐만 잡고 싶을 뿐이오. 새는 도로 놓아준다오."

그러고는 영악한 고양이는 개가 그랬듯이 아담 앞에서 꼬리를 흔들어 보였다. 물론 그렇다 해도 개와 완전히 똑같은 자세로 꼬리를 흔들지는 못했다. 고양이가 꼬리를 흔들자 마치 그 움직이는 꼬리 모습이 흡사 뱀과 같았다. 하지만 고양이는 개가 꼬리를 흔들 때의 의미가 진실을 전달하고 다른 의도 없이 순수하다는 뜻임을 알고 있었다. 고양이의 이런 거짓 꼬리 흔들기에 넘어간 아담은 고양이와도 계약을 하고 말았다.

결국 고양이는 약속을 어겼다. 쥐를 잡는 것은 당연했지만, 아담과 이브가 안 보인다 싶으면 이브가 새 모이를 주던 곳 근처에 몸을 숨겼다가 거기 있는 새도 잡아먹었다. 고양이는 자신의 이런 행동이 발각되지 않도록 잡은 새를 숲에 가져가서 먹었기 때문에 이브는 이 사실을 알지 못했다.

어느 햇살 좋은 날이었다. 이브는 집 안에 있고 개는 뜰에서 단잠을 자는 동안 아담은 근처에 있는 양의 우리에서 양의 털을 깎고 있었다. 자그마한 곡식 더미 옆에서 새 한 마리를 발견한 고양이는 그 새를 잡아 죽였다. 이렇게 잡은 새를 물고 막 뛰어가 몸을 숨기려는 찰나에, 이브가 가까이 다가오는 소리가 들렸다. 그러자 고양이는 잠을 자고 있던 개 옆에다 아직 체온이 남은 그 새를 떨어뜨렸다. 그러고는 자고 있었던 척을 했다.

온 몸이 피투성이가 된 채 죽어 있는 새를 본 이브는 화가 머리 끝까지 치솟았다.

"고양이야, 네가 이런 거니?"

고양이가 대답했다. "내가 한 게 아니오. 개가 그랬다오."

그러고는 이 말이 마치 사실이라는 듯 거짓 꼬리 흔들기를 하자,

이브도 그만 이 술수에 넘어가 고양이가 진실을 말한다고 생각하게 되었다.

이브는 빗자루를 집어 들고는 개의 이름을 부르면서 때렸다. 그리고 이런 행동에 대한 벌로 그날 저녁밥은 없고 집 밖에 묶여서 밤을 보내야 한다고 했다.

이 소식을 들은 아담은 자초지종을 알려고 한걸음에 달려왔다. 이브가 상황 설명을 해주자 그는 개에게 이브의 말이 사실이냐고 물었다.

"난 그냥 낮잠을 자다가 이브가 때리는 바람에 눈을 떴다오. 난 결코 새를 죽인 범인이 아니오. 그러나 고양이가 새 모이를 주는 곳 근처에 숨어 있는 것은 자주 보았소."

개는 꼬리를 흔들며 이렇게 말했다. 하지만 아담이 고양이에게도 같은 질문을 하자 고양이는 다시 꼬리를 흔들며 아까 이브에게 했던 대답을 똑같이 반복했다.

"꼬리를 흔드는 것만 보면 최소한 둘 다 거짓말을 하지 않는다고 보아야겠지만 분명 둘 중 하나는 거짓말을 하고 있는 거야."

"고양이는 꼬리 흔드는 것만 봐도 거짓임을 알 수 있소." 개가 말했다. "개들이 꼬리를 흔드는 모습을 한번 보시오. 우리 꼬리는 마치 진실과 천국 사이에 난 길처럼 시원하게 쭉 뻗어 있지 않소? 하지만 고양이가 꼬리를 흔드는 모습을 보시오. 고양이에게 거짓말을 가르친 뱀처럼 구부러져서 흔들지 않소?"

아담은 이 모습을 보며 의미를 간파했다.

"내가 이해를 잘 못했군. 개가 꼬리를 흔들 때는 진실이며 순수하다는 뜻인데, 고양이가 꼬리를 흔들 때에는 머리를 굴려 속임수를 사용하려 한다는 뜻이구나. 개야, 앞으로는 고양이가 꼬리 흔드는 것을 보면 뭔가 계략을 꾸민다는 뜻이니까 그때마다 언제든 고양이에게 벌을 줘도 된다는 것을 명심하렴."

그러자 고양이는 또 다시 거짓말을 하며 위기를 모면하려 했다.

"내가 말한 것은 진실이란 말이오."

하지만 고양이는 거짓말을 할 때마다 꼬리를 흔드는 것이 이미 습관이 되어버렸다. 그래서 이때부터는 고양이가 꼬리를 흔들면 개는 곧장 고양이에게 달려가 나무 위로 쫓아버리게 된 것이다. 개는 고양이가 나쁜 일을 꾸미고 있는지 알아내기 위해서 계속 고양이 꼬리를 주시하게 되었다.

이 이야기는 꽤나 흥미로웠다. 그 속에 개와 고양이에 대한 중요한 핵심이 담겨 있기 때문이었다. 사실, 개와 고양이는 각자의 언어로 말을 하는데 다만 같은 신호가 정반대의 의미를 나타내는 경우가 대다수이다. 내가 동물의 언어를 배우면 배울수록, 개와 고양이 사이에 존재하는 적대감과 불신은 서로의 언어에 대한 오해와 관련이 있다는 생각이 든다.

## 종이 다르면 언어도 다르다

야생 고양이와 개의 핵심적인 본성을 보면 서로 다른 종끼리는 언어에 담고자 하는 필수 사항도 다름을 알 수 있다. 우리가 알고 있는 것처럼 개는 무리를 지어 사회생활을 하기 때문에 서열을 정하고 서열에 맞는 각자의 일을 배분하고 정보를 전달하며 활동을 맞추고, 또 서로 간의 갈등을 줄이기 위해서 소통한다. 그러나 사자를 제외하면 고양이과 동물은 기본적으로 독립 생활을 하는 사냥꾼이다. 고양이가 종족 내 다른 개체와 소통할 때라고는 영역 다툼을 하거나 짝 짓기를 하고 새끼를 키울 때뿐이다.

집에서 개와 고양이를 기르면 둘은 공간적으로 서로 가까이서 마주칠 경우가 많다. 주변 환경도 똑같고 사는 집도 똑같다. 그러면 이들은 공통의 언어를 사용할까? 서로 의사소통은 할까? 개가 고양이의 언어를, 또 고양이가 개의 언어를 해석할 때 어떤 문제가 발생할 수 있는 것일까?

고양이와 개의 의사소통 신호를 비교하기 전에 우리는 먼저 고양이의 행동 습성에 대해서 조금 알 필요가 있다. 앞에서 본 것처럼 개의 무리는 위에서 아래까지 꽤 계층적인 구조를 이루고 있기 때문에 인간 사회 조직의 많은 측면을 반영한다. 이런 조직 구성 덕분에 그 조직은 보호를 받을 수 있게 된다. 왜냐하면 서열 1위인 우두머리 개가 없으면 서열 2위 개가 그의 자리를 대신하고 조직 내 구성원들에 의해서 리더로 인정되기 때문이다.

지배구조는 고양이가 조직 생활을 할 수밖에 없게 되는 경우에도 나타난다. 그렇지만 조직 내에서 서로 간의 상호 작용은 개보다 훨씬 적다. 고양이가 비사회적이거나 반사회적 동물이라고는 말할 수 없지만 사회조직 개념이 그리 발전된 것은 분명하다. 우두머리 고양이는 자신보다 서열이 낮은 다른 고양이가 자신을 받들어 모셔야 할 것처럼 행동한다. 이 고양이 '왕'은 아무런 방해를 받지 않고 홀로 있는 경우가 거의 대부분이며 잠자리와 먹이는 제공받을 것이다. 우두머리 고양이에 대항하는 고양이가 있을 경우에는 둘 사이의 갈등은 쉽게 해결되지 못한 채 긴장이 흐르고 민감하게 유지되는 경우가 많다.

그 아래에 있는, 서열이 낮은 다른 고양이 사이에는 다소 자유로운 서열 체계를 수립하지만 그렇다고 평등관계는 아니다. 따라서 고양이 A, B, C가 있을 때, A가 B보다 더 서열이 높고 B가 C보다 더 높으면서 동시에 C가 A보다 서열이 더 높을 수도 있다. 고양이는 다른 고양이와 개별 서열 관계를 정하기 위해서 일대일로 맞붙어야 한다. 서열이 낮은 고양이는 서열이 낮은 개처럼 행동하지 않는다. 오히려 서열이 낮은 고양이는 방어력, 적대감, 심지어는 회피 행동을 보인다. 서열이 높은 고양이에게 복종을 하거나 평화의 제스처를 보이기보다는 마치 외부 세계와는 단절되어 아무것도 안 들리고 아무것도 안 보이는 듯 서열이 높은 동물의 존재를 단순히 쉽게 무시해버린다.

개의 경우, 영역이란 한 개체의 것이 아니라 무리 전체의 것이다. 개마다 개별적으로 선호하는 자리가 있을 수는 있겠지만 무리 내 다른 개체가 아무런 갈등을 일으키지 않고서도 그 자리를 차지하는 것이 가능하다. 그러나 고양이의 경우에는, 고양이 각 개체가 자신이 가진 영역의 크기에 따라서 서열을 표현한다. 고양이는 상하 공간도 사용하기 때문에 우두머리 고양이가 가장 큰 영역을 차지할 뿐만 아니라 한눈에 내려다볼 수 있는 가장 높은 자리(가령, 냉장고 위나 책장 위)에 오르려 한다. 바로 이 점이 고양이와 개가 함께 공간을 써야 할 때 핵심이 된다. 개는 위로 올라갈 수 없지만, 고양이는 높이 올라갈 수 있고 또 높은 곳에 있어야 자신의 영역 지배력이 상대적으로 안전하다고 느낀다.

의사를 전달하려고 할 때 고양이는 개와 마찬가지로 소리, 얼굴 표정, 자세, 꼬리와 몸의 움직임으로 표현한다. 이런 신호 중에는 개의 신호와 비슷한 것도 있지만 다른 경우가 많다. 고양이의 울음소리와 개의 울음소리를 비교해보라. 고양이는 '그르렁' '야옹' '쉭' '으르렁' 소리를 내고 날카로운 소리, 우는 소리 등을 낸다. 개는 고양이가 내는 이런 소리 중에 일부를 이해할 수 있을 뿐이다.


## 그르렁 소리와 야옹 소리

고양이가 내는 소리 중 가장 중요한 것은 '그르렁' 하는 소리이다. 이 소리는 고양이가 다른 고양이나 사람, 또는 다른 동물 등 생명체와 함께 있을 때만 내는 소리이기 때문에 분명히 의사소통을 원한다는 표시다. 모든 고양이는 초당 25의 똑같은 빈도로 그르렁거린다. 성별, 나이, 종과도 관계가 없다. 상황에 따라 강도나 지속성 정도는 달라질 수 있다. 고양이가 어떻게 이 소리를 내는가는 아직 밝혀지지 않았다. 그중에 널리 받아들여지고 있는 이론에 의하면 이 소리는 실제 성대 주변에 위치한 '가성대假聲帶'에서 나온다. 다른 이론에서는 후두와 횡격막에 있는 근육의 수축 패턴에서 그런 소리가 나온다고도 한다. 심지어 혈관에서 생기는 와류渦流가 기관의 공기기둥에 진동을 일으킨 후에 나타나는 부비강副鼻腔의 공명 진동 때문이라고 설명하는 이론도 있다. 결국 요약하면, 이 소리가 어떻게 만들어지는가에 대해서는 아직 모른다는 것이다.

고양이는 그르렁 소리를 아주 일찍 내기 시작한다. 젖먹이 시기의 새끼 고양이도 이 소리를 낸다. 어미와 새끼가 서로를 안심시키려는 표시로 이 소리를 낸다는 이론도 있다. 어미 고양이가 집으로 돌아와 새끼들에게 집에 도착해서 모두 안전하다고 알릴 때 자주 그르렁 소리를 낸다. 새끼 고양이들은 다른 새끼에게 같이 놀자는 표시로 이 소리를 낸다. 대개의 경우, 이 소리는 행복감과 만족감의 표시이다. 하지만 심한 고통이나 공포감 때문에 그르렁거리기도 한다. 어쩌면 그르렁 소리가 아주 강한 긍정적 신호라서 스스로 안심을 느끼기위해 그 소리를 낼지도 모른다. 이는 어린아이가 달 밝은 어두운 밤 무덤 근처를 지나갈 때 공포심을 없애려고 휘파람을 불면서 가는 것과 똑같은 것이다. 익숙한 긍정적 소리는 모든 것이 잘되리라는 용기와 위안이 되니까.

다른 고양이는 이런 그르렁 소리에 반응을 하고 인간은 만족감에서 내는 이 소리를 좋아할 수 있지만 개는 이 소리가 무엇인지 전혀 모른다. 나는 이를 알기 위해서 방에 개 네 마리를 집어넣고 고양이가 그르렁 소리를 내는 녹음테이프를 틀어주었다. 그리고 개가 보이는 행동을 관찰하자 그런 생각이 들었다. 소리를 들려줄 때 개는 자지는 않고 앉아서 쉬고 있었다. 소리가 들리자 네 마리 중 한 마리만 귀를 순간적으로 홱 들어 올렸고 또 다른 한 마리만 소리가 나오는 방향으로 고개를 반쯤 돌렸을 뿐 그 외 반응은 일체 없었다. 개에게는 이 소리가 아무런 흥미나 중요성도 없었기에, 무슨 소리인가 일어나 알아보려 한다거나 심지어는 자세를 조금 바꿔보는 행동도 나타나지 않은 것이다.

고양이만 내는 또 다른 소리는 '야옹' 하는 소리이다. 고양이의 이 소리를 인간의 고유한 언어로 표현하기 위해서 입을 벌리고 시작하여 입을 오므리는 소리인 '야옹'으로 표현한다. 이 소리의 높낮이, 강도, 지속 시간은 얼마든지 다를 수 있다. 심지어 우리에게는 아무런 소리가 안 들리며 입 모양만 야옹 하는 것처럼 보이는 경우도 있다. 사실, 음성 분석을 해보니 이 경우에도 실제로는 소리가 있으나 사람은 못 듣는 것으로 밝혀졌다. 고양이에게는 들리지만 음이 너무 높아 인간의 귀에는 안 들리는 것이다.

고양이가 내는 '야옹' 소리는 무언가를 원한다는 뜻을 담고 있는 것 같다. 배가 고프니 먹이를 달라고 할 때나 문 바깥에 있으니 문 열어달라고 할 때, 또는 단순히 관심을 받고 싶을 때 이 '야옹' 소리를 낸다. 매우 흥미로운 점은 고양이가 이 소리를 내는 대상은 거의 인간이 유일해 보인다는 것이다. 아주 어린 고양이의 경우에는 어미 고양이에게 가끔 이 소리를 내기도 하지만 다 자란 후에는 고양이나 개를 포함해 다른 동물에게 이 소리를 내는 경우는 거의 없다. 개는 이 소리가 자기와는 아무런 관계가 없다는 것을 분명 알고 있어서 그 소리를 내는 고양이에게 다가가는 일은 거의 안 일어난다.

고양이와 개의 소리 중 공통적인 것은 소리만 으르렁거리거나 이빨을 드러내고 으르렁거리는 소리이다. 둘 다 울리는 소리이지만 '소리만 으르렁거리는 소리'는 입을 비죽거리면서 이빨을 드러내며 내는 소리를 일컫는다. 개와 고양이 모두에게 이 소리는 자신과 상대방 사이의 거리를 더 늘리기 위한 목적이다. 둘 다 어느 정도의 공포심('이빨을 드러내고 으르렁거리는 소리'가 공포심이 더 강한 쪽이다.) 이 동반된 공격의 신호이다. 대개는 고양이가 으르렁거리면 개는 최소한 다가가던 발걸음을 멈추는 등의 반응을 보일 것이다. 그리고 개가 으르렁거리면 고양이는 가능하면 멀리 도망치는 것으로 반응할 것이다. 아까 말한 개 네 마리를 집어넣었던 방에서 개들은 고양이의 그르렁 소리에는 아무런 반응이 없었지만 으르렁 소리에는 반응을 했다. 네 마리 모두가 자리에서 일어났으며 그중 두 마리는 낮은 톤으로 으르렁 소리를 내면서 주변을 서성거렸다.

## 얼굴 표정으로 나누는 대화

얼굴 표정의 의미에 관해서는 고양이와 개의 표정이 다소 유사하다. 개든 고양이든 눈을 크게 뜨고 쳐다보는 것은 위협한다는 것을 의미하고 눈을 깜박거리는 것은 위협적으로 쳐다보던 것을 멈췄다는 확인의 신호이다. 눈을 반쯤 뜬 것은 개의 경우에는 만족감과 편안함을 의미하지만 고양이의 경우에는 신뢰감과 편안함을 의미한다. 따라서 개와 고양이의 눈을 통한 신호에는 비슷한 점이 많기 때문에 그 둘 사이에서 큰 오해가 생길 가능성이 그리 높지는 않다.

개와 고양이의 귀 신호 역시 그림 17-1에서 볼 수 있는 것처럼 어느 정도 유사하다. 개와 마찬가지로 고양이가 귀를 위로 쫑긋 세우고 앞을 보고 있는 것은 만족감과 편안함의 표시이다. 가만히 집중하고 있을 때의 고양이의 귀는 세워져 있지만 주의가 쏠리는 방향으로 약간 기울여져 있다. 또, 놀랐을 때에도 개와 마찬가지로 귀를 머리 쪽

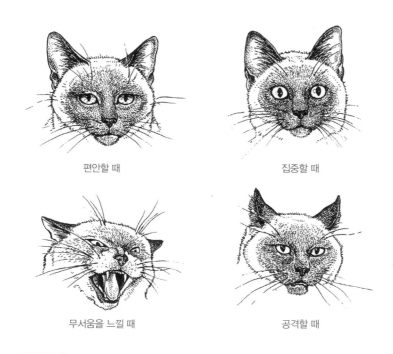

편안할 때

집중할 때

무서움을 느낄 때

공격할 때

**그림 17-1** 고양이의 기본적인 귀 모양과 얼굴 표정의 의미

반가운 인사

공격성

방어적

두려움

그림 17-2 고양이의 꼬리 모양과 몸자세의 의미

으로 눕힌다. 물론 마치 비행기 날개처럼 옆으로 눕히는 경우도 있기는 하지만 말이다.

공격을 나타낼 때는 둘 사이의 표현 방식이 다르다. 앞에서 본 것처럼 우두머리 개는 귀를 앞으로 쫑긋 세운다. 공격을 시작하기 직전에는 이 귀를 살짝 옆으로 기울여서 두 귀가 만드는 V자 모양을 더 넓힌다. 고양이의 경우에는 이 표시가 더 확연히 드러난다. 귀를 옆으로 돌려서 귀의 안쪽이 옆쪽으로 돌아가고 귀의 뒤쪽 부분이 우리 눈에 보이게 된다. 더 큰 야생 고양이과 동물 중에는 검은 귀의 뒷부분에 실제로 옅은 무늬가 있어서 귀 모양을 이런 식으로 만들 경우에 공격성을 띠고 있음을 더 잘 나타내는 동물도 있다. 다른 야생 고양이는 귀 끝부분에 털이 촘촘히 나 있어 귀 모양을 이렇게 만들 때 멀리서도 더 잘 보이는 효과를 낳는다.

하지만 꼬리가 보내는 신호에 있어서는 마치 우리 할머니가 들려준 이야기에서처럼 고양이와 개 사이의 오해는 훨씬 커진다. 두 동물이 모두 꼬리를 가지고 있기는 하지만 꼬리가 전달하는 의미는 거의 반대에 가깝다. 개의 경우, 꼬리를 크게 흔드는 것이 친근감의 표시여서 상대가 호의를 가지고 자신에게 가까이 오게 만드는 반면, 고양이의 경우에는 꼬리를 흔드는 것이 적대감의 표시여서 갈등이나 긴장을 나타내며 상대가 자신에게서 멀리 떨어지도록 한다. 고양이가 발로 치거나 할퀴기 전에 꼬리 끝을 앞뒤로 잽싸게 움직이는 모습은 흔히 볼 수 있다. 고양이가 몸을 크게 흔드는 자세는 속도를 높이고 휘는 각도가 증가되어 바닥에 세게 떨어질 수도 있게 하는 자세이므로 공격성을 드러내는 분명한 신호이다. 눈에 보이는 다른 공격 신호가 없다면 개는 고양이의 이러한 '꼬리 흔들기'를 친근함의 표시로 착각할 것이고 그 결과 개가 얻게 되는 것이라고는 고양이 발톱과 이빨로 인한 상처 자국뿐일 것이다. 따라서 개가 고양이를 보고서 앞으로도 믿을 가치가 없는 '거짓말쟁이'로 생각하는 것도 당연하다.

이렇게 꼬리의 큰 움직임뿐만이 아니라 작은 움직임도 달리 해석될 수 있다. 꼬리를 자신의 몸 쪽으로 넣고 몸을 낮춰서 두려움과 복종의 표시를 보내는 것은 고양이와 개의 공통점이다. 하지만 다른 꼬리 신호는 의미가 서로 다르다. 상대에게 복종을 하고 자신이 아래라는 것을 인정한다는 의미를 전달하기 위한 표시로 개는 꼬리를 낮추고 엉덩이 사이에 길게 축 늘어뜨리고선 안 흔들고 가만히 둔다. 고양이도 이런 비슷한 꼬리 모양을 만드는데, 다시 말해 그림 17-2에서 보이는 것처럼 L자를 뒤집어놓은 듯이 꼬리를 아래로 떨어뜨리는 자세를 취하기도 하지만, 그 의미는 복종이 아니라 공격을 하겠다는 의미다. 이렇게 꼬리를 늘어뜨린 자세를 등까지 구부리며 취하는 경우에 그 공격성의 정도가 더 커진다. 따라서 꼬리를 아래로 한 자세가 위협의 의미가 아닌 개의 입장에서는 그런 자세를 한 고양이에게서 전혀 생각지도 못한 공격을 받는 셈이고, 고양이의 입장에서는 개가 꼬리를 아래로 한 자세를 취해 휴전 신호를 보내는 것을 잘못 해석해서 공격 개시로 받아들이게 되는 셈이다.

꼬리를 위로 치켜세우거나 등 쪽으로 살짝 구부러뜨리는 것이 개의 입장에서는 자신만만한 우월감과 권위의 표시이지만 고양이에게는 가장 친근감을 나타내는 표시 중 하나다. 꼬리를 높이 세워 등 위로 살짝 구부러지도록 하는 것은 꼬리 아래에 있는 노출된 영역을 다른 고양이가 살펴보는 것을 허락한다는 의미를 담고 있다. 개와 마찬가지로 고양이도 항문 주변에 취선臭腺이 있어서 상대가 누구인지 구별할 수 있게 하는 페로몬을 분비한다. 꼬리를 높이 드는 자세는 마치 우리가 신원을 확인하기 위해서 여권이나 운전면허를 타인에게 건네는 행동과 똑같다. 이렇게 꼬리를 세운 고양이를 본 개는 '우월'이라는 언어로 잘못 해석한다. 따라서 이런 자세에 있어서 고양이는 친근감을 표현한 상대에게서 예상치도 못한 의심과 위협을 되돌려 받는 셈이나 마찬가지다.

　꼬리를 세우는 자세는 고양이에게 또 다른 의미로도 해석될 수 있다. 고양이는 놀라서 겁을 먹은 경우에 털을 곧게 세우고 등을 구부리며 털이 선 꼬리를 위로 곧게 치켜세운다. 전형적인 할로윈 고양이 의상은 이런 자세에서 나온 것인데 이는 고양이가 현재 상황에 매우 놀라 겁을 먹었다는 의미다. 개에게는 털 세움 자세가 자신의 몸집을 크게 보이게 하고 아주 공격적인 태세임을 보여주기 위한 것이다. 앞에서 살펴본 것처럼 개는 자신이 공격태세를 갖추었음을 알릴 때 대개 목의 털을 세우는데 이렇게 세운 털은 등의 한가운데 털까지 세우는 것으로 확대될 수 있다. 그러니 개는 꼬리를 우위에 선 것처럼 곧게 세우면서 꼬리털도 곤두세울 수도 있다. 이런 개의 모습을 본 고양이는 이를 고양이 세계의 언어로 해석하여 그 개가 겁을 먹었다고 잘못 받아들이게 된다. 따라서 고양이가 그런 모습을 보였는데도 개가 뒤로 물러서지 않으면 이는 고양이에게 공격을 촉발시키는 자극제로 작용할 수도 있다. 개는 고양이의 공포심을 잘못 해석하기 십상이다. 고양이가 털을 세우고 꼬리를 든 자세를 보고 개는 고양이에게서 자신이 물러나지 않고 싸울 태세라는 의미를 전달받는다.

개와 고양이의 보디랭귀지 역시 다르다. 개가 복종의 의미를 전하는 몸짓을 보라. 겁에 질린 고양이는 겁에 질린 개와 마찬가지로 바닥으로 몸을 낮춤으로써 몸집이 작게 보이게 하고 위협을 가할 의사가 없음을 표현한다. 겁에 질린 개의 행동은 여기에서 더 나아가 등을 대고 누워 무방비 상태의 배를 훤히 드러낸다. 개에게는 이 자세가 가장 복종적인 자세이지만, 고양이에게는 겁에 질렸을 때나 순종의 의미가 아닌, 방어적인 자세를 취할 때나 먹이를 죽이려고 할 때 보이는 자세다. 이 자세는 네발을 모두 자유롭게 쓸 수 있게 하는 공격적인 자세다. 새나 고양이처럼 크기가 보통 이상인 먹이를 사냥할 때 고양이는 대개 먹잇감을 덮친 후에 재빨리 등을 대고 눕는다. 그리고 앞발로 먹잇감을 꽉 잡고 이빨로 문 채 먹이와 격투를 벌인다. 그리고 뒷발은 먹잇감의 배 아래 쪽에 넣어 발톱을 드러내며 두 뒷발을 동시에 사용해 공격을 가한다. 이렇게 하면 배를 가르거나 먹잇감이나 공격자에게 치명적인 상처를 입힐 수 있다. 따라서 개와 고양이는 당연히 서로의 의미를 잘못 해석하게 된다. 화가 난 고양이는 등을 대고 눕는데 이 모습을 본 개는 고양이가 싸움을 포기하고 평화롭게 지내자는 메시지를 전하는 것으로 받아들인다. 그래서 휴전을 받아들이겠다는 의미로 코를 킁킁거리며 고양이에게 다가가지만 결국 그 개에게 날아드는 것은 고양이가 네발로 가하는 일격의 공격뿐이다.

개와 고양이 사이의 오해는 보다 더 미묘한 신호에서도 일어날 수 있다. 개는 어느 정도 이상의 겁을 먹을 때나 자기보다 우월하다고 생각되는 누군가의 관심을 받고 싶을 때 발을 들어 올린다는 점을 기억해야 한다. 그리고 이는 개가 복종의 의미로 배를 드러내려고 할 때 먼저 선행되어야 하기 때문에 정형화된 행동이 되었다는 점도 알아야 한다. 고양이의 경우에도 이렇게 발을 들어 올리는 자세는 등을 대고 구르기 전에 먼저 나타나지만 이는 공격에 대한 대비 태세다. 위협감이 적을 경우에는 고양이는 한 발을 들고 위협감이나 불쾌감을 주는 대상 쪽으로 약하게 자세를 취한다. 고양이의 이 자세를 잘못 해석한 개는 그런 고양이에게 다가갈 수도 있는데, 그렇게 다가가면 결국 얼굴이나 코에 가해지는 발톱의 맛을 보게 된다.

서로가 신호를 잘못 해석하게 될 가능성이 큰 마지막 영역은 직접적인 신체 접촉과 관계 있다. 앞서 살펴본 것처럼 개는 사람이나 다른 개와 부딪히거나 그들 위에 서서 무게로 누르면서 자신의 우월감을 표현하는 경우가 흔하다. 하지만 고양이가 자신의 몸을 어깨, 가슴 머리로 부비거나 엉덩이로 깔고 앉는 행동은 그 물체나 상대에게 자신의 체취를 남기기 위해서다. 이런 행동을 통해서 고양이는 익숙한 것과 그렇지 않은 것을 구별해내고 친한 대상과 낯선 대상을 구별해낸다. 따라서 이런 행동은 고양이가 보이는 인사의 일부라고 볼 수 있는데, 고양이가 개에게 이런 행동을 하게 되면 개는 고양이의 환영 인사를 우월감을 나타내는 행동으로 오인하기 쉽다.

개와 고양이가 서로의 신호를 잘못 해석하게 될 여지는 상당하다. 고양이가 서로를 싫어하는 이유가 단순히 똑같은 언어에 대한 해석이 정반대이기 때문이라는 생각을 절로 하게 될 정도다. 다른 종의 언어를 잘못 해석해서 상처, 공포 또는 불편함에 시달리는 동물이 상대 종과 신뢰라는 관계로 발전할 가능성은 별로 없다. 적대감을 느끼기 시작하면 우리가 으레 봐왔던 개와 고양이 사이의 갈등의 단계로 악화되기 쉽기 때문이다.

개와 고양이가 '이중 언어 사용자'가 되는 것은 불가능한 얘기가 아니다. 고양이의 경우에는 보다 제한적이기는 하지만 개와 고양이가 인간의 언어를 어느 정도 배울 수 있는 것처럼 같은 집에 사는 두 동물은 상대의 신호 역시 배울 수 있다. 개와 고양이가 새끼 때부터 함께 자란 경우에는 의사소통에 문제가 거의 없는데, 이는 둘 다 어릴 때 서로의 오해에 대해서 알게 된 덕분이다. 앞서 살펴본 것처럼, 새끼 고양이가 배를 드러내며 등을 대고 눕는데 강아지가 그 배에 자신의 코를 들이대면 그 강아지는 어떤 결과를 얻게 되는지 바로 배울 수 있다. 하지만 이때는 워낙 어려서 발톱이나 이빨 때문에 상처가 생길 확률이 거의 없기 때문에 서로가 서로의 언어를 배울 기회가 훨씬 많아진다.

다 자란 성견과 성묘를 함께 키우는 것은 더 어렵다. 특히 개는 개끼리, 고양이는 고양이끼리만 같이 지낸 경우라면 더욱 어려워진다. 왜냐하면 그러한 경험이 많은 동물은 자신의 종에 맞는 특정 언어의 해석법만을 익히게 되기 때문이다. 아마도 가장 좋은 방법은 그저 둘이서 서로의 언어 장벽을 해결하도록 내버려두는 것일지도 모른다. 다 자란 두 동물이 한 집에 살게 된 초기에는 주시하기는 해야겠지만, 사실 가장 빠른 학습법은 신호에 대한 잘못된 해석이 어떤 결과를 가져오는지를 직접 경험하는 것이다. 통제하기가 힘들어지고 서로의 몸에 상처가 아물 날이 없을 정도로 서로 공격성을 보이게 되면 조치를 취하는 편이 가장 좋다.

여러분이 기르는 개와 고양이 사이에 문제가 생길 때, 서로 다른 종간의 언어 사이에서 통역사나 심판이 되려고 서둘지 말라고 조언하고 싶다. 그래 봐야 얻는 것은 고양이의 발톱 자국이나 개의 이빨 자국일 뿐일 것이다. 가장 간단한 방법은 서로의 관심을 분산시키는 것이다. 둘이 싸움이 붙으면 물을 이용할 수 있다. 조금 떨어진 곳에서 물총으로 물을 쏘아보거나 분무기로 물을 뿌려보라. 아니면 그냥 물 한 바가지를 쏟아 부어보라. 아니면 담요나 수건이나 코트를 던져보는 방법도 있다. 그래서 싸움이 잠시 소강상태로 접어들면 한 마리(대개는 싸움에서 지고 있는 쪽을 선택하는 편이 좋다.)를 떼어놓아라. 그후 한두 시간이 흘러 두 마리가 모두 잠잠해지면 아까 그 싸움 장소에 다시 갈 수 있도록 하라. 이런 언어 학습이 당분간 계속되겠지만 얼마 안 가서 평화를 찾을 것이다.

고양이와 개가 서로에게 적응했다는 최고의 신호는 잠자리에서 발견할 수 있다. 둘이 서로에게 익숙해지기 전까지는 서로의 눈에 잘 띄지 않는 곳을 찾아 다른 방에서 잔다든지 하는 식으로 따로 떨어져 잔다. 그러나 둘 사이에 상호 신뢰가 싹트면서 같은 방에서 자기 시작하고, 그러다 같은 방에서 나란히 등을 맞댄 채 자는 모습이 보이면 서로에 대한 신뢰감이 생기고 확실한 합의에 이르렀음을 잘 알 수 있다. 왜냐하면 여러분도 믿지 못하는 사람에게 등을 보이며 자려고 하지 않기 때문이다.

서로를 받아들이고 함께 살아간다는 것을 인정한 개와 고양이는 나중에 동물들이 하는 전형적인 친근함의 표시까지도 하게 될 수도 있다. 바로 서로의 털을 핥아주는 것이다. 아침에 내가 알람 소리에 눈을 뜨면 내 노란색 고양이 로키는 창가 쪽 벽에 마련해준 자기 집에서 내려온다. 햇살이 살포시 비치면 테라스의 유리문 쪽으로 가서 그 앞에 눕는다. 그리고 이와 비슷한 시각에 우리 집 검정색 레트리버인 오딘이 침대 옆 베개에서 일어난다. 이 덩치 큰 검정개는 스트레칭을 하고 하품을 한 후 로키에게 다가가 마치 어미가 강아지에게 해주듯 열심히 고양이의 얼굴과 몸을 핥아준다. 그런 다음, 로키 옆에 누우면 이제는 고양이가 오딘의 귀와 얼굴을 핥아준다. 이 둘은 오딘이 생후 9주, 로키가 생후 8주가 될 때부터 함께한 사이이다. 그렇게 같이 자라면서 서로 간의 언어 차이에서 오는 오해를 풀었기 때문에 서로의 이해를 위해 오딘은 고양이 언어를 약간, 그리고 로키는 개 언어를 꽤 말할 수 있다. 물론, 우리 할머니가 말해준 그 이야기가 맞는다면 오딘은 아직도 로키가 거짓말을 하는지 알아보려고 로키 꼬리를 관찰하는 중이겠지만….

18장

# 개 언어에도 방언이 있다

개의 의사 전달 목적 중 하나는 무리 속에서 좋은 관계를 구축하고, 충돌을 피하는 데 있다. 하지만 개들 사이에도 표현 방식과 해석하는 내용이 달라 크고 작은 오해가 생기기도 한다. 복종을 나타내는 신호를 요구해도 화해는 성립되지 않고, 실제 공격으로 연결되어버리는 것이다.

모든 동물의 언어, 적어도 포유류의 언어에는 공통점이 있다. 그러나 모든 동물이 같은 신호를 동일한 의미로 사용하고 있는 것은 아니다. 개 언어만 해도 견종에 따라 각각 차이가 있다. '방언' 같은 것이라고 해도 좋을 것이다.

　현재의 집개(사육견)는 이리 등의 야생 개과동물과는 여러 가지 점에서 다르다. 가장 큰 차이가 네오테니Neoteny, 즉 어린 시기의 특징과 행동이 성장해서도 남는다는 점이다. 집개는 성장견이 되어도 짧아진 입, 쑥 내민 넓은 이마, 짧은 이빨, 처진 귀 등 성장한 이리보다 새끼 이리와 닮은 특징들을 갖고 있다. 행동 면에서도 집개는 야생 개과동물의 성장견보다 새끼 쪽에 가까워 일생 동안 놀이를 좋아한다. 게다가 이미 설명한 바와 같이, 짖는 행동은 성장한 이리에게서는 볼 수 없는 새끼 이리만의 특징인데, 성장한 집개는 이 특징을 그대로 유지하고 있다. 집개는 개과동물 세계의 피터팬인 것이다.

　네오테니는 개의 가축화와 더불어 생긴 현상이다. 사람과 인연을 맺기 시작한 초기 단계(사람이 개를 적극적으로 교배시키기 전의 단계)에서 개는 스스로 가축화의 길을 걸었다고 생각된다. 진화에서 '적자생존'의 원칙은 어떤 환경에서나 작용한다. 사람에게 길들여지기 어려운 개는 마을에서 쫓겨나거나 처리되었고, 사람에게 우호적인 개가 훈련하기 쉽기 때문에 쓸모 있는 경우가 많았다. 따라서 그런 개들이 남겨져 사육되고, 종족이 유지되었던 것이다. 그러나 이 과정에서 예상치 못한 부작용도 발생했다.

1950년대 말, 러시아의 유전학자 드미트리 벨리야예프Dmitry K. Belyaev는 40년에 걸쳐 다음과 같은 실험을 개시했다. 그는 집개와 야생 개과동물의 겉모습과 행동의 차이가 사람이 기르기 쉬운 개를 선택 교배해온 데 있다고 여긴 것이다. 하지만 진화의 과정을 실험으로 시도한다는 게 그 설정은 물론 실행도 어려운 일이다. 그러나 노보시비르스크의 러시아과학아카데미에서 일하고 있던 벨리야예프는 시대를 거슬러 올라가, 개의 가축화가 시작된 최초의 단계에서부터 실천해보려고 했다. 그는 과정을 재생하고, 개가 만들어지는 과정에서 무슨 일이 일어났는지 주의 깊게 관찰하기로 했다. 먼저 그는 '원시 개'가 되는 야생 개과동물을 선택함에 있어 이리를 사용하지 않았다. 이것은 심사숙고한 후의 결정이었다. 야생의 이리는 유전자적으로 이미 '순수 혈통'이 아니었기 때문이다. 많은 집개가 야생의 이리 무리에 섞여 교미한 것은 잘 알려져 있다. 따라서 이리를 사용하게 되면 결과에 대한 해석이 복잡해질 것이다. 그래서 그는 개에 매우 가깝지만, 개와 교미하는 것이 가능하지 않은, 이제까지 가축화된 적이 없는 종족을 선택했다. 그래서 선택된 것이 러시아 은호(검은 털에 흰

털이 박힌 여우)였다.

　실험 방법은 이론적으로야 단순했지만, 뼈를 깎는 인내심이 요구되었다. 그는 우선 가축화가 안 된 130마리의 은호를 모아 조직적인 교배 프로그램에 착수했다. 새끼가 생길 때마다 사람을 따르는 정도를 테스트했다. 최초의 세대에서 사람에게 먹이를 받아먹고 사람의 보살핌을 받는 여우를 다음 교배를 위해 남겼다. 이런 자질을 가진 여우는 초기 단계에서는 불과 5퍼센트밖에 되지 않았다. 그 후 벨리야예프는 선택에 좀 더 엄격한 조건을 붙였다. 6세대째 단계에서는 사람과의 접촉을 원하며 꼬리를 흔들며 다가오고, 낑낑거리면서 사람의 주의를 끌려고 하는 여우를 선택했다. 사람에게 잘 길들여지는 우호적인 여우만 남겨 놓았다. 이렇게 하여 대를 거듭하는 동안에 여우의 행동은 차츰 집개와 닮아가기 시작했다. 우호적인 성격으로 선택된 여우는 사람에게 다가와 핥거나 냄새를 맡거나 하며 애정이 담긴 반응을 끌어내려고 했다. 교배는 35대 이상 이어졌고, 실험이 실행된 40년 동안에 4만 5천 마리 정도의 여우가 태어나 '가축화된 여우'의 수가 너무 많아졌다. 동시에 당시 러시아의 경제 불황 때문에 연구 자금이 부족해지기 시작했다. 이 두 가지 문제를 해결하기 위해 연구자들은 넘치는 여우를 애완동물로 팔기 시작했다. 그리고 그것으로 얻은 수입을 연구비에 충당했다. 팔린 여우에 대해서는 새로운 주인 밑에서 어떤 경과를 거치는지 계속 추적 조사가 이루어졌고, 그로써 일반 가정에서도 가축화된 여우가 잘 적응한다는 것을 알 수 있었다. 새 주인들은 여우를 성격이 좋은 귀여운 애완동물이라고 보고했다. 여우는 보통의 개보다 독립심이 강하고 고양이 같은 점도 있지만, 사람과 인연을 잘 맺은 것이다.

이 실험에서 우리는 중요한 결과를 보게 된다. 사람을 잘 따른다고 하는 행동 특징만을 기본으로 하여 여우를 선택 교배시켰는데, 차츰 육체적으로도 변화가 일어났던 것이다. 처진 귀, 감긴 꼬리, 짧은 털, 흰빛을 띠거나 색이 뒤섞인 털을 가진 여우가 나타나기 시작했다. 주둥이는 짧고, 이마는 튀어나와 넓어지고, 이빨은 짧아졌다. 그 변화들은 모두 야생 개과동물과 집개를 구분하는 특징과 같았다. 새끼에서 성장 여우가 되는 성장의 방식도 선택 교배 과정 중에 변했다. 개과동물과 마찬가지로 여우에게도 정해진 성장 단계가 있고, 새끼다운 행동이 나타났다가 사라지기까지의 기간은 어느 정도 일정했다. 이 실험 결과, 성장의 비율이 가축화의 과정에서 늦어진다는 것이 밝혀졌다. 새끼다운 행동 특징이 매우 어릴 때 나타난 후, 가축화된 여우는 야생 여우보다도 그 시기가 훨씬 오래 계속되었다. 즉, 여우는 가축화되었을 뿐만 아니라 집개처럼 성장 여우가 된 후에도 새끼의 특징을 갖게 되었던 것이다. 그 결과, 정신적으로도 육체적으로도 성장 이리보다 새끼 이리에 가까운 특징을 가진 개가 태어난 것이다.

벨리야예프의 선택 교배는 우호적인 성격만을 기준으로 삼았지만, 원시 사람들은 개의 교배에 강아지스러운 겉모습도 선택 기준으로 삼았다. 동물도 사람도 자신과 같은 종의 새끼를 보면 본능적으로 호의를 갖기 마련이다. 노벨상 수상자인 콘라트 로렌츠Konrad Lorenz 등 자연학자들은 이 감정을 유도하는 요인이 새끼들의 겉모습에 있다고 생각했다. 어린 새끼는 몸이 작고 눈이 크고, 둥글고 요철이 없는 얼굴, 천진한 표정, 높은 목소리를 갖고 있어 본능적으로 귀여움을 느끼게 한다. 사람들은 이렇듯 귀여운 개를 소중히 여겼을 것이고, 맨 먼저 먹을 것을 주고, 고기가 많이 들어간 뼈를 주었을 것이다. 그리고 사람의 주거 공간을 나누어주고, 혹독한 추위로부터 지켜주어 교배의 기회가 많아졌을 것이다.

가축화는 개의 겉모양이나 행동에만 영향을 미친 것이 아니었다. 언어 면에서도 야생의 무리들과는 다른 발달 방식을 취했다. 집 개에게는 이리의 사회적 행동과 의사 전달 유형이 불완전한 형태로 남아 있었다. 말하자면 개의 행동에는 성장 이리의 의사 전달 신호와 함께 많은 강아지 신호가 모자이크처럼 포함되어 있는 것이다.

이렇듯 이리와 개 언어에는 의사 전달 신호의 발달 과정이 반영되고 있다. 어린 강아지는 무력해서 성장한 개에게 의존해야 하기 때문에 그 신호의 대부분은 보호받는 일을 목표로 하고 있다. 즉, 성장한 개에 대한 복종과 의존심을 나타내며, 상대의 기분을 안정시키려고 한다. 그러다가 성장함에 따라 그 언어에 사회적인 신호가 조금씩 늘어나기 시작한다. 성장한 개는 위협을 하기 위해 상대를 노려보고 으르렁거리는 소리를 내며, 상대의 몸 위로 올라타려고 한다.

이러한 신호들이 나타나는 시기는 분명히 다르다. 단순한 복종 신호는 어린 시기에 나타나고, 지배를 나타내는 신호나 복잡한 복종 신호는 성장한 개가 되고 나서 나타난다. 이 성장한 개의 언어를 '이리적 언어', 어릴 때의 언어를 '강아지적 언어'라고 부른다면, 이리적 언어를 사용하는 개는 강아지적 언어를 이해할 수 있다. 자신도 어렸을 때 그것을 사용했기 때문이다. 그러나 강아지적 언어밖에 사용하지 못하는 개에게는 약점이 있다. 이리적 언어를 전부 학습하지 못했기 때문이다. 집개는 강아지적 언어를 사용한다. 이리적 언어를 받아들일 능력이 있다고 해도, 사용하는 능력이 한정되어 있다. 네오테니 때문에 성장한 개의 언어 능력을 갖추기 전에 성장이 멈춰 있기 때문이다. 그래서 집개와 이리 사이의 의사소통이 어려워진 것이다.

## 언어 능력이 뛰어난 시베리안 허스키

이 관찰에서 또 한 걸음 나가 보면, 견종에 따라 개 언어에 여러 가지 방언이나 변화형이 있다는 것을 알 수 있다. 외모 특징이 성장 이리에 가까운 개는 언어에도 이리다운 요소가 많이 남아 있지만, 네오테니의 정도가 높은 개는 이리적 언어는 사용하지 않고 강아지적 언어만 주로 사용한다. 영국의 사우샘프턴대학 인류동물학연구소의 데보라 굿윈Deborah Goodwin, 존 브래드쇼John Bradshaw, 스티븐 위켄스Stephen Wickens는 10개 품종의 개를 선출하여 이리와 얼마나 닮아 있는가를 기준으로 순위를 매겼다. 강아지다운 개부터 성장 이리에 가까운 개까지 그 순위는 다음과 같다.

1. 카발리에 킹 찰스 스패니얼Cavalier King Charles spaniel
2. 노퍽 테리어Norfolk terrier

3. 프렌치 불도그 French bulldog

4. 셰틀랜드 시프도그 Shetland sheepdog

5. 코커 스패니얼 Cocker spaniel

6. 먼스터랜더 Munsterlander

7. 래브라도 레트리버 Labrador retriever

8. 저먼 셰퍼드 German shepherd

9. 골든 레트리버 Golden retriever

10. 시베리안 허스키 Siberian husky


연구자들은 이러한 개들에 대해 15종류의 우위성 및 복종성의 신호를 조사했다. 그 결과, 외모만이 아니라 언어 면에서도 네오테니가 작용하고 있다는 사실을 확인할 수 있었다. 외모가 이리로부터 가장 먼 개, 카발리에 킹 찰스 스패니얼은 사회적 언어가 가장 부족했고, 15가지 사회적 신호 중 확실하게 나타낸 것은 고작 두 종류밖에 없었다. 그 두 가지도 이리의 정상적인 성장 단계 중 극히 이른 시기에 나타나는 것으로, 생후 3, 4주 정도의 새끼 이리가 나타내는 신호였다. 이 견종의 사회적인 어휘는 거기에 머물고 있는 것 같았다. 한편 시베리아 허스키는 교육받은 사회적 신호를 전부 이해했고, 성장 이리와 아주 닮은 행동 언어들을 사용하고 있었다. 이 극단의 견종 사이에 있는 개들은 외모가 이리에 닮아 있는 것일수록 구사할 수 있는 사회적 신호의 수가 많았고, 게다가 성장한 개가 되고 나서 몸에 익혔다고 생각되는 행동 언어가 많았다.

그러나 여기서 간과해서는 안 될 것이 있다. 이 연구에서 조사한 것은 개의 의사 전달 능력이지 그 성격이 아니라는 점이다. 이런 결과가 나왔다고 해서 시베리아 허스키, 골든 레트리버, 저먼 셰퍼드가 다른 견종보다 공격적이라는 말은 아니다. 이 연구 결과가 의미하고 있는 것은 네오테니화가 적은 견종일수록 사회적인 문제에 대해 여러 가지 신호나 동작을 통한 언어를 사용할 줄 알고, 다른 개에게 의사를 잘 전달했다는 것이다. 이러한 개들은 공격적인 신호뿐만 아니라 화해의 신호도 꽤 많이 사용하고 있었다.

이미 서술한 바와 같이 개의 의사 전달 목적 중 하나는 무리 속에서 좋은 관계를 구축하고, 쌍방이 상처를 입지 않도록 충돌을 피하는 데 있다. 그러나 강아지적 언어밖에 말하지 못하는 견종은 어휘가 한정되어 있고, 공격적인 신호보다도 복종적인 신호를 더 많이 알고 있다. 그래서 그들은 사회적 야심이나 순위를 주장하는 다른 개들의 신호를 알아차리지 못해 자신보다 우위인 개에게 굴복할 기회마저 놓쳐버리는 일도 종종 생기게 된다.

따라서 이런 언어적인 차이에서부터 서로 다른 방언을 사용하는 개들 사이에 오해가 생기는 것은 당연한 일일 것이다. 강아지적인 요소가 강한 개는 사회적인 우위성에 관한 언어를 많이 알고 있지 못하기 때문에 상대의 중요한 신호를 간과하고 마는 경우가 있다. 어휘가 적은 개는 자신도 알아차리지 못한 채 방아쇠를 당기고 충돌을 일으켜버린다. 즉, 이리적 언어를 말하는 개가 복종을 나타내는 신호를 요구해도 상대가 그것을 나타내지 않기 때문에 화해는 성립되지 않고, 실제 공격으로 연결되는 것이다.

그런 예를 《분노의 포도》, 《에덴의 동쪽》, 《생쥐와 사람》 등의 작품으로 널리 알려진 노벨상 수상작가 존 스타인벡이 쓰고 있다. 스타인벡은 개를 몹시 사랑하여 《찰리와의 여행》에서는 스탠더드 푸들인 찰리를 유일한 동반자로 한 여행이 묘사되고 있다. 그러나 여기서 소개하는 것은, 스타인벡이 그보다 훨씬 이전에 기르던 에어데일 테리어에 대한 이야기이다. 겉모습으로 말하자면, 에어데일 테리어는 도무지 이리적이라고는 할 수 없다. 그런데 그 에어데일 테리어는 다른 개와의 사이에서 세력권 다툼을 계속하고 있었다. 스타인벡에 의하면 상대 개는 셰퍼드와 세터와 코요테의 혼혈로, 외모는 이리에 가까웠던 것 같다. 그런데 그의 에어데일 테리어가 상대 개의 영역을 지나가기만 하면 반드시 싸움이 벌어졌다. 그는 "나의 개는 매주 이 회색의 괴물과 싸우고는 여지없이 당했다"라고 쓰고 있다.

그런 일방적인 싸움이 수개월 계속되었던 것이다. 그리던 어느 날 스타인벡의 에어데일 테리어에게 기회가 왔다. 그는 놀랍게도 몹시 힘이 세고 건장한 잡종개의 덜미를 물고 도래질을 쳤다. 그 타격을 당한 개는 고개를 숙이고 패자의 코너로 물러났다. 완패의 뜻을 나타내고 드러누워 자신의 약한 부분인 배를 보였던 것이다. 스타인벡에 의하면 그 순간, 에어데일 테리어는 '무사의 예의를 완전히 잊어버려' 싸움에 이기는 것만으로는 성에 차지 않아, 복종을 나타냄으로써 충돌을 끝내려 하는 상대에게 다시 맹렬히 덤벼들어 급소를 물어뜯은 것이다. 비참한 전개가 되었다. 간신히 에어데일 테리어를 떼어냈을 때, 희생자는 아버지가 될 수 없는 몸으로 변해 있었던 것이다. 스타인벡은 "사람과 마찬가지로 성정이 너절한 개도 있는 법이다"라고 결말짓고 있다.

스타인벡의 주장처럼 이 에어데일 테리어의 성격이 포악하고 이성적이지 못해 자신을 괴롭히던 상대에게 일부러 큰 싸움을 걸었다고 보는 것이 어쩌면 맞을지도 모른다. 그러나 이리적인 원형에서 멀리 떨어진 개가 상대의 동작에 담긴 사회적인 의미를 충분히 이해할 수 없었을 가능성도 있다. 이리적 언어를 말하는 개에게서 이 복종 신호는 우위의 입장을 영구히 포기하는 것을 의미한다. 따라서 이 신호는 사회적으로 중요하고 결정적인 메시지가 된다. 하지만 이리적 언어를 모르는 개는 그와 같은 사회적 신호를 충분히 읽어낼 수 없다. 단순히 그 장면만 가지고 해석하여 장기간에 걸친 복종을 알리는 것(그야말로 에어데일이 바라고 있던 것인데도)이라고는 생각할 수 없다. 신호의 의미를 완전히 이해하지 못했기 때문에 상대의 패배 선언을 보고서도 에어데일 테리어는 공격을 그만두지 않았던 것이 아닐까. 그렇다고 하면 이 개과동물의 전통과 예법을 무시한 행위도 사악함 때문이 아니라 언어를 제대로 이해하지 못한 데서 비롯됐다고 생각할 수 있다.

물론 모든 개가 상대의 의사 표시에 당연히 따르는 것은 아니다. 그것은 모든 개가 상대의 언어에 예상대로 반응하지 않는 것과 같다. 견종에 따라 개 언어에 방언이 있고, 개체에 따라서도 반응에 차이가 있다. 나는 언젠가 개 복종 훈련소에서 긴장감 넘치는 장면을 본 적이 있다. 새로운 내용을 가르치는 최초의 훈련에 한 여성이 어이없이 거대한 저먼 셰퍼드를 데리고 와 있었다. 슈레더(강판)라는 이름이 정말이지 적합한 개로, 근처 개들 모두에게 공격적인 위협 신호를 발하고 있었다. 게다가 자신에게 다가오는 사람에게까지 위협하는 것이었다. 다른 개 주인들은 모두 벽 근처까지 물러났고, 자신의 개를 감싸듯이 부둥켜안고 있었다. 지도원 랄프가 문제를 알아차리고 물었다.

"이 개는 항상 이런 식입니까?"

그러자 그 개 주인인 여자가 떨리는 목소리로 대답했다.

"기분이 안 좋을 때만 그래요."

"그럼 내가 개 언어를 사용하여 긴장하지 않아도 된다고 전달할까요?"

랄프는 그렇게 말한 다음 주머니에서 비스킷을 꺼냈다. 그것을 보고 나는 그가 먹을 것으로 개의 기분을 달랠 작정이구나, 라고 생각했다. 그런데 놀랍게도 그는 바닥에 웅크리더니, 양다리를 슈레더 쪽으로 열고 주저앉았다.

"이것은 개가 복종을 나타낼 때 취하는 자세입니다" 하고 그는 설명했다. "그가 보기에 나는 자신의 배와 성기 부분을 드러내고 무저항이라는 것을 나타내고 있습니다. 상대가 이 자세를 취할 때 개는 결코 공격해 오지 않습니다."

슈레더가 여전히 으르렁거리는 소리를 내면서 크게 벌린 랄프의 양다리 사이로 다가갔을 때 나는 숨을 참았다. 랄프는 한쪽 손을 자신의 양다리 사이에 두고(나에게는 그가 약간 몸을 비호하는 것처럼 보였다) 그 손을 열어 비스킷을 보였다. 슈레더는 조심스레 다가와 천천히 비스킷을 물었다. 그는 랄프의 다리 가랑이의 냄새를 맡은 후, 랄프를 향해 옆을 향하는 자세를 취했다. 그리고 슈레더가 드디어 몸을 돌려 랄프 쪽을 향해 앉자, 조련사도 슬슬 일어서더니 이렇게 말했다.

"됐어요. 이제 저 의자로 갑시다. 제가 이 개를 개별 지도하겠습니다." 그래서 나는 물었다.

"좀 무모했던 거 아닙니까?"

"아니오. 개 언어를 알고 있으면 절대로 안전합니다."

나는 그 순간 존 스타인벡의 에어데일 테리어를 떠올렸다. 그 에어데일 테리어라면 개 언어로 말을 걸어도 예상대로 반응하지 않았을 것이다. 이리적 언어에 의한 이 신호를 틀림없이 몰랐을 테니까. 그래서 조련사가 보내는 메시지를 무시했을 것이다. 사람이 의사 전달 방법을 자신하고 있다고 해도, 개가 사람의 신호에 주목하고 반응한다는 보증은 없다. 견종에 따라서, 개체에 따라서, 또 상황에 따라서 달라지는 것이다. 다행히 랄프의 방법은 잘 통해 개가 그의 신호를 읽어내고 예상대로 반응을 해주었던 것이다. 저먼 셰퍼드는 삼림의 이리와 공통점이 많고 네오테니적 특징이 별로 없기 때문에 이런 종류의 메시지에는 민감했던 것 같다. 그러나 언젠가 랄프가 잘못된 상대(이리적 언어를 그다지 많이 알지 못해 우위성이나 복종을 나타내는 신호에 둔감한 개)에게 같은 방법을 사용한다면, 그 결과는 별로 생각하고 싶지 않다.

# 19장

# 개의 말을 언어라고 할 수 있을까

유아도 생산언어보다는 수용언어 쪽이 풍부하다. 우리가 아이에게 "손 주
세요"라고 말을 걸고, 말해진 대로 아이가 손을 내밀면 언어 능력이 있다
고 인정한다. 그렇다면 '손'이라는 말을 들은 개가 앞발을 올리는 것 역시
언어 능력을 나타내는 것이라 할 수 있다.

나는 앞에서 '언어'와 '커뮤니케이션'이라는 단어를 같은 의미로 사용하고, 이 두 개념의 차이를 과학적으로 고찰하는 문제는 뒤로 돌리기로 했다. 따라서 이 장에서는 그 점에 대해 생각해보기로 하자. 실제로 이 문제에 대해서는 과학자나 전문가들 사이에서 논의가 끊이지 않고 있으며, 나 자신도 과학자의 한 사람으로서 이것을 피해갈 수는 없다. 과연 개가 사람이 이해하고 있는 의미에서의 언어를 갖고 있는 것일까, 아니면 개의 의사 전달은 신호나 사인 이상의 아무런 의미가 없는 것일까.

　과학에서 '언어'는 '소리, 신호, 기호, 동작 등을 사용하여 의미를 전달하는 커뮤니케이션 수단'이라고 정의하고 있다. 그리고 이 대강의 정의에 몇 가지 제한 조건이 포함되어 있긴 하지만, 역사적으로 볼 때 그 조건의 수가 많고 극히 한정적이어서 언어를 가진 것은 사람뿐이라고 결론짓지 않을 수 없게 되어 있다. 한편 현대의 심리학자나 언어학자 대부분은 언어로서 정의할 수 있는 기본 조건을 네다섯 가지 정도 들고 있다.

우선 언어의 가장 중요한 특징은 '의미를 가졌다'는 것이다. 이는 언어가 상대에게 의미를 전달하기 위한 수단이므로 당연한 얘기다. 단어는 사물, 사고, 행동, 감정 등을 나타낸다. 단어 하나 하나에 의미가 있음과 동시에 단어끼리 연결지으면 의미를 바꾸거나 명확히 할 수도 있다. 이미 살펴본 대로, 개의 신호는 분명히 의미를 갖고 있다. 개는 맹목적으로 짖거나 꼬리를 올리거나 상대를 노려보지 않는다.

　　언어의 또 다른 기본적인 조건은 '전위轉位'이다. 즉, 언어는 공간적·시간적으로 위치를 바꾼 사물이나 일어난 일을 전한다. 간단히 말하자면, 언어를 사용하여 지금 눈앞에 없는 것에 대해 전달하고, 과거나 미래에 대해 전달할 수 있다는 것이다. 물론 개는 스스로 추상적인 사항에 대해 말은 못해도 추상적인 것을 포함한 단어는 명확히 이해할 수 있다. 개 주인이라면 대개 물건 찾기를 위한 몇 가지 표현을 가지고 있을 것이다. 예를 들면, 우리 집 개들은 "공 어딨지?"라는 말을 들으면 기세 좋게 뛰어다니며 공을 찾아내 나에게로 갖고 온다. 공이 손에 닿지 않는 장소에 있을 때는 그 근처까지 가서 짖는다. "막대기 어딨지?"라고 말한 경우는, 자신이 가장 마지막에 가지고 놀았던 나무토막을 찾으러 간다. "조아니 어딨지?"라는 말은 내가 아내가 있는 곳을 알고 싶을 때 쓰는 말이다. 이 말을 들으면 개들은 내 아내가 있는 방으로 간다. 그녀가 이층 또는 지하에 있을 때는 계단이 있는 곳까지 가서 기다린다. 있는 곳을 알 수 없을 때는 그녀를 찾으러 나선다. 이처럼 개는 어느 경우나 눈앞에 없는 대상에 적절하게 반응할 수 있기 때문에 '전위'의 조건을 만족시키고 있다. 생산언어로서 전위의 예는 그리 많지 않다. 그러나 이미 설명한 대로, 무리의 멤버가 눈앞에 보이지 않아도 개는 경고의 짖는 소리로 무리를 소집시킨다.

사람의 언어와 같은 의미에서의 '진짜 언어'가 개에게 있는가 하는 문제로, 가장 걸리는 점 중의 하나가 문법이다. 문법은 언어를 구성하기 위한 규칙이다. 규칙 중에서도 가장 중요한 것이 구문법, 즉 단어나 문구를 연결하는 순서이다. 예를 들면, 영어에서는 정관사 'the'가 명사 앞에 놓인다. 'The boy throw the ball'(저 소년이 공을 던졌다)이라고 하는 식이다. 그러나 정관사를 명사 뒤에 놓고 'Boy the throw ball the'라고 하면 의미가 통하지 않는다. 문장을 형성하는 어순은 언어에 따라 다르다. 영어에서는 'white house'(하얀 집)과 같이 형용사는 수식하는 단어 앞에 오는 것이 보통이다. 그러나 프랑스어나 스페인어에서는 그 순서가 반대로, '메종 브랑슈maison blanche' 또는 '카사 브랑카casa blanca'가 된다. 또한 단어가 의미를 가지려면 연결될 때의 단어 선택법도 중요하다. 영어의 경우 'these cat' 또는 'an ball'이라는 표현은 맞지 않다. 'these cats' 'a ball'이 맞다. 이것들은 문법 속에서 '조합의 법칙'이라 불리는 것이다.

한편 단어를 나열하는 순서에 따라 의미가 바뀌는 경우도 있다. 예를 들면, '사람 먹다 상어'와 '상어 먹다 사람'은 전혀 의미가 다르다. 마찬가지로 '소년이 소녀를 세게 때렸다'와 '소녀가 소년을 세게 때렸다'는 전달되는 의미가 전혀 다르다. 이것은 문법에서 '단어 배열의 법칙'이라고 불린다.

그렇다면 과연 개 언어에 이 '조합의 법칙'과 '언어 배열의 법칙'에 해당되는 문법이 있을까. 오랜 세월 대부분의 학자들 답은 '노'였다. 그러나 최근의 관찰 조사에서 개에게도 문법이 있다는 점이 시사되고 있다.

우선 '조합의 법칙'에 대해 생각해보자. 이는 단어에 함께 조합될 수 있는 것과 조합될 수 없는 것이 있다는 법칙이다. 개나 이리의 소리를 조사해보면, 결코 함께 조합될 수 없는 소리가 있다는 사실을 알 수 있다. 울부짖음과 콧소리의 조합은 들은 적이 없다. 또 울부짖음과 으르렁거림도 결코 조합되지 않는다. 그러나 울부짖음이 높은 칭얼거림과 조합되는 경우는 많고, 때로는 어떤 종류의 짖는 소리와도 조합된다. 짖는 소리는 다른 짖는 소리, 으르렁거림, 콧소리와 조합되지만, 으르렁거림과 콧소리의 조합은 절대로 없다.

또한 개 언어는 동작이나 몸의 자세로 나타내는 경우가 많은데, 결코 조합될 수 없는 소리와 자세가 있다는 것도 매우 흥미로운 점이다. 사지를 뻣뻣하게 경직시킨 자세로, 콧소리나 높은 톤으로 칭얼거리는 개는 없다. 이 자세를 취할 때는 대개 으르렁거림을 동반하고, 때로는 경고의 짖는 소리를 내는 경우도 있다. 개가 배를 보이고 드러누울 때는 으르렁거림이나 짖는 소리는 내지 않고, 깽깽 또는 끄응 등의 콧소리를 낸다. 앞발을 올리고 불안을 나타낼 때도 으르렁거림이나 짖는 소리는 수반하지 않고 대개 잠자코 이 동작을 한다. 또한 꼬리의 움직임과 소리의 조합에도 규칙적인 점이 있다. 자신감 있는 개가 꼬리를 높이 올렸을 때 끄응, 낑낑, 그리고 으르렁거리는 소리도 내지 않는다. 자신감 있는 개가 으르렁거릴 때는 곧게 뻗은 꼬리를 뒤로 내민다. "여기서 누가 보스인지 가려보자" 하는 이 꼬리의 신호에 낑낑, 끄응, 울부짖음이 조합되는 일은 결코 없다.

이 외에도 몸, 꼬리, 귀, 입의 표정이 정해진 소리와 조합되는 예는 많이 있다. 그것들을 종합하면, 개 언어에도 '조합의 법칙'으로 연결되는 문법적인 요소가 있다고 할 수 있을 것이다.

최근 연구 결과에서 가장 획기적인 것은, 개 언어에도 '배열의 법칙'이 있다는 지적이다. 개가 내는 가장 흔한 두 가지 소리에 대해 생각해보자. 하나는 입술을 말아 올리고 '아르르르' 하고 으르렁거리는 소리이다. 이 으르렁거리는 소리는 우위의 개가 다른 개 내지는 사람을 쫓아버리고 싶을 때 내는 경고의 소리이다. 개가 맛있는 뼈나 한 사발의 음식과 같은 중요한 것을 손에 넣었을 때 "저리 가, 이건 내 거야!"라는 의미로 이 소리가 사용된다.

또 하나는 저음으로 시작되었다가 차츰 높아져서 "웁" 하는 소리로 끝나며 짖는 소리이다. 문자로 표현하면 "으르르우웁" 하는 느낌이 된다. 이것은 무리의 주의를 끌기 위해 발하는 경고의 소리이다. "모두 이리 와서 이것 좀 봐"를 의미하고, 이 소리를 들으면 다른 개들은 짖고 있는 개 근처로 모인다.

그러나 이 두 가지 소리가 조합되면, 그 순서에 따라 의미가 달라진다. "으르르르르 우웁"의 경우는 놀자는 의미로, 놀이로 유인하는 몸짓이 수반되는 경우가 많다. 그런데 "우웁 으르르르"로 거꾸로

된 경우는 또 완전히 의미가 다르다. 이것은 불안한 개가 내는 위협의 신호로, 음식 등의 중요한 것을 지키려고 할 때나 두려워 보이는 개를 물러나게 할 때에 발한다. "너 때문에 불안해. 더 이상 다가오면 나한테도 각오가 있어"라고 하는 의미이다. 이 신호는 불안에 기인한 위협이기 때문에 자신감 있는 강한 개가 발하는 단순한 "으르르르" 하는 소리와는 느낌이 다르다.

사람들은 자신의 언어를 기준으로 하는 치우친 견해를 가지고 있으며, 문법의 조합이나 배열의 법칙에 대해서도 음성을 기준으로 생각하는 경향이 있다. 그러나 개에게 몸의 신호는 소리만큼 중요하고, '단어 배열의 법칙' 예는 그 외에도 많이 발견된다. 개가 다른 개의 얼굴을 정면에서 직시하는 것은 우위성이나 위협의 표현으로, 기본적으로 "여기서는 내가 보스다. 너 나한테 지금 도전하는 거야?" 하는 의미이다. 한편 상대 개와 시선이 마주치지 않도록 눈을 피하는 것은 저항하지 않겠다는 표현으로, 기본적으로는 "당신이 보스임을 인정합니다. 당신의 결정에 무엇이든 따르겠습니다" 하는 의미이다. 이 두 가지 신호가 조합되어, 우선 정면에서 노려본 후 일순간 눈을 피했다가 다시 노려보는 경우는 의미가 바뀌어 지배적인 개끼리의 평화적인 마주침이 된다. "당신은 분명히 강하고, 이 근처에서는 보스일 것이다. 이쪽도 만만치는 않지만, 싸우는 것은 그만두자"라는 의미로 해석할 수 있다.

그럼 이 두 가지 신호를 소리와 연결해보자. 그러면 완전히 다른 의사 전달이 된다. 개가 바로 정면에서 상대 개를 눈여겨봄과 동시에 입술을 말아 올리고 "가르르르" 하고 으르렁거린 경우는 실제로 충돌이 일어날 가능성이 매우 높다. 서부극의 대결 장면에서, 검은 카우보이 모자를 쓴 무법자가 "누가 이 거리에서 살아남을 것인지 붙어보자. 총을 빼라"라고 말하는 것과 같다. 그러나 개가 상대를 정면에서 직시한 다음 눈을 피하고 "가르르르" 하고 으르렁거릴 때는 상대의 반응이 달라진다. 상대 개는 으르렁거린 개가 보고 있는 방향으로 시선을 돌린다. 그리고 같은 방향을 주시하면서 준비 태세를 취할 것이다. 이 일련의 행동은 "저기에 뭔가 묘한 낌새가 있다. 동료를 모아 행동에 옮길 필요가 있을지도 모르겠다"라는 의미이다.

이러한 주고받기에서 중요한 것은, 소리("아르르르"나 "으르르우웁")나 동작(정면에서 직시하거나, 눈이나 얼굴을 피하는 것 등)이 어느 시점에서 일어나는가에 따라 의미가 결정된다는 점이다. 그것은 개 언어에 배열의 법칙이 있다는 확실한 증거로 여겨진다.

이러한 관찰 결과들을 종합해보면, 개 언어는 우리가 생각하는 것 이상으로 복잡하다는 것을 알 수 있다. '조합의 법칙'과 '단어 배열의 법칙'을 가진 문법이나 구문론의 초보적인 형태가 존재하며, 이를 나타내는 몇 가지 증거가 분명히 있다고 말할 수 있을 것이다.


## 개의 언어 능력은 두 살짜리 아이와 비슷하다

언어의 마지막 기본 조건은 '생산성'이다. 진정한 의미의 언어는 상황이나 장면에 따라 새로운 표현이 무한정 가능하다. 바꾸어 말하면, 언어는 커뮤니케이션의 창조적인 시스템으로 한정된 문장이나 문구를 재이용하는 반복적 시스템은 아니다. 학자 중에는 이 조건 때문에 개 언어를 진정한 의미의 언어로 인정하지 않는 사람도 있다. 그렇다면 100단어 정도의 어휘와 겨우 두 마디 정도의 문장을 구성할 줄 알며, 한정된 문장만을 재이용하여 주변 사람들에게 의사를 전달하는 두세 살의 아이들은 어떤가. 그들의 언어에 생산성이 결여되어 있다고 그 아이들이 언어를 갖고 있지 않다고는 누구도 말하지 않을 것이다.

이처럼 어린 아이에게 언어가 있다고 인정한다면, 나도 같은 정도의 법칙이나 기준을 적용하여 개에게도 단순한 언어가 있다고 인정하고 싶다. 실제로 사람의 언어 능력 발달에 대해 연구하는 심리학자는 소리만이 아니라 동작도 언어의 요소로 인정하고 있다. 그것은 '맥아더 전달능력 발육조사 항목표'에서 두 살짜리 아이의 언어 능력을 측정하는 실험을 보아도 알 수 있다. 거기에는 '커뮤니케이션의 동작'이라는 항목이 있어, 그것이 언어로서 인정되고 있다. 거기에는 흥미를 끄는 물건이나 일어난 일을 손가락으로 가리키고, 누군가와 헤어질 때 '바이바이' 하고 손을 흔들고, 안아달라고 할 때 양팔을 벌리고, 맛있는 것을 먹을 때 '냠냠' 하고 입술을 달싹거리는 것 등이 포함되어 있다. 확실히 개의 의사 전달 동작은 이 단계에 해당될 것이다.

여기에는 분명 공통점이 있다. 개도 유아도, 생산언어보다는 수용언어 쪽이 훨씬 풍부하고 확실성도 높다. 이해하고 있는 단어는 주로 말하는 사람이 아이에게 바라는 행동과 관련된 경우가 많다. 우리가 아이에게 "손 주세요"라고 말을 걸고, 말해진 대로 아이가 손을 내밀면 언어 능력이 있다고 인정한다. 그렇다면 '손'이라는 말을 들은 개가 앞발을 올리는 것도 역시 언어 능력을 나타내는 것이라 할 수 있다. 유아나 개가 표현하는 단어는 거의 예외 없이 사회적인 성격을 띠고 있고, 상대에게서 반응을 끌어내려는 의도를 갖고 있다. 다만 개 언어는 유아의 언어보다 약간 더 복잡하다. 자신의 감정이나 욕망을 나타낼 뿐만 아니라 우위성이나 순위를 강조하기도 하기 때문이다. 두 살짜리 유아가 짜증을 내고 자아를 관철시키려는 일은 있어도 사회적인 우위성을 전달하거나 표현하는 것은 좀 더 성장한 뒤에나 가능한 일이다.

대부분 개 언어는 사회적·감정적인 사항이기 때문에 참된 의미에서의 언어라고 할 수 없다고 말하는 사람들도 있다. 그러나 그런 사람들은 사람이 언어를 사용하는 경우의 실태를 잘 이해하지 못하고 있는 건 아닐까. 우리는 이야기할 때 주로 개인이나 사회의 정보를 서로 교환한다. 언제나 아리스토텔레스의 철학이나 아인슈타인 이론에 대해 이야기하거나 세계의 현상에 대해 생각하는 것은 아니다. 대부분 우리는 사회의 일상적인 일들을 화제로 삼는 경우가 많다.

실제로 두 명의 영국인 심리학자가 사람들의 일상회화 내용을 채록한 적이 있다. 로빈 던바Robin Dunbar는 영국 전역에서, 니컬러스 엠러Nicholas Emler는 스코틀랜드에서 샘플을 모았다. 그 결과, 두 사람은 우리가 쓰는 회화의 3분의 2 이상이 사회적·감정적인 화제라는 것을 발견했다. 그 전형적인 예를 들면 누가 누구와 무엇을 했는가라는 화제로, 그것에 대한 비평도 가해진다. 그 외에 또 많은 것은 누가 성공하고 누가 실패했는가, 그것은 왜인가라는 화젯거리가 대부분이다. 감정적인 내용으로는 사람과 교제하는 데 따른 어려움으로 연인, 아이, 직장 동료, 이웃, 친척 등과의 불편한 관계가 있었다. 물론 직장에서의 문제나 최근 읽은 책이 동기가 되어 고도의 전문적인 이야기를 하는 사람들도 있었다. 그러나 내가 대학에서 동료끼리의 대화를 100건 이상 조사했더니 전문적인 의논이 7분 이상 계속된 예는 한 건도 없었고, 곧바로 일상적인 화제로 대치되었다. 합쳐보면 전문적인 화제에 소비된 시간은 전체의 약 4분의 1에 지나지 않았다.

인쇄된 언어도 크게 다르지 않다. 세계에서 가장 많이 읽히는 것은 소설이다. 그 내용의 대부분(모험이나 미스테리 포함)은 등장인물의 주위 환경을 중심으로, 그 인물의 가족과의 관계, 개인적인 야망, 배신하고 배신당하는 관계, 그리고 연애를 다루고 있다. 모든 연애소설은 변함없이 최고의 베스트셀러를 장식하며, 논픽션 분야에서 유일하게 매출이 높은 것이 전기(및 자서전)이다. 배우, 정치가, 스포츠 선수, 뉴스캐스터, 작가들의 이야기에 독자들이 관심이 많기 때문일 것이다. 그런데 무엇 때문에 사람들은 다른 사람의 전기를 읽는 걸까? 우리는 법안 만들기나 의회에서의 법안 통과법을 배우기 위해 정치가의 인생을 읽는 것이 아니다. 공을 치는 요령을 알기 위해 야구 선수의 전기를 읽는 것도, 대본 외우는 법을 배우기 위해 배우의 전기를 읽는 것도 아니다. 그들이 어떤 상대를 좋아했는지 싫어했는지, 사회적으로나 감정적으로 궁지에 몰렸을 때 어떻게 대처했는지, 유명해지기 위해 어떤 사람과 접촉했는지 등을 알고 싶은 것이다. 이 같은 경우는 신문기사에도 적용된다. 실제로 인쇄되어 있는 칼럼 기사의 3분의 2는 사회적인 것이고, 여러 유명인이나 당대 인물의 사생활을 거론한 것이다. 누가 누구와 사이가 좋은지 나쁜지, 누가 현재 인기가 있는지 없는지 하는 기사가 객관적인 사실을 다루는 기사보다 훨씬 많다.

　이와 같이 사람들이 사회적·감정적인 화제에 단어를 허비하는 경우가 아무리 많아도 언어가 결여되어 있다고는 말하지 않는다. 마찬가지로 개 언어가 사회적인 관계나 감정적인 사항에 화제가 집중되어 있다고 해서 개에게 언어가 있다는 사실을 부정해서는 안 될 것이다. 내 자식들이 10대였을 때 주로 그 아이들이 입에 담는 말은 자신의 감정이나 자신과 다른 사람과의 관계에 관한 것뿐이었지만, 나는 그 아이들에게 언어가 있다는 사실을 의심하지 않았다. 구조와 복잡성의 정도로 말하자면, 개 언어는 두 살짜리 아이와 비슷하다. 그러나 그 언어로 말할 수 있는 내용은 성인의 3분의 2가 입에 담는 내용과 거의 같다. 다시 말해 사회의 일상적인 사항, 사회의 구성, 그리고 그들이 그 안에서 살아가고 있는 감정의 세계와 관련된 화제인 것이다.

20장

# 개와 대화하기

개의 언어 이해 능력을 보다 빨리 향상시키기 위한 방법이 몇 가지 있다. 개에게 말을 걸 때는 우선 개의 이름을 먼저 부르는 것을 잊지 말아야 한다. 개의 이름을 부르는 것은, 개에게 그다음에 의미 있는 단어가 이어진다는 신호가 된다. 다음으로 중요한 것은, 한 단어에 해당하는 의미는 한 가지로 한정해야 한다는 것이다.

지금까지는 개가 그들만의 '개 언어'를 사용하여 우리에게 말을 걸어올 때 어떻게 알아들을 수 있는가 하는 문제를 중심으로 이야기 해왔다. 그리고 개의 수용언어에 대해서는 간단하게 소개했지만, 사람이 개에게 말을 거는 방법에 대해서는 다루지 않았다.

많은 사람들이 이미 사람의 언어로 개에게 '말을 건' 경험이 있을 것이다. 단지 "앉아"나 "이리 와" 같은 명령이 아니라 아이에게 말을 걸 때와 마찬가지로 개에게 말을 건다는 뜻이다. 어느 조사에 의하면, 96퍼센트의 사람이 자신의 개에게 그와 같이 말을 건다고 한다. 하지만 흥미롭게도 개에게 대답 같은 건 기대하지 않고 묻는다는 것이다. 예를 들면, "오늘은 비가 올 것 같지 않니?" "내가 한 말을 샐리가 마음에 들어하지 않는 것 같지?"와 같은 식이다. 이 대화는 보통 독백형을 취하고 있고, 말하는 쪽은 한결같이 사람이며 개는 단지 마음을 나누는 존재로서 그곳에 있을 따름이다.

좀 더 복잡한 형태로, 말하는 사람이 혼자서 질문하고 답하는 경우가 있다. 그런 장면을 본다면, 마치 전화를 걸고 있는 사람의 이야기를 옆에서 듣는 듯한 인상을 받을 것이다. 예를 들면 이런 식이다. "실비아, 숙모님의 생신에 뭘 드리면 좋을까?"(잠시 침묵) "안 돼 안 돼. 꽃은 작년에 드렸잖아. 과자가 어떨까?"(또 침묵) "그래, 초콜릿이 좋겠어."(침묵) "알았어. 땅콩이 들어간 초콜릿. 예쁜 화장품 상자에 넣어서 말야. 정말이지 좋은 아이디어다, 래시."

또 다른 경우는 약간 기묘하게 느껴지는 주고받기이다. 사람이 개에게 말을 걸 뿐만 아니라 개의 대답을 상상하여 대신 말하는 것이다. "래시, 간식 먹고 싶어?" 이 말을 듣고 개가 다가오면 (목소리의 어조를 바꾸어) "물론이죠, 간식 시간이잖아요!" 하고 말한다. 이런 식의 대화는 엄마가 아기에게 말을 걸 때와 비슷하다.

사실 이러한 대화에는 개와 대화하려는 의도가 있지는 않다. 다만 이런 대화의 장점은 그것을 통해 문제를 해결하거나 생각을 정리하거나 감정을 높일 수 있다는 점이다. 이런 상호관계가 정신 건강에 중요하다는 것은 많은 예에서 실증되고 있다. 우리는 평소 사회적 상호관계를 다른 사람들과 갖는다. 그러나 혼자 살아가는 노인이나 가족이나 친구로부터 멀리 떨어져 혼자 지내는 사람들은 개에게 말을 거는 것으로써 그 관계를 대신할 수 있다. 실제로 자신이 안고 있는 문제에 대해 개에게 말하는 것이 배우자에게 말할 때보다 스트레스가 적어 혈압이 낮게 나왔다는 실험 결과도 있다. 또한 혼자 살아가는 노인에게 말할 대상으로서 개가 곁에 있는 편이 우울증을 예방하고, 정신적으로도 안정을 준다고 한다. 언젠가 댈러스에서 개최된 학회에 갔을 때 나는 아르헨티나의 어느 심리학자로부터 귀가 솔깃해지는 이야기를 듣게 되었다. 개에게 말을 거는 것은 물론 개를 통해 이야기를 하는 사람들이 있다는 것이었다.

"남미에 아튜아족이라는 부족이 있는데, 그들은 의사 전달의 중요한 수단으로 개를 사용합니다. 개를 돌보는 역할은 여성이 맡고 있지요. 그 대신 개는 집을 지킵니다. 그중에는 작은 바구니 같은 것을 등에 묶어놓고 일하는 개도 있습니다. 여자들은 개에게 이름을 지어주고, 아이를 대하는 것과 같이 개에게도 말을 겁니다. 다만 개의 주된 임무는 사냥을 돕는 거지요. 사냥은 남성의 역할이기 때문에 개는 오랜 시간, 때로는 며칠씩 남자들을 따라다닙니다. 남성도 여성이 붙여놓은 이름으로 개를 부릅니다. 개를 훈련하고 사냥에 필요한 명령을 기억시키는 것은 남성 역할입니다. 남자들은 때로 자신의 개에게 태평하게 말을 겁니다. 혼자서 오랫동안 사냥감을 쫓을 때는 특히 그렇습니다. 그것은 여자들이 집에서 개에게 말을 거는 것과 같은 거지요.

남자도 여자도 개에게 말을 걸고 자신의 시간을 서로 나누고 있어선지, 개는 여자의 세계와 남자의 세계의 접점에 있는 듯했습니다. 그래서 아튜아족 내에서 개는 부부간의 스트레스나 다툼을 억제하는 중요한 역할을 맡게 되었습니다. 그들은 싸움이 시작되려고 하면 마음에 드는 개를 데려와서 중개역을 맡기는 겁니다.

가령 이런 식입니다. 내가 아튜아의 남자이고 추카라는 개를 좋아한다고 합시다. 나는 개를 집 안으로 데려와 아내가 돌아오기를 기다립니다. 아내에게 가사 일이 서툴다는 식으로 불평을 털어놓아서 아내를 화나게 만들고 싶지 않으니까 나는 개를 향해 이렇게 말합니다. '추카, 내 아내는 너를 사랑하고 있다. 그러니 아내한테 전해다오. 한 달 후쯤 큰 연회가 있는데, 내 연회복은 너무 오래되고 낡았다. 그 옷이 다른 사람들에게 궁상맞게 여겨진다면 멋지게 춤출 수도 없을 거다.'

그러면 아내 역시 내 쪽은 보지도 않고 개를 향해 이렇게 말합니다. '추카, 내가 너를 사랑하고 있다는 것 알고 있지? 그러니 내 남편한테 전해다오. 돈을 주면 이번 주에 시장에 나가서 멋진 버튼이랑 깃털 장식을 살 거다. 그리고 남편의 연회복의 깃을 다시 만들어서 다음 달 연회에서 부끄럽지 않게 해드리겠다고.'

이렇게 두 사람 모두 개를 통해 서로에게 이야기함으로써 서로의 얼굴을 마주하지 않아도 됩니다. 즉, 분노나 굴욕감을 띤 얼굴을 서로 주시하여 두 사람 사이에 긴장이 높아지는 것을 피할 수 있습니다. 개는 가만히 있기만 해도 부부가 서로 말하고 싶은 것을 정확하게 전달해주는 셈이죠."

## 개에게 말을 걸 때의 특징

어느 문화권에서나 사람이 실제로 개와 대화하려고 할 때는 특수한 언어가 사용되는 것 같다. 이미 알고 있듯이, 우리의 언어는 상황에 따라 변한다. 권위가 있는 상대나 청중을 앞에 두고 있을 때는 형식적인 말하기를 한다. 즉, 가족이나 친구에게 말할 때 사용하는 말보다 격식을 차린 의례적인 말을 사용한다. 또 말을 쓸 때는 문장의 정보량이 많아지고, 구어보다도 복잡한 문법이나 어려운 어휘를 사용하게 된다.

심리학자는 사람이 어린아이에게 말을 걸 때 특수한 언어를 사용한다는 것을 발견했다. 단순화된 언어로 노래하듯 반복적인 리듬으로 말하는데, 높은 음의 소리가 사용되는 경우도 있다. 그들은 유아에게 사용하는 이 특수한 언어를 '엄마말'이라고 이름 붙였다. 주로 엄마가 유아에게 말을 걸 때 사용하는 단어이기 때문이다. 그렇다고 꼭 엄마에 한한다고는 할 수 없다. 남녀를 막론하고 대개의 어른들이 유아에게는 엄마말을 사용한다. 심리학자인 캐시 허시-파섹Kathy Hirsh-Pasek과 레베카 트라이먼Rebecca Treiman은 우리가 개에게 말을 걸 때도 엄마말과 아주 비슷한 단어를 사용한다고 지적하고 있다. 두 사람은 이 단어를 '강아지말'이라고 이름 붙였다.

'강아지말'은 우리가 평소에 어른에게 말을 걸 때의 단어와는 다르다. 개에게 말을 걸 때는 문장이 훨씬 짧아진다. 어른끼리의 회화에서는 한 문장의 길이가 평균 10단어에서 11단어이다. 그러나 개에게 말을 걸 때의 문장의 길이는 평균 4단어 정도이다. 그리고 "래시, 내려봐"라든가 "소파에서 비켜" 등과 같이 명령형을 띠는 경우가 많다. 또한 대답을 기대하는 건 아니지만 개에게 말을 걸 때는 사람에게보다 두 배 정도 많은 질문형을 취한다. 그 질문은 대개 정보를 얻기 위해서가 아니라 "래시, 오늘 기분이 어때?" 등 사소한 인사를 대신하는 것이다. 그래서 "배고프지, 그렇지?"와 같이 의견을 말하고 나서 마지막 부분을 의문형으로 바꾸는 부가의문문의 형태를 띠는 질문이 많다.

'강아지말'은 대개 현재형을 취한다. 즉, 우리는 개에게 과거나 미래가 아니라 현재의 일에 대해서만 이야기하고 있는 것이다. 실제로 조사 결과를 보면, '강아지말'의 90퍼센트는 현재형으로, 이것 역시 우리가 어른끼리 이야기할 때보다 두 배 정도 많다. 그리고 반복은 평소 회화보다 20배나 많다. 완전히 같은 단어를 되풀이하거나 일부 되풀이하거나, 또는 표현만 바꾸어 내용을 되풀이하는 식이다. 표현을 바꾸는 경우는 "래시, 너 정말 영리하구나. 어쩌면 그렇게 영리한지 몰라!" 하는 식이 된다. 이 또한 '강아지말'이 엄마말의 특징과 매우 닮아 있음을 알 수 있다.

그러나 개에게 말을 걸 때와 아이에게 말을 걸 때의 단어에는 다른 점도 많다. 직시성이 그 한 예이다. 즉, "이건 공이에요" "저 컵은 빨개요"라고 하는 명확한 정보를 나타내는 종류의 문장은 주로 상대에게 뭔가를 가르치려는 의도를 담고 있다. 엄마말에 이런 식의 문장이 많은데, 이는 엄마가 아이에게 말을 걸면서 단어나 몸 주변의 것에 대해 가르치려고 하기 때문이다. 한편 '강아지말'에는 이런 문장을 거의 쓰지 않는다. 즉, 사람이 개에게 말을 걸 때는 한결같이 사람에게 상황이 좋도록 말할 뿐, 개가 거기서 뭔가를 배우느냐 마느냐는 별로 기대하지 않기 때문이다.

'강아지말'과 우리가 평소에 사용하는 말의 가장 큰 차이는, 우리가 개의 소리를 흉내 내기도 한다는 점이다. 언젠가 내가 친구 집을 방문하고 있을 때였다. 푸들이 뛰어나와 그녀의 앞을 가로막고 서서 화를 내듯 "멍" 하고 한 번 짖었다. 그러자 그녀는 "멍? 알았어. 손님이 돌아가시고 나면 밥 줄게" 하고 말했다. 그녀의 "멍"은 개의 소리를 그대로 흉내낸 것이었다. 엄마가 아이의 반복적인 중얼거림을 흉내내는 일은 좀처럼 드물고, 어른끼리의 대화에서도 상대의 억양을 흉내내거나 하면 바보 취급을 한다는 오해를 받기 쉽다. 그러나 개와의 대화에서는 짖는 소리를 흉내내는 것이 말을 주고받기 위한 하나의 수단이 되는 것 같다.

우리가 '강아지말'을 할 때는 그 목소리 또한 사람들끼리 이야기할 때와는 전혀 다르다. 높은 톤의 목소리를 사용함과 동시에 개 억양을 강조하고 감정적인 말투를 쓴다. 게다가 축소형 말과 형식적이지 않은 단어를 사용한다. 여성이 노래부르는 듯한 어조로 "그 까까는 지지, 버리세요"라는 말을 들으면, 틀림없이 개나 어린 아기에게 말을 걸고 있다고 생각될 것이다. 말을 걸고 있는 상대가 어른이 아니라는 것이 분명하다.

'강아지말'로 개에게 말을 걸어도 개가 이해하는지 어떤지는 알 수 없지만, 개에게 온화한 목소리로 목적과 의미를 가지고 말을 걸어주면 개의 수용언어 능력이 높아진다는 것은 많은 예에서 입증되고 있다. 그렇다고 해도 그것은 개와 사이좋게 지내기 위한 일상회화와는 다르다. 학습을 위한 회화에서는 간단한 단어를 사용하여 개에게 의도적으로 말을 걸어 행동을 끌어내려고 한다. 예를 들면, "산책 가자" 또는 질문형으로 "산책 갈래?" 등으로 말을 거는 것이다. 계단을 올라가거나 내려갈 때는 "위로" "아래로"라는 식으로 말하고, 거실로 따라오게 하기 위해서는 "거실로 가자"라고 말한다.

이런 식의 말 거는 법은 개에게 이해할 수 있는 어휘와 신호의 수를 늘리고, 개의 수용언어 능력을 높이기 위한 것이기 때문에 항상 같은 단어나 문장을 사용하는 것이 중요하다. 예를 들면, 개에게 먹이를 줄 때, "밥" "맘마" "식사" "식사시간" "식사 여기 있어요" 등 뭐라고 해도 상관없다. 다만 한 번 결정했으면 항상 같은 말을 사용하는 것이 중요하다.

개가 기본을 이해한 후에는 동의어를 사용하여 바꾸어 말해도 상관없지만, 개에게 단어를 빨리 익히게 하려면 일관된 표현을 쓰는 게 가장 좋다. 개에게 사람이 말하는 단어와 특정 사물과의 연결을 이해시키기 위해 가족이 모두 같은 단어로 개에게 말을 걸어준다면 효과는 한층 올라갈 것이다.

개는 새로운 수용언어를 익히면 적절한 반응을 하게 된다. "산책 가고 싶어?"라고 말을 걸면 기쁜 듯이 문 쪽으로 이동한다. "원반 가져와"라는 말을 들으면 자신의 완구 상자까지 뛰어가서 원반을 찾는다. 따라서 단어를 말했을 때 나타내는 행동을 통해 개가 그 단어를 학습했는지 못했는지를 알 수 있다.

## 반드시 개의 이름을 먼저 불러라

개의 언어 이해 능력을 좀 더 빨리 향상시키기 위한 몇 가지 방법이 있다. 그중 하나가 개에게 말을 걸 때는 개의 이름을 먼저 부르는 것이다. 개의 이름을 부르는 것은, 개에게 그 다음에 의미 있는 단어가 이어진다는 신호가 된다. 다음으로 중요한 것은, 한 단어에 해당하는 의미는 한 가지로 한정한다. 예를 들면 "out"이라는 단어를 밖에 나갈 때 사용한다면, 같은 단어를 가지고 입에 물고 있는 것을 뱉으라고 할 때 사용해서는 안 된다. 가장 좋다고 생각되는 것은 내가 '자동 학습'이라고 이름 붙인 방법이다. 이 방법을 사용하면 개는 별로 고생하지 않고 기본적인 명령 몇 가지를 익힐 수 있게 된다.

지금 여기에 '래시'라는 강아지가 있다고 하자. 단어를 자동 학습시킬 때는 우선 강아지의 행동을 주의 깊게 지켜보다가, 그 행동에 명령의 단어를 동조시켜 나간다. 가령, 강아지가 당신 쪽으로 오려고 한다면 "래시, 이리 와"라고 말한다. 강아지가 앉으려고 하면 "래시, 앉아"라고 말한다.

이와 같이 어떤 행동을 취할 때마다 명령어를 들려준 다음, 개가 당신의 명령에 바르게 반응하고 있는 것처럼 개를 칭찬해준다. 이것은 개가 이미 취하고 있는 행동에 단어의 꼬리표를 붙이는 것과 같은 것이다. 심리학자는 이 방법을 '근접 학습'이라고 부르고 있다. 대부분의 개는 몇 번만 되풀이하면 그 단어와 행동을 머릿속에서 연결할 수 있게 된다. 이런 토대가 이루어지면, 개는 이후로 아주 약간의 훈련만으로도 그 단어의 명령에 확실하게 반응할 것이다.

이와 같이 자동 학습을 하면, 개는 간단한 행동과 연결되는 단어를 쉽게 배울 수 있다. 이것은 사람이 직접 가르치기 힘든 행동을 가르칠 때 특히 유용하다. 나는 이 방법을 우리 집 개들의 화장실 예절에 사용하고 있다. 나는 매일 개들에게 같은 길을 산보시키면서 개가 변의를 느끼고 안절부절못하는 것을 보면 곧바로 "래시, 빨리" 하고 소리친다. 그리고 배변 중에도 한두 번 같은 단어를 말해준다. 그런 다음 마치 훌륭한 일을 해낸 것처럼 개를 칭찬해준다. 한두 주 지나면 '빨리'라는 단어는 의미를 갖기 시작한다. 이 단어만 들으면 개는 땅 냄새를 맡으며 배설 장소를 찾게 된다. 마찬가지로 '조용히'라는 단어도 가르쳤다. 이것은 방이나 집 안의 어느 한곳에서 잠시 조용히 하고 있어야 함을 의미한다. 이 단어를 가르치기 위해서 개가 조용해지기를 기다렸다가 "로버, 조용히"라고 말했다. 그리고 개에게 다가가 다시 한번 "조용히"라고 말하면서 가만히 쓰다듬어주었다. 여러 번 되풀이하지 않았어도 개가 그 의미를 이해했다는 징후가 보였다. 드디어 개는 "조용히"라는 단어를 들으면 자신이 앉아 있거나 드러누워 있으면서 동시에 방의 모습이 한눈에 들어오는 장소를 찾게 되었다.

당신의 개가 낯가림을 한다면, 자동 학습으로 교정할 수 있다. 이 학습을 시키려면 친구의 도움이 필요하고, 비스킷도 많이 준비해두어야 한다. 개를 친구가 있는 곳까지 걸어가게 하면, 친구는 미리 건네받았던 비스킷을 개에게 준다. 친구가 비스킷을 개에게 주기 전에 당신은 "래시, 인사" 하고 말한다. 개가 친구의 손에서 비스킷을 받을 때도 다시 한 번 이 단어를 반복한다. 몇 번 되풀이하면, 개는 '인사'라는 단어는 상대로부터 비스킷을 받을 수 있다는 사실을 알게 되고, 이 단어를 적극적인 감정과 연결시키게 된다. 그리고 드디어 불특정 상대에게도 응용하게 된다. '인사'라는 단어를 들으면 자신의 눈앞에 있는 사람은 친절하고 상냥한 사람이라고(가령 비스킷을 받지 못해도) 이해하게 되는 것이다.

## 당신의 의사를 개에게 전달하려면

지금까지는 사람의 단어를 개에게 어떻게 이해시킬 수 있는가에 대해 언급했다. 그러나 개들과 의미 있는 대화를 하려면 개 언어로 말하는 법을 배워둘 필요가 있다. 그리고 부주의하게 개와의 관계를 해치는 신호를 보내지 않는 것도 중요하다.

프랑스의 심리학자 보리스 시륄니크Boris Cyrulnik의 연구는 바른 신호를 보내는 것의 중요성을 보여준다. 그는 아이가 동물과 접촉하는 장면을 촬영한 영화와 비디오를 바탕으로 그들의 의사 전달 방식에 대해 조사했다. 놀랍게도 그가 대상으로 한 두 종류의 동물(개와 사슴)은 모두 다운증이나 자폐증의 아이보다 정상적이고 건강한 아이를 대할 때 거부 반응이나 공포 반응이 더 심했다. 시륄니크는 그 원인을 두 그룹의 아이들이 동물에게 보내는 신호에 있다고 결론지었다.

건강한 아이들은 개에게 다가갈 때 개를 직시한다. 이미 설명했듯이, 개 언어에서 상대의 눈을 직시하는 것은 적의의 메시지로 연결된다. 게다가 아이들은 개에게 웃어 보였다. 여기서 문제는 아이가 단순히 입술 끝을 올리고 미소 지은 것이 아니라 입을 크게 벌리고 기쁘게 웃었다는 것이다. 그것이 개에게는 아이가 이빨을 드러냈다고밖에는 보이지 않았던 것이다. 즉, 공격의 신호로 접수되었던 것이다. 또한 아이들은 개를 향해 양팔을 높이 들어 올린 채 달려갔다. 개 언어에서 이것은 자신을 크고 강하게 보이기 위한 위협의 동작인 것이다.

그리고 아이들은 대부분 개를 만지려고 손을 뻗었다. 여기서 잠깐 실험을 해보자. 한쪽 손의 손가락을 느슨하게 뻗고, 그 손을 옆으로 향한 채 바라보자. 옆에서 보았을 때의 열린 입과 비슷해 보이지 않는가. 이번에는 그 손을 얼굴 쪽으로 돌려 정면에서 바라보자. 개의 눈에는 긴 이빨이 돋은 입이 자기 쪽을 향해 벌리고 있는 것처럼 보이지 않을까. 이것은 개 언어에서 분명한 위협을 의미한다.

또한 아이가 기뻐서 개를 향해 쏜살같이 달려간 것은 유감스럽게도 개 언어에서 공격 개시의 신호로 받아들여지고, 대개의 개는 이쯤 되면 한계에 도달하고 만다. 이런 사실들을 종합해보면, 매년 많은 아이들이 평소 온순하고 얌전한 개에게 물렸다고 보고되는 것도 이상한 일은 아니다. 이처럼 아이가 개에게 적의로 받아들여지는 신호를 수없이 많이 보내고 있는 것을 생각하면, 도리어 더 많은 아이들이 개에게 물리지 않은 것이 이상할 정도이다.

한편 시뤌니크는 장애아들의 동물에 대한 행동은 건강한 아이의 그것과 꽤 다르다는 것을 발견했다. 장애아는 개의 눈을 직시하지 않기 때문에 개에게 위협을 주지 않았다. 움직임도 느릿느릿하고, 정면이 아닌 옆쪽으로 개에게 다가갔다. 느릿하게 옆을 향한 채 신발을 땅에 질질 끄는 듯한 걸음걸이로 다가가는 아이도 있었다. 개를 만지려고 할 때도 팔의 위치가 낮고, 손가락을 안으로 구부리고 있는 경우가 많았다. 즉, 아이들이 안고 있는 장애의 특징 그 자체가 동물들에게 위협을 주지 않았던 것이다.

시뤀니크의 관찰에 의하면, 두 마리의 개가 접시에서 뭔가를 먹고 있는 동안 건강한 소녀와 장애를 가진 소녀가 다가갔다. 건강한 소녀 쪽이 더 빨리 다가가서 개에게 손을 뻗었다. 그러자 금세 개가 으르렁거렸고, 소녀는 깜짝 놀라 뒤로 물러났다. 그러나 장애를 가진 소녀는 어느 쪽의 개와도 눈을 맞추지 않은 채 배를 땅에 대고 기어가듯 다가가더니, 개의 엉덩이에 머리를 문지르고 개들 사이로 들어갔다. 그것은 강아지가 성장견의 공격성을 봉쇄하는 것과도 같은 방법이었다. 그렇게 해서 개의 바로 옆까지 가더니, 그 자리에 엎드려 개들의 먹이가 든 접시를 살짝 빼앗았다. 개들은 그녀의 행동을 잠자코 지켜만 보고 있을 뿐이었다. 위협적인 신호나 사회적인 지배성을 드러내는 신호를 전혀 보이지 않았기 때문이다.

이러한 예로 보면, 개가 사람의 동작을 개 언어로 해석하고 있다는 것을 알 수 있다. 그렇다면 사람이 의도적으로 개 언어를 사용해 개와 대화하는 것도 가능하지 않을까? 겁 많고 신경질적인 개를 길들이는 경우를 예로 들어보자. 개가 겁먹은 모습을 보인다면 당신은 곧바로 얼굴을 돌려서 시선을 마주치지 않게 하고 다른 방향을 본다. 그리고 천천히 몸을 돌려서 자기 몸 옆쪽이 개를 향하도록 한다. 움직일 때는 항상 천천히 온화하게 한다. 개 앞을 지나가는 것처럼 사선 방향으로 다가간다. 개에게는 항상 자신의 옆쪽을 보이도록 하는 것을 잊지 않는다. 개의 불안을 높이지 않는 정도의 거리까지 다가 갔으면 무릎을 굽혀 웅크린다. 땅에 떨어져 있는 것에 흥미를 보이는 체 하면서 땅을 손으로 만지는 것도 효과적이다. 먼 곳을 바라보거나 옆을 보는 것은 좋지만, 개를 정면으로 보아서는 안 된다. 그리고 천천히 비스킷을 꺼내 손바닥에 얹고, 그 손을 약간만 옆으로 내민다. 이때 개와의 위치 관계는 대개 그림 20-1과 같이 된다.

나는 이 시점에서 평소보다 약간 높은 톤으로 달래듯이 개에게 말을 건다. 개의 이름을 알고 있을 때는 그 이름을 부른다. 이것은 개를 안심시키는 효과가 있다. 대개는 몇 초 만에 개가 내게로 다가온다. 젖은 코가 손에 닿았다는 것을 느껴도 아직 그쪽을 쳐다봐서는 안 된다. 개가 비스킷을 입에 넣으면 천천히 얼굴을 약간만 움직인다. 다음 비스킷은 내 손을 보면서 내민다. 어느 것도 서둘러서는 안 된다. 개가 당신을 가깝게 받아들이기까지 쓰다듬거나 하지 말 것. 모든 단계를 끝내기까지는 1, 2분이면 족하다.

당신이 다가가도 개가 두려운 모습을 보이지 않는 경우라도, 처음에는 개의 옆쪽에서 다가가는 편이 좋다. 개와 눈을 마주치는 것은 피하고, 먼 곳을 바라본다. 개로부터 약간 떨어진 곳에서 준비한 먹을 것을 손바닥에 얹어놓고 몸의 옆쪽으로 내민다. 이때 손가락은 가지런히 하여 안쪽으로 구부린다. 이 인사 방법에 대해서는 그림 20-1에서 아래쪽 그림을 참고하면 좋다. 신경질적인 개의 경우와 마찬가지로, 개의 이름을 부르면서 온화하게 말을 걸면 반드시 효과가 있을 것이다.

개를 쓰다듬는 간단한 동작에도 개 언어에서 보면 나름대로 의미가 다르다. 개의 머리 쪽에 손을 뻗으면, 손이 개의 머리보다 높은

그림 20-1 위는 두려워하고 신경질적인 개에 대한 인사법. 아래는 공포나 불안을 품고 있지는 않지만, 이쪽을 모르는 개에 대한 인사법.

위치가 된다. 그것은 뒷다리로 선다, 또는 앞발을 다른 개의 위에 얹는다고 하는 우위성의 신호로 해석될지도 모른다. 개를 쓰다듬을 때는 손을 낮은 위치에서부터 우선 개의 가슴을 쓰다듬고, 서서히 머리 쪽으로 손을 올리면 위협이나 도전의 반응을 피할 수 있다.

## 개가 위협할 때의 대처 방법

실제로 개한테 위협받았을 경우 어떻게 하면 좋을까? 위협을 표명하고 있는(입을 벌려 이빨을 보이고 잇몸을 드러낸 채 등의 털을 곤두세우고 있는 경우) 개에게 자신이 무해하다는 것을 어떻게든 전할 필요가 있다. 개가 공격적인 태도를 취하는 이유가 지배적이고 자신감 있는 개가 도전 받았다고 느꼈기 때문인지, 아니면 겁먹고 불안한 개가 위협받았다고 느꼈기 때문인지는 문제가 아니다. 꼬리와 귀의 위치로 그 공격적인 태도가 공포심에 기인한 것임을 알았다고 해도 방심해서는 안 된다. 오히려 강한 개보다 겁먹고 불안한 개에게 물리는 경우가 더 많기 때문이다.

개가 위협의 신호를 보내고 있을 때는 우선 무엇보다도 등을 보이고 달리면 안 된다는 것을 잊지 말아야 한다. 개의 추적 본능을 자극하기 때문이다. 이때는 시선을 약간 옆으로 돌려 밑으로 떨구고 한두 번 눈을 깜박인다. 이것은 복종을 나타내고 화해를 청하는 반응이다. 그래도 개가 공격을 걸어오면 천천히 두세 걸음 뒤로 물러난다. 이때 개와는 절대로 눈을 마주치지 말아야 한다. 어쨌든 호흡을 정돈

할 수 있다면, 얼굴을 약간 옆으로 돌려 하품을 하든가, 높은 소리로 어르듯이 뭔가 말을 건다. 개와의 사이에 충분한 거리가 있다면, 몸을 돌려 옆모습을 개에게 보인다. 이때 개가 다가온다면, 다시 개와 마주보고 과장되게 눈을 몇 번 깜박인 다음, 옆으로 비스듬히 아래쪽에 시선을 떨어뜨리고, 또 한 번 천천히 뒤로 물러난다. 개에게 옆을 보였을 때 개의 흥분이나 위협의 정도에 변화가 없으면 천천히 물러난다. 이때도 개와 시선을 맞추지 말고 가능한 한 자연스러운 발걸음으로 이동한다.

기르고 있는 개의 공격성을 억누르고 확실하게 복종시키려면 주인이 '무리의 리더'라고 개에게 다짐해놓을 필요가 있다. 즉, 힘을 행사하여 벌을 주고, 개가 주인에게 결코 거스르지 못하게 가르쳐야 한다. 1920년대까지는 개의 복종 훈련을 '개 길들이기'라고 불렀다. 1930년대부터 1950년대까지도 여전히 '개 채찍'으로 사용되는 가죽끈이 나돌고 있었다. 그 후 동물학대에 대한 여론이 높아지자, 개 채찍 대신 난폭하게 굴면 목을 조르는 방식의 목줄이나 가죽끈이 등장했다.

야생 개과동물이나 집개의 행동에 대한 연구가 진행됨에 따라 야생의 세계에서 리더가 취하는 행동을 응용하여 사람에게 거스르는 개를 교정하는 조련사도 나오기 시작했다. 그러나 유감스럽게도 그들의 개 언어 사용법은 부정확한 경우가 많았다.

한편 대립이 해결되지 않으면 한쪽 개가 상대의 코나 귀를 무는 경우가 있다. 그래서 우위성을 확립하기 위해서는 개 주인도 마찬가지로 개를 물어뜯으면 된다는 설이 퍼져 있기도 했다. 그러나 중형이나 대형 개의 코를 물어뜯는 것은 마치 광기의 사태와도 같다. 화났을 때 개의 입이나 코는 사람의 그것보다 훨씬 공격에 적합하다. 나라면 화가 나 있는 대형견의 코를 물려고 내 얼굴을 결코 표적으로 삼지는 않을 것이다. 개의 귀를 물어뜯는 것도 역시 잘못이다. 개는 곧바로 얼굴의 방향을 바꾸어 크고 예리한 이빨로 대들 것이다. 설령 어찌해서 물어뜯었다 쳐도 개는 평생 변형된 귀를 갖거나 상흔이 남게된다. 또한 개를 물어뜯는 것을 목격당하면 동물학대로 고소당할지도 모른다. 게다가 최악인 건 이 방법이 전혀 효과가 없다는 것이다.

이것은 개에게 수많은 신호로 대립이 해결되지 않았을 때의 최후의 수단이고, 물어뜯는 것 자체는 커뮤니케이션 신호가 아닌 것이다.

저명한 동물행동학자 콘라트 로렌츠는 강아지를 길들이는 방법으로 목덜미를 쥐고 흔들어 돌리는 방법을 권했다. 이것은 말을 듣지 않는 강아지에게 어미개가 취하는 행동을 근거로 삼은 것이다. 그런데 시대가 바뀌면서 조련사들은 한발 더 나아가 성장견이 주인에게 거스르는 경우도 이 방법을 취하라고 제안했다. 대형견의 경우는 목 양쪽의 피부를 쥐고 얼굴을 노려보며 격하게 흔들어 돌리라고 한다. 이렇게 하면 공격 행동은 끝날 것이다. 그러나 그것은 개가 신호를 읽어내서가 아니라, 단지 사람의 폭력 수준이 우월하여 싸움에 이긴 것일 뿐이다. 이것은 강제이지 대화가 아니다.

최근에는 위를 향해 드러눕게 시키라고 권하는 조련사도 있다. 복종적인 개는 우위의 개에게 위를 향해 드러누워 배를 보임으로써 자신의 열위를 인정하고 복종에 순응한다는 신호를 보낸다. 그 조련사들은 이와 같은 개의 신호를 응용하여 사람이 무리의 리더이고 지배자라는 것을 알게 하면 된다고 생각했다. 그들의 해석은 정확했지만, 방법은 잘못되었다. 개끼리 접촉하는 경우, 우위인 개가 열위의 개를 힘으로 드러눕게 시키지 않는다. 열위의 개는 상대 개의 우위성을 인정한 후에 스스로 드러눕는 것이다. 개를 힘으로 드러눕게 시키는 것은, 폭력적인 부모가 아이를 구타하고 나서 억지로 '아버지 사랑해요'라고 말하도록 시키는 것과 같다. 아이는 입으로는 그 말을 했을지언정 마음으로는 변함 없이 아버지를 미워하고 있을 것이다. 개에게 복종적인 자세를 무리하게 강요하는 것도 그와 같다. 이 방법이 더 나쁜 것은 개의 분노를 더욱 부추겨 더 큰 공격을 유발시켜버릴지도 모른다는 것이다.

개를 무리하게 드러눕히는 것도, 개의 목덜미를 쥐고 흔드는 것도 육체에 공격을 가하는 행위이다. 육체적인 공격은 대화가 아니다. 훌륭한 대화 방법이 성립되어 있다면 그런 대결도 필요 없을 것이다.

따라서 개를 완전하게 장악하기 위해서는 두 가지 요소의 조합이 필요하다. 개가 당신을 리더로서 인정함과 동시에, 당신을 기쁘게 해주고 싶도록 만들어야 한다. 그러기 위해서는 당신의 메시지에 균형을 취하지 않으면 안 된다. 당신은 자신이 무리의 리더이고 지배자라는 사실을 전달함과 동시에 개를 받아들이고, 무리의 멤버로서 평화로운 일상을 즐길 권리를 보장해줄 필요가 있다.

여기서 개를 다루는 법에 대해 상세히 서술할 수는 없지만, 누가 무리의 리더인가를 결정하는 간단한 법칙이 있다. 무리의 리더인 개는 먹을 것이나 놀이 도구 등의 재산을 관리한다. 따라서 당신은 개에게 뭐든 공짜로 주어서는 안 된다. 개가 바라는 것을 주기 전에 뭔가를 요구해야 한다. 먹을 것을 주거나 머리를 쓰다듬어주기 전에 '앉아'나 '엎드려'의 명령에 따르게 하는 것만으로도 좋다. 위협이나 공격의 신호를 내지 않아도 당신의 우위성은 전달될 것이다.

이때 개가 배우는 것은 당신의 메시지에 따르지 않아서는 안 된다고 하는 것이다. 그것에 대한 보수로 리더인 당신이 개에게 바라는 것을 주는 것이다. 당신이 리더라고 개 언어로 외칠 필요를 느꼈을 때는, 개를 당신 옆에 세우든가 앉혀서 당신의 손이나 팔을 개의 어깨에 얹는다. 이것은 개가 머리나 앞발을 다른 개의 어깨에 얹어 우위성을 확립하는 것과 같다. 만약 이 신호에 개가 저항을 나타낸다면, 개가 당신을 아직 리더로 인정하고 있지 않다는 증거이다.

## 짖는 것을 멈추게 하려면

지금까지는 개에게 말을 걸고, 개에게서 그 대답을 듣는 방법에 대해서만 이야기했다. 그럼 개에게 말을 그만두게 할 때는 어떻게 하면 좋을까? 한번은 개 복종 훈련소에서 리차드라는 이름의 보더 콜리가 방의 맞은편에 나란히 앉아 있는 개들을 향해 짖기 시작했다. 평소에 나는 개가 짖어도 별로 신경 쓰지 않는 편이었지만, 그날 리차드가 짖는 소리는 매우 크고 날카로웠다. 리차드의 주인은 "안 돼! 그만해!"라고 필사적으로 소리쳤건만 유감스럽게도 그것은 역효과를 가져왔다. 이것은 주인이 개 언어의 기본을 모르는 예라고 할 수 있다. 개를 향해 큰 소리로 "안 돼!" "조용히!" "짖지 마!"라고 소리치면 개에게는 짖는 소리처럼 들린다. 조금만 생각해보면 개가 무슨 문제를 느껴 짖음으로써 경고를 표시하고 있음을 알 수 있다. 마찬가지로 그곳에 무리의 리더인 당신이 와서 짖기 시작한 것일 수 있다. 즉, 개가 보기에는 계속 경고를 표시하라고 인정하는 것이 된다. 그 자리에서 리차드도 그렇게 상황 판단을 하고 미친 듯이 짖어댔던 것이다.

결국 점점 더 소란이 커지자, 그곳에 모여 있던 사람들은 무슨 일인가 하고 서로 얼굴만 바라볼 뿐이었다. 이때 조련사인 조지가 수습에 나섰다. 그는 개의 습성에 대해 조금은 지식이 있는 듯, 소동을 수습하기 위해 고압적인 위협 행동을 취했다. 그리고 개를 조용히 시키기 위해 야단치는 듯한 눈매로 개를 지그시 노려보았다. 리차드의 귀는 복종을 나타내듯 뒤로 엎어지고 몸을 낮추어 상대의 위협을 인정했다. 짖는 소리도 그쳤다. 그러나 유감스럽게도 조용함은 오래가지 않았다. 조지가 눈을 돌린 순간, 리차드가 또 짖기 시작했던 것이다. 조지는 화를 내는 것 같았다. 그는 짖는 소리를 의사 전달 수단으로 생각하기보다 훈련과 교정이 필요한 상황으로 다루었던 것이다.

조지는 개를 자신의 왼쪽 옆구리에 앉혔다. 리차드가 짖는 순간, 조지의 오른손이 재빨리 리차드의 턱 밑을 치고, 일순 개의 입이 닫혔다. 이 장면이 몇 번인가 되풀이 되었다. 짖는다, 파싯, 정적, 짖는다, 파싯, 정적. 리차드가 다시 조용해졌을 때 조지는 조련사 자리로 돌아갔다. 물론 조지가 멀어져간 순간 리차드는 또 짖기 시작했다.

이제까지 개가 짖는 것을 그만두게 하는 방법은 수없이 많이 시도되어왔다. 내가 아는 것만도 물총, 펌프식 병, 레몬주스 스프레이, 접착테이프, 둥글게 만 잡지, 딸랑딸랑 소리가 나는 깡통, 전기 쇼크를 주는 목줄 등이 사용된다. 그중에는 유효한 것도 있지만 대부분은 효과가 없다. 효과가 있다고 해도 잔혹해지는 경향이 있어, 개와 주인의 관계가 손상될지도 모른다. 개가 짖는 것은 우선 무리와 관련된 사항에 대해 뭔가를 전달하기 위해서이다. 위험을 느끼고 동료에게 경고를 발하는 경우도 있고, 영역 내에 뭔가가 침입한 것을 알아차리고 집을 지키려고 짖는 경우도 있다.

원인이 무엇이든 간에, 개는 사랑하는 이들을 위해 반응하고 있다. 그 헌신적인 행동에 대해 폭력으로 보답했을 때의 개의 기분을 상상해보라. 집에서 연기가 나는 것을 발견하고 피난하라고 충고했더니, "시끄러워!" 하면서 느닷없이 얼굴을 구타당하는 느낌일 것이다. 그와 같은 난폭한 행동은 그 이후의 관계에 상처를 준다. 게다가 이 폭력적인 교정은 단기적인 문제 해결밖에 안 된다. 그러나 개의 의사 전달 방식을 이해하고 있으면 문제는 쉽게 해결할 수 있다.

이미 설명한 바와 같이, 잘 짖지 않는 야생 개과동물도 강아지 때는 잘 짖는다. 안전한 둥지 내에서는 짖는 소리를 내도 그다지 해가 없다. 그러나 강아지가 성장하여 성장견들의 사냥에 동행했다면, 짖는 소리는 역효과를 가져온다. 사냥시 중요한 순간에 어린 이리가 짖어버리면 사냥감이 알아차린다. 또 이리 고기 맛을 아는 대형 포식동물의 주의를 끌어들일지도 모른다. 그것을 막기 위해 진화는 간단한 의사 전달 신호를 발달시켰다.

그 첫번째 목적은 소리를 내지 않게 하는 것이기 때문에 그 신호 역시 커다란 소리는 포함되지 않는다. 이리는 다른 이리를 침묵시킬 때 짖어서 가르치지 않는다. 또한 그 신호에는 소리를 낸 주체에 대한 직접적인 공격도 포함되어 있지 않다. 짖고 있는 주체를 물면 아파서 비명을 지르거나, 으르렁거리는 공격으로 반응하며 달려 나갈지도 모른다. 그런 소란스러운 소리나 기미는 짖는 소리와 같은 정도로 다른 동물의 주의를 끌어버린다. 그래서 짖는 소리를 그만두게 할 때는 자연히 소리나 육체적인 공격을 수반하지 않는 방법이 취해지게 되었다.

짖는 것을 그만두게 할 때 야생 개과동물이 취하는 방법은 아주 단순하다. 침묵하라는 신호를 보내는 개는 무리의 리더이거나, 강아지의 어미, 또는 무리에서 그 개체보다 분명하게 순위가 높은 개다. 우위의 개는 짖고 있는 강아지의 코를 이빨을 세우지 않고 물면서, 짧고 낮게 목쉰 듯 으르렁거리는 소리를 낸다. 그 소리는 멀리까지 퍼지지 않고 한순간에 끝난다. 강아지는 코를 물려도 아픔은 느끼지 않기 때문에 비명을 지르거나 도망가지 않는다. 이것으로 대개 곧바로 조용해진다. 이 방법에 대해서는 그림 20-2가 나타내주고 있다.

사람도 이 행위를 응용하여 간단하게 개를 침묵시킬 수가 있다. 개를 당신의 왼쪽에 앉히고 개의 등 쪽에서 당신의 왼손가락을 목줄 밑에 끼워 넣는다. 왼손으로 목줄을 잡으면서 오른손으로 개의 코를 감싸듯이 눌러 내린다. 침착한 목소리로 "조용히!" 하고 말한다. 필요하면 이 동작을 반복한다. 견종에 따라서는 두 번에서 열 번 정도의 반복으로 "조용히"라는 명령어와 침묵하는 것을 연결짓는다.

　이 방법은 무리의 리더가 시끄러운 강아지나 어린 멤버를 침묵시키는 방법을 본뜬 것이다. 왼손으로 목줄을 쥐는 것은 단지 개의 머리를 고정시키기 위한 것이다. 오른손은 리더가 강아지의 코를 무는 것과 같은 작용을 한다. 침착한 목소리로 "조용히"라고 말하는 것은 낮고 짧은 목쉰 듯한 으르렁거림을 흉내 낸 것이다.

　여기서 다시 복종 훈련소에서 짖고 있던 보더 콜리의 이야기로 돌아가보자. 나는 조지에게 신호를 보내 개를 침묵시켜 보겠다고 했다. 나는 위에 서술한 방법을 사용하여 낮은 목소리로 "조용히!"라고 말했다. 이 동작을 세 번 되풀이하는 것만으로도 리차드는 더 이상 짖지 않았다. 나중에 그의 조련사에게서 들은 바로는, 리차드는 일주

**그림 20-2** 성장견이 강아지에게 짖는 것을 멈추게 할 때의 신호.

일 만에 냉정하고 낮은 목소리로 "조용히"라고 말하기만 해도 짖는 것을 멈추게 되었다고 한다.

그러나 이 방법은 복종 훈련소나 공공장소 등에서 개 짖는 소리가 폐가 될 경우에 한해 사용하라고 부탁하고 싶다. 사람이 짖는 개를 선택 교배해온 이유를 잊어서는 안 된다. 침입자의 접근을 알아차리느라 개가 경고의 소리를 낼 때는 가령 그것이 창밖에 고양이가 보였기 때문이라고 해도 침묵을 강요하지 않는 편이 좋다. 짖는 원인을 알 수 없을 때는 그냥 개를 옆으로 불러들여 가볍게 쓰다듬거나 어루만져준다. 개는 몇천 년 전 우리의 선조로부터 부여받은 임무를 짖는 행위로 성실하게 실행하고 있는 것이다.


## 마지막 한마디

개가 내는 소리 중 이 책에서 쓰지 않은 것이 한 가지 있다. 굳이 생략한 이유는 그것이 자연적으로 나타나는 소리로, 진화나 자연의 작용으로 만들어진 의사 전달 수단이 아니기 때문이다. 그건 바로 나에게는 중요한, 개가 숨쉬는 소리이다.

밤에 침대에 누우면 우리 집의 노견 위즈는 내 옆구리에서, 오딘은 침대 곁에 놓인 삼나무 톱밥이 들어 있는 쿠션 위에서 자고 있다. 침실 모퉁이에는 아직 화장실 훈련을 완전히 익히지 못한 강아지 댄서가 철망으로 된 개집에서 자고 있다. 조용한 어둠 속에서 잠자는 호흡만이 들려온다. 커다란 검은 개의 낮고 느릿한 숨소리, 오렌지빛 강아지의 짧은 숨소리, 그리고 이따금씩 들려오는 하얀 늙은 개가 푸푸거리며 코고는 소리. 그 편안한 소리를 들으면서 나는 원시의 사람들이 동굴이나 거친 오두막에서 짐승의 모피 위나 짚으로 된 침상에 드러누운 모습을 떠올린다. 그것은 적이 많은 위험한 세계였다. 무기는 약하고, 식량은 궁핍했으며, 밤 동안 두려운 적들이 둥지 밖을 배회하고 있었다. 그런 태고의 시대에도 사람들이 잠을 잘 때는 그 곁에 개들이 있었다. 옛날부터 변함없이 개들의 잠자는 숨소리에는 의미가 있었다. 그것은 자연의 언어일 뿐만 아니라 안락하고 기분 좋은 음향이자, 개가 사람과의 영원한 인연을 고하는 소리였다.

"저 여기 있어요" 하고 개의 잠자는 소리는 말한다. "함께 이 세상을 헤쳐나가요. 짐승이나 침입자가 당신을 덮치는 일은 없을 거예요. 제가 여기서 당신의 눈이 되고 귀가 될게요. 염려 마세요. 제가 곁에 있으면서 당신을 따뜻하게 하고, 필요하면 당신을 지킬게요. 내일은 함께 사냥을 나가고 가축을 지켜요. 함께 태양 빛을 받으며 세계를 탐험해요. 함께 웃어요. 우리는 이제 모두 아이는 아니지만 함께 놀아요. 운이 나빠서 당신이 탄식할 때는 제가 위로해 드릴게요. 당신은 이제 혼자가 아니에요. 약속할게요. 당신의 개로서 제가 그렇게 약속할게요. 매일 밤, 이 숨소리로 그 약속을 당신에게 전합니다."

나는 잠든 우리 집 개들의 편안한 숨소리에서 그런 말들을 읽는다. 그리고 선조들과 마찬가지로 그 말을 이해하고 위로받는다. 비록 개들이 한정된 단어로 그것밖에 전하지 못한다고 해도 그것만으로 충분하지 않을까.

특별수록

# 반려견
# 행동 언어 사전

이 책은 개의 언어를 읽고 해석하는 데 단서가 되는 여러 가지 신호를 소개하고 있다. 그중 개에게 중요한 단어와 그 의미들만을 따로 모아 사전으로 만들어보았다. 그야말로 개의 언어 사전이다. 주된 신호-소리, 얼굴 표정, 귀와 눈의 신호, 꼬리의 위치와 그것들을 일상적인 사람의 단어로 치환했을 경우의 해석을 표로 나타내 놓았다. 이 표에는 '상황과 감정'의 항목도 준비하여 이러한 신호들의 요인이 되는 개의 심리 상태나 그 장면의 상황 등을 알 수 있도록 했다. 당신의 개가 다른 개나 사람에게 전하려고 하는 것을 이해하는 데 조금이나마 도움이 되었으면 한다.

　이 개의 언어 사전에는 개가 의사 전달에 사용하는 주된 신호들을 모아 놓았지만, 완전한 것이라고는 할 수 없다. 의미에는 여러 가지 뉘앙스가 있기 때문이다. 여기서는 신호를 시스템별로, 즉 소리에 의한 신호(멍멍, 으르렁, 낑낑, 끄응 등)와 시각적인 신호(눈의 신호, 하품, 얼굴 표정, 꼬리에 의한 신호, 행동 유형 등)로 구분하고 있다. 대부분의 경우, 의미를 명확히 파악하기 위해서는 다른 신호들과 연관 지어 읽고 해석할 필요가 있다. '상황' 항목은 그런 식으로 의미를 살붙이기 할 때, 신호를 유발한 감정이나 일어난 일을 이해하는 데 도움이 될 것이다.

더구나 몇 가지 일반적인 원칙도 삽입하고 있다. 신호는 모두 메시지 속에 숨은 공격적인 내용, 또는 화해를 청하는 내용, 또는 격한 흥분이나 기쁨의 표명 등을 더하여 그때그때마다 해석할 수가 있다.

이러한 신호는 모두 개의 생산언어이고, 사람인 우리가 배워야 할 신호이다. 그리고 여기서는 개가 사람과 융화하면서 배워나간 구어를 포함하지 않았다.

이 반려견 행동 언어 사전이 당신과 당신의 개 사이에 더욱 깊은 이해를 갖게 하는 실마리가 되기를 바란다.

# 짖는 소리

▶ 저음은 지배성이나 위협을, 고음은 불안이나 공포를 나타낸다.

▶ 짖는 소리가 빠를수록 흥분의 정도는 높다.


● 연속하여 서너 번 짖고, 사이에 틈을 둔다. (중음)

> **의미** 모여라! 무슨 일이 일어난 것 같아. 경계 자세를 갖춰라.

> **상황** 흥미보다도 경계의 느낌이 강한 경계의 소리.


● 잇달아 여러 번 짖는다. (중음)

> **의미** 모두 모여라! 누군가 우리 세력권에 침입해왔다. 경계 자세를 갖춰라!

> **상황** 전형적인 경고의 짖는 소리. 흥분하고 있지만 불안은 없다. 침입자의 접근이나 뜻하지 않게 생긴 일이 방아쇠가 된다. 사이에 틈을 둔 경계의 소리보다 주장이 강하다.


● 연속하여 짖는다. (속도가 늦고 음정도 낮다.)

> **의미** 모두 준비하라! 침입자(또는 위험)가 가까이에 있다.

> **상황** 불안이 섞인 경고의 소리. 문제가 절박함을 느끼고 있다.


● 길게 계속 짖으며, 사이에 긴 틈을 둔다.

> **의미** 나는 혼자야. 동료가 필요해. 누구 없나요?

> **상황** 혼자가 되었거나 갇혔을 때 내는 소리.

- 한두 번 커다란 소리로 날카롭고 짧게 안정된 느낌으로 짖는다. (고음 내지 중음)

  **의미** 안녕! 네가 보여.

  **상황** 전형적인 인사나 인식의 신호. 친한 사람이 왔을 때, 또는 그 모습을 발견했을 때의 소리.

- 한 번 커다란 소리로 날카롭고 짧게 짖는다. (중고음)

  **의미** 이게 뭐지? 저리 가!

  **상황** 잠을 방해받았거나 털이 당겨졌을 때 등의 성가신 기분을 나타내는 소리.

- 그다지 날카롭지도 짧지도 않고, 분명하게 한 번만 짖는다. (중고음) 약간 조작한 듯한 소리.

  **의미** 이리 와!

  **상황** 학습에 의한 커뮤니케이션인 경우가 많다. 문을 닫아 달라고 할 때나 먹을 것을 조를 때 등 사람의 반응을 끌어내려고 하는 신호.

- 우물거리는 듯한 짖는 소리. (우우우우 왕)

  **의미** 놀아줘!

  **상황** 양 팔꿈치를 지면에 붙이고 허리를 높게 올려 놀이에 유인하는 자세를 수반한다.

- 끝이 올라가는 짖는 소리.

  **의미** 아이 재미있어! 가자!

  **상황** 한창 놀던 중이거나 주인이 공을 던지기를 기다릴 때 등의 흥분된 소리.

# 으르렁거리는 소리

( 원칙 )

▶ 저음은 지배성이나 위협을, 고음은 불안이나 공포를 나타낸다.

▶ 으르렁거리는 소리의 음정이나 소리 질의 변화가 격할수록 불안의 정도는 높다.

● 가슴에서 나오는 듯한 낮은 으르렁거림.

> **의미** 저리 가!

> **상황** 화가 난 지배적인 개가 상대를 쫓을 때의 소리.

● 으르렁거리는 소리에 짖는 소리가 이어진다. (저음의 가르르르 멍 하는 느낌의 소리)

> **의미** 머리가 아프군. 네가 물러나지 않겠다면 싸우겠다! 동지들, 모여서 도와줘!

> **상황** 화를 내고 있지만 약간 약세로, 무리의 동료에게 도움을 청하고 있다.

● 으르렁거리는 소리에 짖는 소리가 계속된다. (중고음)

> **의미** 불안하다. 하지만 여차하면 맞짱을 뜨겠다.

> **상황** 자신감 없는 개의 불안이 섞인 위협이지만, 쫓기면 공격에 나선다.

● 흔들리는 듯한 으르렁거리는 소리. (음정이 높아졌다 낮아졌다가 한다.)

> **의미** 무서워! 저쪽이 싸움을 걸어오면 싸울지도 모르지만 도망갈지도 몰라.

> **상황** 매우 자신감 없는 개의 공포가 섞인 강한 체하는 소리.

# 멀리 짖기와 사냥감을 쫓을 때의 소리

● 높은 칭얼거림이 섞인 멀리 짖기 하는 느낌으로 끝이 늘어진다.

　**의미**　나 외로워요. 누구 없나요?

　**상황**　가족이나 동료 개와 헤어진 일이 원인이다.

● 멀리 짖기. (낭랑한 소리로 길게 늘인다.)

　**의미**　나 여기 있다! 여긴 내 땅이야! 네 소리가 들렸어.

　**상황**　자신의 존재를 멀리까지 전하고, 세력권을 주장할 때의 소리. 사람에게는
쓸쓸하게 들리지만, 개는 지극히 만족하고 있다.

● 짖는 소리가 섞인 울부짖음. (멍-멍-워어 하는 느낌)

　**의미**　혼자뿐이라서 걱정이야. 왜 아무도 와주지 않는 거지?

　**상황**　혼자서 쓸쓸해 하는 비통한 소리. 누구도 대답해주지 않아 불만을 느끼고
있다.

● 두텁고 긴 으르렁거리는 소리.

　**의미**　나를 따르라! 모여라! 냄새를 맡았어. 옆에서 떨어지지 마!

　**상황**　사냥이 한창일 때 사냥감의 냄새를 발견한 개가 무리의 동료에게 자기 곁
으로 모이라고 신호하는 소리.

# 높은 칭얼거림과 콧소리

- 끝이 높아지는 끄응 하는 소리. (캥 하는 소리가 섞인 느낌이 된다.)

  **의미** ~가 하고 싶다. ~해줘.

  **상황** 뭔가를 요구 또는 애원하는 소리. 크고 반복이 많을수록 그 기분이 강하다.

- 마지막이 낮아졌거나 음정이 바뀌지 않고 갑자기 사라지는 높은 톤의 끄응.

  **의미** 자, 가자!

  **상황** 먹을 것이나 공놀이를 기다리고 있을 때 등의 흥분이나 기대를 나타낸다.

- 약한 콧소리.

  **의미** 아파요. 무서워요.

  **상황** 겁먹은 개의 수동적 · 복종적인 소리. 강아지만이 아니라 성장견도 이런 소리를 낸다.

- 한 번의 높은 비명. (매우 짧은 캥 하는 소리)

  **의미** 아얏! 젠장!

  **상황** 돌연 생각지 못한 아픔을 느꼈을 때의 소리.

- 연속적으로 높은 비명. (매우 짧은 캥 하는 소리)

  **의미** 너무 무서워! 아파! 이제 됐어! 항복!

  **상황** 공포나 고통에 대한 반응. 싸움이나 두려운 상대를 피할 때 내는 소리.

- 비명 (아이의 비명과 닮은 캐-앵 하는 소리)

  **의미** 도와줘! 도와줘! 죽을 것 같애!

  **상황** 생명의 위험을 느끼고 공황상태에 빠진 신호.


- 숨을 "하아하아" 쉰다.

  **의미** 준비는 되어 있다! 빨리 시작하자. 너는 믿을 수가 없어! 이거 지독하네! 괜찮나?

  **상황** 긴장, 흥분, 강한 기대를 나타낸다. 바닥에 젖은 발자국을 남기는 일도 있다.


- 한숨

  **의미** 기분이 좋아. 여기서 잠깐, 천천히 하자. 아아, 이제 단념하겠어.

  **상황** 그때까지의 행동에 끝을 고하는 신호. 그 행동에 보답받은 경우는 만족을, 보답받지 못한 경우는 체념을 나타낸다.

# 귀의 신호

원칙

▶ 귀의 신호는 다른 신호와 연관지어 읽는다.

---

- **귀가 쫑긋 서거나 약간 앞으로 기울어 있다.**

  **의미** 저게 뭐지?

  **상황** 주목의 표정.

- **귀가 완전히 앞으로 기울어 있다. (이빨을 드러내고 코에 주름이 잡혀 있다.)**

  **의미** 행동 조심해. 한판 붙을 수도 있어.

  **상황** 지배적이고 자신감 있는 개의 적극적인 공격 신호.

- **머리에 달라붙듯 양 귀가 뒤로 엎어져 있다. (이빨을 드러내고 이마에 주름이 잡혀 있다.)**

  **의미** 무서워. 하지만 네가 싸움을 걸어온다면 나는 나를 지키기 위해 맞짱도 불사한다.

  **상황** 겁먹은 열위 개의 불안이 섞인 공격 신호.

- **귀가 엎어져 있다. (이빨은 보이지 않고 이마에 주름도 잡혀 있지 않으며, 몸을 낮추고 있다.)**

  **의미** 당신을 최고의 강한 리더로 인정합니다. 나에게는 악의가 없습니다. 공격하지 말아주세요.

  **상황** 화해를 청하는 복종적인 신호.

- 귀가 엎어져 있다. (꼬리를 높이 올리고, 눈을 깜박이고, 입을 온건하게 벌리고 있다.)

    **의미** 여어, 안녕! 함께 놀자.

    **상황** 우호적인 신호로, 다음에 서로 냄새를 맡거나 놀이에 유인하는 동작이 이어지는 경우가 많다.


- 귀를 뒤로 당기면서 양쪽으로 약간 내민 듯한 형태를 한다.

    **의미** 어쩐지 수상쩍어. 아무래도 마음에 들지 않아. 싸우든가 도망가든가 하자.

    **상황** 눈앞의 상황에 긴장이나 불안을 느끼고 있는 신호. 다음 전개 상황에 따라 공격을 할 수도 겁먹고 도망갈 수도 있다.


- 앞으로 기운 듯한 귀를 쫑긋쫑긋한 다음, 귀를 약간 뒤로 당기거나 아래로 향하거나 한다.

    **의미** 지금 생각 중이니까 기분 건드리지 마.

    **상황** 마음을 정하지 못하고, 약간의 불안도 품고 있는 개가 화해를 청하는 복종적인 신호.

# 얼굴의 신호

( 원칙 )

▶ 얼굴의 신호는 다른 신호와 관련 지어 읽는다.

▶ 이빨이나 잇몸을 드러내고 있을수록 위협의 정도는 강하다.

▶ 입이 옆에서 보아 C자 형으로 크게 열려 있을 때는 지배성에 기인하는 위협이다.

▶ 입이 열려 있긴 해도 입아귀가 뒤로 당겨져 있을 때는 공포에 기인하는 위협이다.


● 입이 느슨하고 가볍게 열려 있다. (혀가 엿보이거나 아래 이빨보다 약간 밖으로 처져 있다.)

   `의미` 행복하고 나른한 기분이다.

   `상황` 사람의 미소에 가까운 표정.


● 입을 닫고 있다. (혀도 이빨도 보이지 않는다. 어느 방향을 바라보며 약간 앞으로 내민 자세를 취한다.)

   `의미` 재미있을 것 같아. 저기 있는 게 뭐지?

   `상황` 주목이나 흥미를 나타내는 신호.


● 입술을 말아 올리고, 이빨의 일부를 드러낸다. (입은 닫힌 상태)

   `의미` 저리 가! 귀찮아!

   `상황` 기분이 상한 위협의 초기 신호. 낮게 으르렁거리는 소리를 수반하는 경우도 많다.

- 입술을 말아 올리고 이빨을 거의 다 보인 채 코에 주름을 잡고, 입은 반쯤 벌리고 있다.

  `의미` 네가 시비를 걸어온다면 공격으로 맞받아 싸우겠다.

  `상황` 적극적인 공격 반응. 사회적 서열의 도전이 동기인 경우도, 공포가 동기인 경우도 있다.

- 입술을 말아 올리고 이빨을 완전하게 드러낼 뿐만 아니라 앞니의 잇몸까지 보이고, 코에 분명하게 주름이 잡혀 있다.

  `의미` 꺼져! 안 그러면 공격한다.

  `상황` 최고의 위협 표정. 상대가 물러나지 않을 때는 공격에 나설 가능성이 매우 높다.

- 하품을 한다.

  `의미` 안정되지 않은 기분이다.

  `상황` 긴장이나 불안의 신호. 상대의 위협을 피하기 위해서인 경우도 있다.

- 사람이나 다른 개의 얼굴을 핥는다.

  `의미` 나는 당신의 하인이고 친구입니다. 당신이 훌륭하다는 것은 알고 있습니다. 배가 고파요. 뭐 먹을 것 좀 없어요?

  `상황` 상대의 지배성을 인정하고 화해를 청하는 복종의 신호. 강아지 때부터의 흔적으로 먹을 것을 조르는 신호이기도 하다.

- 공기를 핥는다.

  `의미` 당신을 존경합니다. 부디 괴롭히지 말아주세요.

  `상황` 상대를 달래기 위한 공포심이 섞인 최고의 복종을 나타내는 신호.

# 꼬리의 신호

▶ 꼬리의 위치가 높을수록 지배성이 강하고, 꼬리의 위치가 낮을수록 복종성이 강하다.

▶ 꼬리 흔드는 방식의 격함은 흥분의 정도를 나타낸다. 미세하게 흔드는 꼬리는 꼬리를 흔들고 있다고 보기보다 단지 긴장이나 흥분의 표시이다.

▶ 꼬리 신호는 평소 꼬리 위치와 비교해서 읽을 필요가 있다.(예를 들면, 안정되어 있을 때의 그레이 하운드는 꼬리 위치가 낮고, 맬러뮤트는 꼬리 위치가 높다.)


● 꼬리를 수평으로 내밀고 있지만 긴장은 없다.

  의미 뭔가 재미있는 일이 일어날 것 같아.

  상황 온화한 주목의 신호.


● 긴장하여 꼬리를 똑바로 내밀고 있다.

  의미 어느 쪽이 보스인지 가려보자.

  상황 침입자에 대한 경계인 듯한 인사와 온건한 도전.


● 꼬리가 올라가고 등 쪽으로 약간 구부러져 있다.

  의미 여기서는 내가 보스다. 그 사실을 누구나 알고 있지.

  상황 지배적인 개의 자신감을 나타내는 신호.


● 꼬리가 수평보다 낮은 위치에 있지만 양다리에서는 떨어져 있고, 때로 온건하게 좌우로 흔들리기도 한다.

  의미 태평한 기분이다.

  상황 정상적인 기분을 나타낸다.

- 꼬리가 뒷다리 근처까지 내려가 있다. 몸의 높이는 보통 상태. 꼬리가 좌우로 천천히 흔들리고 있는 경우도 있다.

  > **의미** 그다지 기분이 좋지 않다. 약간 침울한 기분이다.

  > **상황** 육체적·정신적으로 스트레스가 있거나 불쾌해져 있는 신호.

- 꼬리가 내려가고 뒷다리가 약간 안쪽으로 꺾여 몸의 위치가 낮아져 있다.

  > **의미** 약간 불안하다.

  > **상황** 상대와의 관계에 불안을 느끼고, 약간 복종적이 되어 있는 신호.

- 꼬리가 뒷다리 사이에 말려 들어가 있다.

  > **의미** 두려워. 나를 괴롭히지 말아줘!

  > **상황** 공포나 불안에 기인한 복종의 동작.

- 꼬리가 전체적으로 거꾸로 섰다.

  > **의미** 너에게 도전하겠다!

  > **상황** 꼬리의 위치나 신호에 위협이나 공격의 의미를 더하는 신호.

- 꼬리 끝의 털만 곤두섰다.

  > **의미** 기분이 좀 무거워.

  > **상황** 털의 위치나 신호에 공포나 불안의 의미를 더하는 신호.

- 좁은 폭으로 아주 약간 꼬리를 흔든다.

  > **의미** 당신, 내가 좋은 거지요? 네가 좋아.

  > **상황** 어떤 꼬리의 위치에나 망설이는 경향에 복종의 의미를 더하는 신호.

- 꼬리를 크게 흔들고 몸도 허리 위치도 낮지 않다.

  **의미** 친구 하자. 저 여기 있어요.

  **상황** 우호를 나타내는 가벼운 신호로, 지배성은 일체 포함되어 있지 않다. 한창 놀던 중에도 이런 신호를 보낸다.

- 꼬리를 크게 흔들고, 하반신을 낮추어 허리도 좌우로 흔든다.

  **의미** 당신은 무리의 리더입니다. 어디라도 모시고 가겠습니다!

  **상황** 상대(사람이든 개든)에 대한 경의와 온화한 복종을 나타내는 신호. 개는 겁먹고 있지는 않지만 자신의 열위를 인정하고, 상대가 받아들여줄 것이라는 확신을 갖고 있다.

- 꼬리를 반쯤 올리고 천천히 흔든다.

  **의미** 아무래도 잘 모르겠다. 무엇을 하면 좋을까?

  **상황** 사회적인 신호가 아니라 눈앞의 사태를 납득할 수 없거나 상대의 바람을 이해할 수 없을 때의 혼란이나 망설임을 나타내고 있다.

# 바디 랭귀지

> 원칙

▶ 자신을 크게 보이려고 하는 것은 지배적인 신호이다.

▶ 자신을 작게 보이려고 하는 것은 화해를 청하는 복종적인 신호이다.

▶ 몸이나 머리나 시선을 상대 개에게 향하는 것은 지배성과 위협을 나타내고 있다.

▶ 몸이나 머리나 시선을 상대 개로부터 피하는 것은 상대의 기분을 달래는 화해의 신호이다.

● 사지를 긴장시켜 똑바로 서 있거나 또는 사지를 뻣뻣이 경직시켜 천천히 앞으로 나온다.

**의미** 여기는 내 영역이다. 너 지금, 나한테 도전하는 거야?

**상황** 우위성을 확립하려고 하는 지배적인 개의 적극적인 공격 신호.

● 몸을 약간 앞으로 내밀고, 다리는 긴장시키고 있다.

**의미** 너의 도전을 받아들인다. 싸우자!

**상황** 상대의 위협에 대한 반응. 또는 이쪽의 위협에 상대가 꺾이지 않았을 때의 반응. 당장이라도 공격으로 옮길 태세를 나타내고 있다.

● 목부터 등 전체의 털이 곤두선다.

**의미** 도전에 응하겠다. 지금 당장 그만두거나 물러나는 게 좋아! 안 그러면 각오해!

**상황** 지배적이고 자신감 있는 개의 경우, 공격의 의사를 다지는 신호. 언제 공격이 일어나든 이상할 게 없다.

- 등줄기의 털만 곤두서 있다.

  의미 널 보니 화가 치민다. 더 이상 다가오면 공격할 거야. 이 녀석은 왠지 마음에 들지 않아.

  상황 겁먹고 있지만 여차하면 싸우려는 개의 불안이 섞인 공격 신호.

- 위축된 듯 몸을 낮추고 상대를 올려다본다.

  의미 싸움은 그만두자. 당신 쪽이 순위가 높다는 사실을 인정합니다.

  상황 우위의 상대에 대해 화해를 청하는 복종적인 자세.

- 코로 쿡쿡 찌른다.

  의미 당신은 리더입니다. 나를 인정해주세요. ~가 하고 싶다.

  상황 핥는 행위와 의미는 거의 같지만, 그 정도로 복종적이지는 않다. 뭔가를 요구할 때에도 사용된다.

- 다른 개가 다가왔을 때 눌러앉아 자신의 냄새를 맡게 한다.

  의미 넌 나하고 순위가 거의 비슷해! 극한 상황으로 몰지 말고 이 쯤에서 그만두자.

  상황 지배적인 개가 자신보다 약간 우위인 개를 만났을 때 온건하게 화해를 청하는 신호.

- 옆을 향하거나 위를 향해 드러눕고, 완전히 상대의 시선을 피한다.

  의미 나는 천한 하인입니다. 당신의 권위를 완전히 인정하고. 절대 거스르지 않겠습니다.

  상황 완전한 복종. 사람이 부복하는 동작과 같은 의미를 갖는다.

- 드러누운 상대의 위에 가로막고 선다. 또는 상대의 등이나 어깨에 자신의 머리를 얹는다. 상대 개의 몸에 앞발을 얹는다.

  **의미** 내가 더 크고 강하다. 여기서는 내가 리더다.

  **상황** 지배성이나 사회적 순위의 높음을 온화하게 상대에게 알리는 신호.

- 상대에게 어깨를 부딪친다.

  **의미** 내가 리더다. 그러니 내가 지나가면 길을 비켜라.

  **상황** 사회적인 지배성을 꽤 거칠게 알리는 신호.

- 이보다 좀 더 온건한 신호는 상대에게 기대는 것이다. 상대에 대해 옆으로 향하고 선다.

  **의미** 당신 쪽이 순위가 높다는 것을 인정하지만, 제 일은 스스로 알아서 합니다.

  **상황** 자신감도 있고 불안도 긴장도 느끼지는 않지만 자신 쪽이 순위가 약간 낮다는 것을 온건하게 인정하는 신호. 그러나 서로의 순위에 커다란 차이가 있을 때는 지배적인 개에 대해 자신의 엉덩이를 향하게 한다.

- 다른 개에게 위협받은 경우, 땅 냄새를 맡거나 땅을 파는 체한다. 먼 곳을 바라본다. 자신의 몸을 긁는다.

  **의미** 당신의 위협은 눈에 들어오지 않기 때문에 반응도 할 수 없습니다. 그러니까 우리 냉정해집시다. 약간은 불안하고 침착하지 못하다. 놀자!

  **상황** 상대의 관심사를 돌리고, 그 상황을 수습하려는 신호. 적의는 없지만 그렇다고 복종적이지도 않다.

- 앞발을 약간 올리고 눌러앉는다.

  **의미** 미안! 두렵게 할 마음은 없었어. 장난이었어.

  **상황** 불안과 약간의 긴장을 느끼고 있다는 신호.

- 앞발을 뻗어 몸을 낮추고, 허리와 꼬리를 높게 올린다.

  **의미** 자, 이제 같이 놀자.

  **상황** 놀이에 유인하는 전형적인 몸짓. 상대에게 거친 위협의 행동을 진짜로 취하지 않도록 전할 때에도 사용한다.

# 눈의 신호

원칙

▶ 눈동자가 크게 열려 있을수록 흥분의 정도가 높다.

▶ 눈의 형태가 크고 둥글수록 지배성과 공격성이 높다.

▶ 눈이 작게 보일수록(닫힌 상태에 가까울수록) 화해를 청하는 복종의 정도가 높다.

▶ 이마의 눈썹 근처의 움직임은 사람이 눈썹을 움직일 때와 거의 같은 감정을 나타낸다.

● 똑바로 시선을 맞춘다.

의미 너한테 도전하겠다! 지금 당장, 판단해! 여기서는 내가 보스다. 꺼져!

상황 자신감 있는 개가 다른 개와 대립했을 때의 적극적인 지배와 공격의 신호.

● 상대와 시선이 마주치지 않도록 눈을 피한다.

의미 문제를 일으키고 싶지 않습니다. 당신이 보스인 것을 인정합니다.

상황 불만이 섞인 복종의 신호.

● 눈을 깜박인다.

의미 좋아, 싸움을 피할 수 있는지 없는지 시도해보자. 저에겐 악의가 없습니다.

상황 위협적으로 직시하는 상대를 달래고, 자신의 지위를 그다지 떨구지 않으면서 충돌을 회피하려는 신호.

## 참고문헌

**2장  진화와 동물의 언어**

P. Lieberman, *The Biology and Evolution of Language*. Cambridge, MA: Harvard University Press, 1984.

J. M. Allman, *Evolving Brains*. New York: Freeman, 1999.

**6장  소리로 말한다**

E. S. Morton & J. Page, *Animal Talk*. New York: Random House, 1992.

**7장  개도 말을 배운다**

J. A. L. Singh & R. M. Zingg, *Wolf-Children and Feral Man*. Hamden, CT: Archon Books, 1966.

W. N. Kellogg, *The Ape and the Child: A Study of Environmental Influence upon Early Behavior*. New York: Hafner, 1967.

**8장  얼굴 표정으로 말한다**

P. Eckman, *Telling Lies*. New York: Norton, 1992.

**10장  눈으로 말한다**

G. Bendelow & S. J. Williams, *Emotions in Social Life: Critical Themes and Contemporary Issues*. New York: Routledge, 1998.

**15장  수화와 키보드로 말한다**

R. A. Gardner, B. T. Gardner & T. E. Cantfort, *Teaching Sign Language to Chimpanzees*. Albany: SUNY press, 1989.

R. Fouts, S. T. Mils & J. Goodall, *Next of Kin: My Conversations with Chimpanzees*. New York: William Morrow, 1997.

D. Premack, *Intelligence in Ape and Man*. Hillsdale, NJ: Erlebaum, 1976.

S. Savage-Rumbaugh, *Ape Language: From Conditioned Response to Symbol*. New York: Columbia University Press, 1986.

Excerpt from: E.M. Borgese, *The Language Barrier: Beasts and Men*. New York: Holt Rinehart & Winston, 1965 (pp. 64-65).

16장     **냄새로 말한다**

J. P. Scott & J. L. Fuller, *Genetics and the Social Behavior of the Dog*. Chicago: University of Chicago Press, 1965.

R. Peters, Dance of the Wolves. New York: McGraw-Hill, 1985.

18장     **개 언어에도 방언이 있다**

L.N. Trut, "Early canid domestication: The farm-fox experiment." *American Scientist* (1999) 87; 160-69.

D. Goodwin, J. W. S. Bradshaw & S. M. Wickens, "Paedomor-phosis affects agonistic visual signals of domestic dogs." *Animal Behaviour* (1997) 53; 297-304.

19장     **개의 말을 언어라고 할 수 있을까**

R. I. M. Dunbar, *Grooming, Gossip and the Evolution of Language*. London: Faber and Faber, 1996.

20장     **개와 대화하기**

K. Hirsh-Pasek & R. Treiman, "Doggerel: Motherese in a new context." *Journal of Child Language* (1982) 9; 229-237.

# 개는 어떻게 말하는가
스탠리 코렌 교수의 동물행동학으로 읽는 반려견 언어의 이해

1판 1쇄 펴낸 날 2020년 11월 10일
1판 3쇄 펴낸 날 2023년 10월 10일

지은이  스탠리 코렌
옮긴이  박영철

펴낸이  박윤태
펴낸곳  보누스
등  록  2001년 8월 17일 제313-2002-179호
주  소  서울시 마포구 동교로12안길 31 보누스 4층
전  화  02-333-3114
팩  스  02-3143-3254
이메일  bonus@bonusbook.co.kr

ISBN   978-89-6494-468-4 03490

*이 책은《개는 어떻게 말하는가》(2014)의 개정판입니다.

• 책값은 뒤표지에 있습니다.

**강아지 영양학 사전**

스사키 야스히코 지음

**강아지 헤어 스타일북 BOY**

세계문화사 편집부 지음

**강아지 헤어 스타일북 GIRL**

세계문화사 편집부 지음

**개는 어떻게 말하는가**

스탠리 코렌 지음

**고양이 영양학 사전**

스사키 야스히코 지음

**고양이 집사 사전**

샘 스톨 지음 | 폴 키플 외 그림

**셜리 박사의 강아지
화장실 훈련법**

셜리 칼스톤 지음

**아픈 강아지를 위한
증상별 요리책**

스사키 야스히코 지음

**우리 개 스트레스 없이
키우기**

후지이 사토시 지음